AF631082

myBook+

Ihr Portal für alle Online-Materialien zum Buch!

Arbeitshilfen, die über ein normales Buch hinaus eine digitale Dimension eröffnen. Je nach Thema Vorlagen, Informationsgrafiken, Tutorials, Videos oder speziell entwickelte Rechner – all das bietet Ihnen die Plattform myBook+.

Ein neues Leseerlebnis

Lesen Sie Ihr Buch online im Browser – geräteunabhängig und ohne Download!

Und so einfach geht's:

- Gehen Sie auf **https://mybookplus.de**, registrieren Sie sich und geben Sie Ihren Buchcode ein, um auf die Online-Materialien Ihres Buches zu gelangen
- **Ihren individuellen Buchcode finden Sie am Buchende**

Wir wünschen Ihnen viel Spaß mit myBook+!

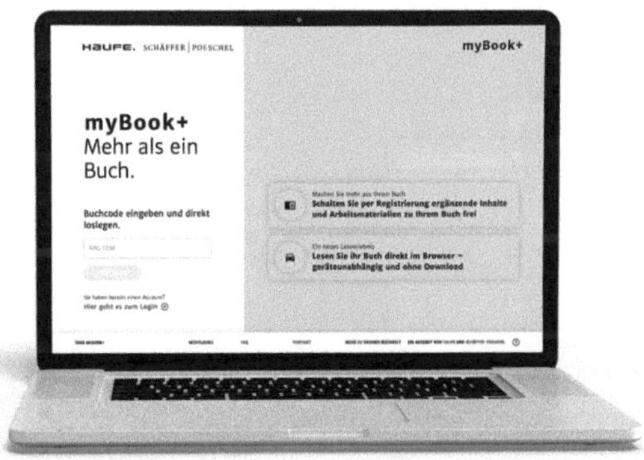

Crashkurs Professionell Moderieren

Anja von Kanitz

Crashkurs Professionell Moderieren

4. aktualisierte und erweiterte Auflage 2024

Haufe Group
Freiburg · München · Stuttgart

Bibliografische Information der Deutschen Nationalbibliothek

Die Deutsche Nationalbibliothek verzeichnet diese Publikation in der Deutschen Nationalbibliografie; detaillierte bibliografische Daten sind im Internet über http://dnb.dnb.de/ abrufbar.

Print: ISBN 978-3-648-17532-3 Bestell-Nr. 10125-0004
ePub: ISBN 978-3-648-17533-0 Bestell-Nr. 10125-0103
ePDF: ISBN 978-3-648-17534-7 Bestell-Nr. 10125-0153

Anja von Kanitz
Crashkurs Professionell Moderieren
4. aktualisierte und erweiterte Auflage, Mai 2024

www.haufe.de
info@haufe.de

Bildnachweis (Cover): © Cecilie_Arcurs, iStock

Produktmanagement: Kerstin Erlich

Inhaltsverzeichnis

Abbildungsverzeichnis

Vorwort

Wenn es um Moderation geht, fallen vielen sofort Beispiele aus dem Fernsehen oder dem Radio ein. Und ja, diese Beispiele sind keineswegs falsch, auch dort wird moderiert. In der beruflichen Welt jedoch – wie auch bei der ehrenamtlichen Arbeit mit Gruppen – versteht man unter Moderation etwas anderes. Es geht weniger um Unterhaltung, sondern darum, mit anderen Menschen etwas gemeinsam zu erarbeiten, zu entwickeln, zu klären oder zu entscheiden.

Moderiert werden können zum Beispiel Meetings von Teams, von Vorständen, Fachleuten, Projektgruppen, Kundinnen, Netzwerkpartnern, Mieterversammlungen, Elternabende etc. Zudem ist Moderation thematisch variabel nutzbar. Moderation kann dazu dienen, Ideen zu finden, Probleme und Konflikte zu lösen, Strategien zu entwickeln, Austausch zu ermöglichen, Projekte auszuwerten, Produkte und Prozesse zu optimieren, Kick-offs zu gestalten, Entscheidungen vorzubereiten und zu treffen. Solche Abstimmungsprozesse geschehen seit der Corona-Pandemie immer häufiger nicht mehr nur in Präsenz, sondern häufig online oder hybrid, was besondere Anforderungen an die Moderation stellt. Deswegen haben wir in der vierten Auflage dieses Buchs Kapitel 7 »Moderieren von Online-Meetings und hybriden Formaten« und den Methodenteil überarbeitet. Die Werkzeuge, die uns ermöglichen, auch online kooperativ zu arbeiten, wurden mittlerweile so gut weiterentwickelt, dass wir viele Methoden der Moderation mittlerweile auch online anwenden können.

Mit Moderation können Sachthemen bearbeitet aber auch zwischenmenschliche Themen verhandelt werden. Mit Moderation kann so zur Klärung und Verbesserung des Miteinanders beigetragen werden. Wer das Moderationshandwerk beherrscht, wird viele Möglichkeiten finden, es im beruflichen und privaten Alltag nutzbringend einzusetzen. In vielen Berufen werden entsprechende Fähigkeiten mittlerweile einfach vorausgesetzt. Doch auch hier gilt, was für jedes Handwerk gilt: Es ist noch kein Meister und auch keine Meisterin vom Himmel gefallen. Die Fähigkeit, gut zu moderieren, lernt man nicht von alleine oder durch bloßes Abschauen. Zum Moderieren braucht man analytische, methodische, soziale und rhetorische Fähigkeiten. Was Sie tun können, um diese verschiedenen Aspekte in Ihre praktische Arbeit mit Gruppen zu integrieren und wirksam werden zu lassen, erfahren Sie in diesem Buch.

1 Moderation – mit Gruppen erfolgreich arbeiten

1.1 Wofür Moderation?

Eine Gruppe mit mehr als fünf oder sechs Personen benötigt für einen effektiven, zielorientierten Austausch eine Leitung. Selbstverständlich gibt es verschiedene Stile, eine Gruppe zu leiten. Sie unterscheiden sich zum einen durch die Art, wie die Leitung auf die inhaltliche Diskussion Einfluss nimmt, wie stark sie inhaltliche Macht ausübt. Ein anderer entscheidender Unterschied zeigt sich in der Art, wie die Leitung mit Gruppenmitgliedern umgeht und wie sie diese in Entscheidungen mit einbezieht.

Moderation steht in starkem Kontrast zu allen autoritären, deutlich führungsorientierten Leitungsstilen. Bei moderierten Sitzungen steht die Gruppe im Zentrum. Die Moderatorin bzw. der Moderator respektiert die Erfahrung und Kompetenz jedes einzelnen Gruppenmitglieds und motiviert durch geeignete Methoden die Einzelnen in der Gruppe, sich aktiv zu beteiligen und Verantwortung zu übernehmen. Insofern ist Moderation ein Leitungsstil, der ideal zur vernetzten, weniger hierarchisch orientierten Welt von heute passt. Viele Problemstellungen in Betrieben und Gesellschaft sind mittlerweile sehr komplex und für Einzelne kaum noch zu durchschauen. Passende Lösungen können nur im Zusammenwirken mehrerer Betroffener entwickelt werden. Nicht der Boss schreibt vor, wie etwas zu laufen hat, sondern Fachleute und Betroffene entwickeln auf der Basis ihres Wissens, ihrer Erfahrungen und ihrer spezifischen Interessen gemeinsam passgenaue Lösungen.

1.2 Wann ist Moderation geeignet?

Moderation ist in den letzten Jahren immer mehr nachgefragt worden. Viele Aufgaben in einer vernetzten und digitalisierten Welt lassen sich mit einem autoritären Leitungsstil einfach nicht mehr bearbeiten und lösen. Selbst starke und charismatische Unternehmensführer:innen setzen auf gute Leute und starke Teams, von denen auch sie noch etwas lernen können und deren Expertise für den Erfolg des Unternehmens entscheidend ist. Viele gut ausgebildete Menschen in der westlichen Welt sind zudem nicht mehr bereit, sich autoritär getroffenen Entscheidungen, deren Sinn sie nicht erkennen oder die sie für falsch halten, einfach zu unterwerfen.

Peter F. Drucker, einer der Wissenschaftspioniere zum Thema Management, nennt diesen für jedes innovative Unternehmen wichtigen Personenkreis »Wissensarbeiter«: »Eine wachsende Zahl von Vollzeitbeschäftigten muss geführt werden, als handle es sich bei ihnen um *freiwillige Mitarbeiter*. Natürlich werden sie bezahlt. Doch Wissensarbeiter sind mobil. Sie können gehen, wann immer sie wollen. Sie besitzen ihre »Produktionsmittel«, das heißt ihr Wissen.[1] Die Wissensarbeiter wollen ihre Expertise einbringen, ernst genommen werden und teilhaben an Entscheidungen. Die Komplexität der Aufgabenstellungen in Wirtschaft, Politik und Gesellschaft, die vielfältigen Abhängigkeiten und die gestiegenen Ansprüche der Menschen an Mitsprache haben den Vormarsch der Moderationsmethode gefördert.

Trotzdem ist Moderation nicht immer das Mittel der Wahl. Es gibt nach wie vor Situationen und Fragestellungen, in denen klassische Führung die passendere Form ist. Hier auf einen Blick, wann Moderation geeignet oder weniger bzw. nicht geeignet ist.

Wann ist Moderation optimal geeignet?

- Es gibt die Herausforderung oder Aufgabe, etwas gemeinsam zu entwickeln, zu klären, zu lösen, sich auszutauschen, zu entscheiden.
- Die Themen sind komplex und vernetzt. Für die Entwicklung von Lösungen sind verschiedene Perspektiven zu berücksichtigen.
- Die Gruppe hat einen klar definierten Gestaltungsrahmen und entsprechende Freiräume.
- Die Ergebnisse haben Auswirkung auf andere und sollen von diesen akzeptiert, mitgetragen und bzw. oder umgesetzt werden.
- Es werden nachhaltige und optimal an die jeweilige Situation angepasste Lösungen gewünscht.
- Alle Teilnehmenden einer Besprechung bzw. eines Workshops sollen sich aktiv und verantwortlich einbringen können.
- Es wird akzeptiert, dass alle Beteiligten mit ihrem Know-how wichtig für die gemeinsame Arbeit sind, unabhängig von ihrer Position in der Hierarchie.

Wann ist Moderation nicht geeignet?

- Bei der Entscheidungsfindung besteht hoher Zeitdruck, z. B. durch eine Notsituation, die sofortiges Handeln erfordert.
- Entscheidungen stehen bereits weitgehend fest, es gibt kaum bzw. keine Gestaltungsspielräume für die Gruppe.
- Die Beteiligung von Partnern, Betroffenen bzw. Mitarbeitern wird als nicht wichtig angesehen.
- Es gibt eine stark ausgeprägte und gelebte Hierarchie in der Institution, die den argumentativen Austausch verhindert. Es gilt: »Ober sticht den Unter«.
- Ein Thema ist so einfach, überschaubar und in der Folge wenig relevant, dass eine Einbeziehung vieler nicht sinnvoll erscheint.
- Der/die Verantwortliche oder Führende möchte bestimmte Themen nicht gemeinsam erörtern, sondern alleine entscheiden und verantworten.

1 Drucker, 2002, S. 106.

1.3 Moderieren oder führen? Das sind die Unterschiede.

Noch gibt es nicht viele Vorbilder für einen moderierenden Leitungsstil. Wie man Gruppen leitet und worauf es dabei ankommt, wird oft nicht bewusst gelernt bzw. vermittelt. Viele machen es einfach so, wie andere im eigenen Umfeld es auch machen. Das klappt dann mal besser und mal schlechter, ohne dass man nachvollziehen kann, warum. Als Moderator:in steuert man sein Verhalten möglichst bewusst. Dafür ist wichtig zu wissen, was moderierende Leitung ausmacht und von herkömmlichen Leitungsstilen unterscheidet. Die klassische Leitung wird je nach Leitungspersönlichkeit und Gepflogenheiten in der Organisation unterschiedlich praktiziert. Die Tabelle listet charakteristische Tendenzen auf, in denen sich klassische Leitung und Moderation unterscheiden.

Übersicht: Unterschiede zwischen klassischer Leitung und Moderation		
	Klassische Leitung	**Moderation**
Leitung	Mischt sich – mitunter stark – in die inhaltliche Diskussion ein. Steht oft hierarchisch höher und hat mehr Rechte und entsprechend größeren Einfluss als die anderen Gruppenmitglieder.	Hält sich inhaltlich zurück, ist dafür stärker für die Prozessgestaltung und Zielorientierung verantwortlich. Im Fall der Doppelrolle Partei – Moderator:in achtet sie strikt auf die Trennung beider Rollen (siehe Kapitel 2.2). Ist nicht notwendigerweise hierarchisch höher stehend.
Gruppenmitglieder	Ob ihre Vorstellungen und Vorschläge Gehör finden, hängt von der Akzeptanz der Leitung ab, die wertet, filtert, bestimmt. Oft wird von einer hierarchisch höher stehenden Person entschieden, wie viel Einfluss sie auf die Diskussion nehmen können.	Haben die Hauptverantwortung für die Erarbeitung von Inhalten, Ideen, Vorschlägen, Lösungen. Bewertungs- und Auswahlprozesse erfolgen durch die Gruppe. Die Leitung sorgt für passende Strukturen und Verfahren. Alle dürfen und sollen in gleicher Weise zur Diskussion beitragen, unabhängig von ihrem hierarchischen Status.
Rederecht	Leitung erteilt das Wort. In Diskussionen haben extravertierte und dominante sowie hierarchisch höher stehende Personen in der Regel deutlich mehr Einfluss als andere.	Moderator:in sorgt durch Auswahl spezieller Methoden und Interventionen für ausgewogene Verteilung des Rederechts. Transparentes Verfahren für Verteilung der Redeanteile.
Status	Die Leitung beansprucht oder hat qua Amt besondere Rechte und Autorität.	Moderator:in hat bestimmte Aufgaben und Verantwortung im Prozess, hat aber sonst keine Vorrangstellung und begegnet den anderen auf Augenhöhe.

Übersicht: Unterschiede zwischen klassischer Leitung und Moderation		
	Klassische Leitung	**Moderation**
Entscheidungsfindung	Häufig entscheidet die Führungskraft bzw. der Führungszirkel – nicht die Gruppe. Entscheidungen zwischen Parteien werden oft schon im Vorfeld ausgehandelt.	Entscheidungsstrukturen und Verfahren werden transparent gemacht. Angestrebt werden konsensorientierte Lösungen in der Gruppe. Entscheidungsspielraum der Gruppe und dessen Grenzen sind durch die Auftraggeber klar definiert.
Methodeneinsatz	Vorträge, gelenkte Diskussion, in der Regel nicht sichtbare Protokollführung mit nachträglichem Versand.	Vielfältiger Methodeneinsatz mit hoher Transparenz bzw. Visualisierung; möglichst im Prozess sichtbare Protokollierung.
Verhältnis: Sache – Beziehung	Konflikte auf Beziehungsebene werden ignoriert oder unterbunden. Beziehungen, Emotionen, atmosphärische Fragen werden als für die Sachdiskussion nicht dienlich angesehen und nicht thematisiert.	Eine funktionierende Gruppe wird als Basis für eine sachliche Auseinandersetzung gesehen. Die Leitung fördert den Gruppenzusammenhalt und die Lösung von Konflikten. Beziehungsfragen und Emotionen bekommen neben der Verhandlung der Sachfragen dosiert Raum.
Aktivität der Gruppe	Ist von der Persönlichkeit der Teilnehmenden und der Leitung abhängig. Es kommt häufig vor, dass Einzelne gar nichts beitragen (können) und permanent schweigen.	Ist die Basis für jegliche Arbeit, wird vielfältig gefördert, gefordert und durch geeignete Methoden initiiert.
Konfliktlösung	Konflikte werden durch die Leitung – manchmal auch basta-mäßig – entschieden.	Konflikte werden als normale Begleiterscheinung von Aushandlungsprozessen angesehen. Der/die Moderator:in begleitet die Gruppe beim Lösungsprozess.
Verantwortung	Die Führungskraft hat die Hauptverantwortung für alles.	Der/die Moderator:in hat die Hauptverantwortung für die Planung, Prozessgestaltung, Methoden, Zeit, Zielorientierung und das Ausbalancieren von Sach- und Beziehungsthemen. Die Gruppe hat die Verantwortung für die inhaltliche Arbeit und die Qualität der Ergebnisse.
Aufgabenverteilung	Aufgaben werden durch die Leitung delegiert.	Die Gruppe entscheidet gemeinsam, wer was übernimmt und wie die Aufgaben organisiert werden.

2 Ihre Rolle als Moderator:in

2.1 Die Aufgaben als klassische:r Moderator:in

Die Aufgaben in der klassischen Moderation sind klar definiert. Klassische Moderation bedeutet, dass der/die Moderator:in inhaltlich neutral ist und keine eigenen Ziele verfolgt. Leiten Sie in der klassischen Moderatorenrolle, ermöglicht Ihnen das die innere Freiheit, sich auf alle Teilnehmenden gleichermaßen einzulassen, ohne dass Sie bestimmte Standpunkte bevorzugen und Eigeninteressen verfolgen. In der klassischen Moderation sind Sie für die inhaltlichen Ergebnisse nicht verantwortlich, sondern lediglich dafür, dass gute Ergebnisse erzielt werden. Ihre Hauptaufgabe ist es, der Gruppe zu ermöglichen, in einer guten Atmosphäre zielorientiert und produktiv zu arbeiten. Lesen Sie im Folgenden, wofür Sie in der klassischen Moderation verantwortlich sind.

Übersicht: Aufgaben in der klassischen Moderation

- Sie organisieren den Ablauf der Sitzung und helfen der Gruppe, sich auf die thematische Arbeit zu konzentrieren und das Ziel im Auge zu behalten.
- Sie führen in das Thema ein und bieten möglichst allen Teilnehmenden der Gruppe Orientierung und einen geeigneten Zugang zur Thematik.
- Sie konzipieren die Arbeit so, dass die Teilnehmenden in Kontakt miteinander kommen können und so aus einer Anhäufung von Einzelnen mit ihren jeweiligen spezifischen Interessen eine Gruppe werden kann.
- Sie strukturieren die Arbeit und wählen passende Methoden und Medien für die anstehenden Arbeitsschritte aus.
- Sie sorgen dafür, dass alle Teilnehmenden genügend Raum haben, sich zu beteiligen und Einfluss zu nehmen. Sie finden entsprechend auch Wege, zurückhaltende Personen zu ermutigen und dominante auszubremsen.
- Sie pointieren Inhalte und tragen zur Klärung von Unverstandenem bei.
- Sie unterstützen bei der Etablierung einer konstruktiven Kommunikationskultur.
- Sie visualisieren die Arbeitsschritte und Zwischenergebnisse der Gruppe.
- Sie setzen Prozesse mittels geeigneter Fragen und Interventionen in Gang.
- Sie stellen Ihre Beobachtungen der Gruppe zur Verfügung, wenn Sie denken, dass es dem Prozess förderlich ist.
- Sie unterstützen die Gruppe bei der konstruktiven Lösung von Konflikten.
- Sie behalten Zeit und Zielorientierung im Auge.
- Sie dokumentieren die Ergebnisse oder sorgen dafür, dass dies geschieht.
- Sie sind mit Ihrem eigenen Verhalten, Ihrer Art zu kommunizieren und mit Kritik und Problemen umzugehen ein potenzielles Vorbild für die Gruppenmitglieder.

Übersicht: Tabus – das sollten Sie als Moderator:in keinesfalls tun!

Was Sie als Moderator:in tunlichst vermeiden sollten, lässt sich ebenfalls in klare Worte fassen.

- Sie haben einer Gruppe nicht zu sagen, wie sie ein Problem am besten lösen. Regen Sie sie stattdessen durch Ihre Interventionen an, selbst Lösungen zu finden.
- Sie sollen in inhaltlich strittigen Fragen nicht für die Gruppe entscheiden. Ihre Aufgabe ist es, den Entscheidungsprozess zu moderieren.
- Sie sollen die Beiträge der Teilnehmenden nicht werten (»Ja, das ist eine gute Idee«. »Na ja, ich denke, das wird nicht durchführbar sein.«), also weder loben noch tadeln. Mit einer Wertung verlassen Sie die inhaltliche Neutralität. Außerdem stellen Sie sich damit als Bewertender über die jeweilige Person. Als Moderator:in begegnen Sie allen Gruppenmitgliedern (auch den hierarchisch höher stehenden) auf Augenhöhe.
- Sie müssen nicht immer den vollen Durchblick haben oder so tun, als ob Sie immer alles wüssten. Geht es nicht voran, gibt es ein Problem, dessen Ursache Sie nicht erkennen (können), reicht es, diese Beobachtung zu thematisieren und die Gruppe bei der Ursachen- und Lösungsfindung mit einzubeziehen.
- Sie sollten die Gruppe nicht in methodische Entscheidungen einbeziehen (Wollen Sie lieber eine Karten-Abfrage oder sollen wir das mit einer Mindmap machen?). Sie werden im seltensten Fall schnell Einigung erzielen und stattdessen viel Zeit mit der Klärung von Methodisch-Organisatorischem verbringen. Schlagen Sie stattdessen eine Vorgehensweise vor. Das ist Ihr Job!

2.2 Achtung Doppelrolle: zugleich Moderator:in und Partei

In vielen betrieblichen Zusammenhängen sind Sie nicht in der klassischen Moderatorenrolle. Sie können als Moderator:in nicht völlig neutral und frei sein, weil Sie entweder Teil oder Leiter:in der Gruppe sind und durchaus auch eigene Interessen in der verhandelten Sache verfolgen und dadurch in gewisser Weise parteiisch sind. Trotzdem wollen oder müssen Sie z. B. als Team- oder Abteilungsleiter:in zu einem bestimmten Thema mit Ihrer Gruppe arbeiten und dabei die Vorteile der Moderationsmethode nutzen. Selbstverständlich geht das auch. Im Unterschied zur klassischen Moderation kann man diese Situation als Moderation in der Doppelrolle bezeichnen. Die Moderation in der Doppelrolle ist menschlich und, was die eigene Konzentration angeht, fordernder als die Moderation in der klassischen Rolle. Denn einerseits möchten Sie die Ressourcen der Gruppe nutzen und die Voraussetzungen schaffen, dass alle sich mit ihrem Wissen und ihrer Meinung einbringen. Andererseits haben Sie selbst Ideen und Vorstellungen, die eventuell denen anderer entgegenstehen. Wichtig ist, dass Sie sich diesen Konflikt verdeutlichen und eine klare Vorstellung davon gewinnen, wie Sie die Moderation in der Doppelrolle gestalten wollen. Ihr Leitungsverhalten in der Doppelrolle sollte transparent, berechenbar und fair sein.

Bringen Sie sich in der Moderatorenrolle zu aktiv mit ihrer eigenen Meinung und ihren eigenen Vorstellungen ein, bremsen Sie die anderen dadurch aus. Die wissen, dass Sie der/die Chef:in sind und gegebenenfalls das letzte Wort haben. Bei einigen Gruppenmitgliedern führt das dazu, dass sie sich mit ihren eigenen, abweichenden Vorstellungen zurückhalten, oder sogar anpassen. Das kann nicht in Ihrem Interesse sein. Um eine valide Entscheidung treffen zu können, sollten Sie einen Sachverhalt von verschiedenen Seiten und durchaus auch kontrovers betrachtet haben. Zudem sollten Sie wissen, wie diejenigen, die davon mit betroffen sind, darüber denken. Auch diese Erkenntnis hat Peter F. Drucker auf den Punkt gebracht: »Entscheidungen von jener Art, die eine Führungskraft zu fällen hat, werden am besten nicht durch Akklamation gefällt. Diese Entscheidungen sind nur gut, wenn sie dem Zusammenprall verschiedener Meinungen, der Abwägung zwischen unterschiedlichen Standpunkten und der Wahl zwischen verschiedenen Urteilen entspringen. Die erste Regel für die Entscheidungsfindung lautet, keine Entscheidung zu fällen, wenn es keine Meinungsverschiedenheiten und keine Uneinigkeit gibt.«[2]

Andererseits wäre es absurd, wenn Sie sich bei Fragen völlig raushielten, die auch für Sie relevant sind und für die Sie letztlich als Verantwortliche:r geradestehen müssen. Im Folgenden lesen Sie die wichtigsten Hinweise, wie Sie die Moderation in der Doppelrolle professionell ausüben können.

Moderieren in der Doppelrolle – die sieben wichtigsten Empfehlungen

Empfehlung 1: Machen Sie Ihre Doppelrolle zu Beginn der Sitzung transparent

Sagen Sie z. B. »Ich werde unsere Besprechung zum Thema X heute mit den Ihnen vertrauten Hilfen moderieren. Als Moderatorin muss ich – wie Sie wissen – möglichst neutral sein. Darum werde ich mich in der Moderatorenrolle auch bemühen. Da ich als Leiterin der Buchhaltung aber unmittelbar von diesem Thema und den Auswirkungen mit betroffen bin, werde ich mich an der ein oder anderen Stelle auch als Teilnehmende einbringen. Ich werde dies dann deutlich machen.«

Empfehlung 2: Klären Sie vorab, wie Entscheidungen gefällt werden

Wenn Sie als Vorgesetzte:r moderieren, sollten Sie transparent machen, wer entscheidet: Das Team insgesamt und Sie als ein Teil davon ebenfalls? Oder Sie als Verantwortliche:r der Abteilung/des Teams allein? In letzterem Fall machen Sie dies in der Einführung transparent. Sagen Sie z. B. »Ich möchte das Thema X gerne mit Ihnen gemeinsam bearbeiten. Ich denke, dass mir ein intensiver Austausch mit Ihnen helfen wird, eine ausgewogene Entscheidung zu treffen. Sagen Sie mir deshalb bitte offen, wie Sie die Sache einschätzen, was Sie vorschlagen und was Sie befürchten. Auch

2 Drucker, 2002, S. 298.

wenn ich das vielleicht nicht 1:1 umsetzen werde, wird mir das helfen, ein realistisches Bild von X zu bekommen.«

Empfehlung 3: Mitarbeit bei Arbeits- und Abfragetechniken

Bei vielen Moderationstechniken können Sie in der Doppelrolle auch Input liefern. Achten Sie bei Diskussionen darauf, dass Sie Ihre Vormacht als Moderator:in und Vorgesetzte:r nicht ausnutzen, um zu dominieren. Auf alle Fälle gilt: eher länger zurückhalten, um die Aktivität der Gruppe nicht durch zu starke Leitungsaktivität auszubremsen.

Empfehlung 4: Halten Sie sich mit Ihrer Meinung möglichst lange zurück

Erst wenn schon viele Teilnehmende sich haben äußern können und Sie den Eindruck haben, dass aus Ihrer Sicht noch etwas fehlt, bringen Sie sich als Betroffene:r ein. So vermeiden Sie den Eindruck von Dominanz und Manipulation.

Empfehlung 5: Spannen Sie eine:n Co-Moderator:in aus der Gruppe ein

Wenn Sie in eine Diskussion sehr aktiv einsteigen möchten und sehr parteiisch sind, bitten Sie jemand anderes aus der Gruppe, die Moderation zu übernehmen. Dies können Sie bei entsprechenden Themen bereits im Vorfeld so vereinbaren. Professionelle Moderation – auch in der Doppelrolle – ist nur möglich, wenn man in der Moderatorenrolle immer wieder einen überparteilichen Standpunkt einnehmen kann. Das geht nicht, wenn man in der Doppelrolle vehement für eine bestimmte Lösung kämpfen will. Alternativ kann man auch eine:n andere:n Mitarbeiter:in aus der eigenen Abteilung bitten, die eigene Position mit dem nötigen Nachdruck zu vertreten, damit man dies nicht in der Doppelrolle selbst tun muss.

Empfehlung 6: Machen Sie deutlich, in welcher Rolle Sie sprechen

Es reicht, wenn Sie sprachlich markieren, wenn Sie als Partei oder in der Rolle als Vorgesetzte:r sprechen. Sagen Sie z. B. »Für mich als Qualitätsbeauftragte ist vor allem die Frage wichtig …« So wird deutlich, dass Sie jetzt nicht in der Rolle als Moderatorin, sondern als Qualitätsbeauftragte sprechen.

Empfehlung 7: No comments

Als Moderator:in kommentieren und bewerten Sie die Beiträge anderer nicht. Das wäre eine unzulässige Vermischung von Moderationsfunktion und Partei-Sein. Moderator:in sein heißt, den anderen auf Augenhöhe zu begegnen und schließt Bewertung aus. Wenn Sie sich inhaltlich mit einer Bewertung einbringen wollen, müssen Sie dies als Partei tun (hier im Beispiel Vertreter der IT), nicht als Moderator:in. Sagen Sie z. B. »Frau Schmidt, Sie haben gerade gesagt, der Ansprechpartner der Abteilung X sei nicht zuverlässig. Wir von der IT haben da andere Erfahrungen gemacht. Wir …«

Wann Sie die Moderation besser abgeben

Wenn Sie sich intensiv in die Diskussion einmischen und für eine bestimmte Lösung stark machen wollen, wenn Sie selbst emotional oder auf andere Art in das Thema verwickelt sind, dann sollten Sie nicht selbst moderieren, sondern die Aufgabe der Moderation schon im Vorfeld jemand anderem anvertrauen.

3 So bereiten Sie Ihre Moderation vor

Eine gelungene Veranstaltung verdankt sich in der Regel nicht den glücklichen Umständen oder dem Schicksal, sondern einer zielgerichteten Vorbereitung. Was sich scheinbar von selbst ergibt, wie z. B. ein guter Kontakt, fruchtbare Diskussionen, eine Vielzahl von Ideen, sorgfältiges Abwägen von Alternativen, konstruktiver Streit, valide Entscheidungen, ist »gemacht«, ist die Folge einer guten Vorbereitung. Die Basis für eine erfolgreiche Arbeitssitzung bilden Sie durch

- eine zutreffende Analyse des Ziels und der Situation im Vorfeld,
- daraus resultierende methodische Entscheidungen und
- eine der jeweiligen Situation angepasste, flexible Umsetzung in der Sitzung.

Die Vorbereitung umfasst vier verschiedene Teilbereiche, die sich teilweise auch delegieren lassen, wie z. B. die organisatorische und eventuell auch die praktische Vorbereitung. Die inhaltliche Vorbereitung sowie die mental-emotionale Vorbereitung liegt jedoch in der Verantwortung der Moderierenden und ist nicht delegierbar.

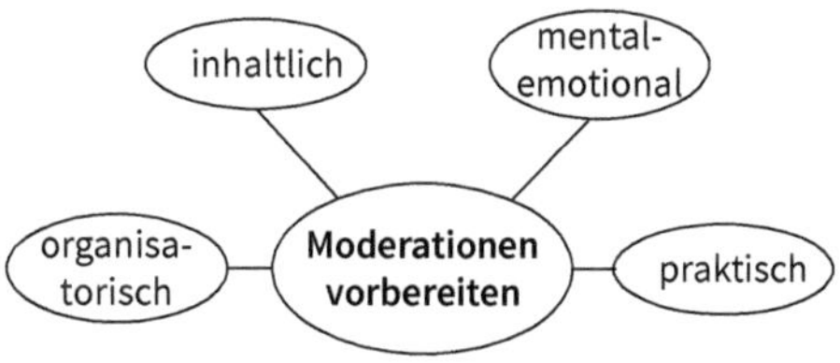

Abb. 1: Aspekte der Vorbereitung einer Moderation

Eine gute Organisation hilft Ihnen, sich in der Sitzung auf das Wesentliche, nämlich auf die Gruppe und die Inhalte, zu konzentrieren. Damit Sie oder Ihr Organisationsteam nichts vergessen, erhalten Sie im Folgenden zwei Übersichten. In der ersten finden Sie alle wichtigen Fragen, die Sie klären sollten, bevor Sie eine Einladung versenden. (Das ist mit organisatorischer Vorbereitung gemeint.) In der zweiten Übersicht stehen alle Punkte, die Sie im Vorfeld der eigentlichen Veranstaltung und vor Ort zu klären haben. (Das ist mit praktischer Vorbereitung gemeint.)

3.1 Organisatorische Vorbereitung im Vorfeld

Im Vorfeld einer Veranstaltung gibt es, bevor Sie die Einladung versenden können, einiges zu klären. Beachten Sie jedoch, dass inhaltlich-methodische Entscheidungen durchaus an Zeit und Raum geknüpft sind. Deshalb hängt tatsächlich die inhaltliche mit der organisatorischen Vorbereitung eng zusammen – und umgekehrt.

Personenkreis

Wen brauchen Sie zur Bearbeitung dieses Themas? Vermeiden Sie, Leute einzuladen, die nicht wirklich von der Fragestellung betroffen sind oder nicht über die nötigen (Entscheidungs-)Kompetenzen verfügen. Sitzungen unbeteiligt abzusitzen, erzeugt nur Störung und Frustration. Fehlen wichtige Personen, ist das Ergebnis vielleicht nicht tragfähig bzw. die Umsetzung gefährdet.

Location

- Soll die Sitzung, Tagung oder der Workshop inhouse in der eigenen Organisation oder bewusst extern stattfinden?
- Bei mehrtägigen Veranstaltungen: Welches Freizeitprogramm könnte die Veranstaltung atmosphärisch und gruppendynamisch befördern oder ein guter Ausgleich für die intellektuelle Arbeit sein? Welcher Ort wäre dafür geeignet?
- Welche Räumlichkeiten eignen sich von Größe und Ausstattung für die Sitzung und sind verfügbar? Bei Tagungen und Workshops: Gibt es genügend Ausweichmöglichkeiten für Kleingruppenarbeit?
- Wie können mögliche Störungen von außen möglichst ausgeschlossen werden?
- Bei anreisenden Gästen: Ist eine leichte Erreichbarkeit der Location gewährleistet? Sind ggf. Übernachtungsmöglichkeiten vorhanden?

Körper und Seele

- Was wird für das körperliche Wohlbefinden getan?
- Wann Pausen und wie viele?
- Getränke, Snacks & Mahlzeiten?
- Freizeitprogramm? Wenn ja, was?
- Raum für informelle Gespräche
- angenehmes Ambiente

Material und Personal

- Welche Visualisierungsmöglichkeiten und Medien brauchen Sie? Welche sind vor Ort vorhanden, welche müssen organisiert werden? (z. B. Flipcharts, Metaplanwände, Moderationskoffer, Beamer, Laptops, Pointer, Boxen)
- Welche Arbeitsmittel sind vorhanden? Welche müssen organisiert werden? (z. B. Blöcke, Stifte, ggf. Namensschilder, Laptops)
- Ist die Veranstaltung so groß und aufwendig, dass Hilfe für die Organisation und Vorbereitung im Vorfeld und vor Ort nötig ist? Wer ist zuverlässig und erfahren genug, Sie zu unterstützen? An wen können Sie welche Aufgaben delegieren bzw. wer ist für die Organisation der Veranstaltung zuständig? Klären Sie eindeutig, was in Bezug auf die Organisation in Ihren Verantwortungsbereich als Moderator:in fällt und was ein Organisations-Team zu regeln hat. Enge und verbindliche Abstimmung ist zu empfehlen, da der Erfolg der inhaltlichen Arbeit auch vom organisatorischen Rahmen und Umfeld abhängig ist.
- Wie soll die Dokumentation erfolgen? Wer sorgt dafür? (siehe Kapitel 4.5.2)

Einladungsschreiben

- Adressatenkreis
- Einladung per Post, E-Mail, Sharepoint und andere Medien ...? Ist Rückmeldung erwünscht? In welcher Form? Gibt es ein Erinnerungsschreiben (Reminder)?
- Inhalt der Einladung: Hintergrund und Anlass sowie Ziele der Veranstaltung (s. inhaltliche Vorbereitung).
- Welche Informationen für die Erstellung des Einladungsschreibens werden noch benötigt?
- Angabe von Ort und Zeiten
- (vorläufige) Tagesordnung
- Wie kann man die Einladung formulieren, dass die Angesprochenen Lust haben zu kommen bzw. Sinn darin sehen, aktiv daran teilzunehmen?
- ggf. Link mit Anfahrtsbeschreibung, Lageplan beifügen

3.2 Praktische Vorbereitung vor Ort

Die Moderation von inhaltlich anspruchsvollen Meetings oder von eher schwierigen Gruppen erfordert ein hohes Maß an Konzentration und Kraft. Um diese fordernde Aufgabe möglichst erfolgreich bewältigen zu können, ist es sehr erleichternd, wenn alle praktischen Dinge vor Ort bereits gut geregelt sind und Sie daher den Kopf frei für die inhaltliche Arbeit als Moderator:in haben. Bei großen Veranstaltungen (15 Personen+x) ist es sinnvoll, jemanden vor Ort zu haben, der Ihnen organisatorische Dinge abnimmt. Alle Fragestellungen und Medien, die Sie beabsichtigen zu nutzen, sollten rechtzeitig vorher vorbereitet sein, damit Sie dem Start der Veranstaltung in Ruhe und Gelassenheit entgegensehen können. Sie oder das Organisations-Team sollten also bei wichtigen Veranstaltungen in jedem Fall deutlich vor Beginn der Veranstaltung vor Ort sein, um alles, was noch geregelt werden muss, zu regeln.

- Welche Flipcharts, Plakate oder Darstellungen am PC bzw. Smartboard möchten Sie nutzen? Welche Fragestellungen bzw. visuelle Strukturierungshilfen können schon vorbereitet werden? (z. B. für den Einstieg, Themen- und Fragenspeicher, Maßnahmenplan, Leitfragen)
- Welche Materialien brauchen Sie (Technik, Marker bzw. Stifte, Karten, Klebepunkte, siehe Kapitel 5.5.3)? Sind sie greifbar und in ausreichender Zahl vorhanden? Funktionieren sie?
- Entsprechen Bestuhlung, Raumeinrichtung Ihrer Bestellung bzw. Ihren Vorstellungen? Was muss ggf. geändert werden?
- Absprachen mit dem Personal vor Ort wegen Catering, Pausenzeiten etc.
- Dokumentation der Arbeitsschritte bzw. Ergebnisse vor Ort (Protokoll und/oder Fotoprotokoll)
- Haben Sie alles, um gut und konzentriert arbeiten zu können?

3.3 Inhaltliche Vorbereitung – mit Beispiel und Tipps

Um das inhaltliche Vorgehen passgenau planen zu können, brauchen Sie einen Überblick über die Ausgangssituation und den Hintergrund des Auftrags. Mögliche Schwierigkeiten oder Probleme können Sie bei entsprechender Analyse vorhersehen und bei der Planung berücksichtigen. Zu erwartende Probleme wie z. B. Konflikte, Desinteresse, Frustration, Dauer-Contra, Konkurrenz lassen sich durch eine gute Konzeption abmildern, bearbeiten oder sogar konstruktiv nutzbar machen.

Die Zeit, die Sie in die gedankliche Vorbereitung Ihrer moderierten Sitzung investieren, ist sehr gut genutzte Zeit, die Ihnen böse Überraschungen und Misserfolge ersparen kann. Die Vorbereitung stellt die Weichen für alles Folgende. Es empfiehlt sich, dabei mit einer gewissen Systematik vorzugehen. Das TZI-Konzept ist dabei für die Moderation als Planungshilfe gut geeignet.

Die Veranstaltung mit den vier entscheidenden Faktoren der TZI-Methode planen
Die Philosophie der Moderationsmethode hat ihren Ursprung in dem in den 60er Jahren entstandenen Verfahren »Themenzentrierte Interaktion«, kurz TZI.[3] Es ist ein Konzept zur thematischen Arbeit mit Gruppen, die Sachaufgaben zu bewältigen haben. Dem Konzept, das von der 1912 in Berlin geborenen Psychologin Ruth Cohn entwickelten wurde, liegen Erkenntnisse aus der Psychoanalyse, der humanistischen Psychologie und der therapeutischen Praxis zugrunde. Demnach ist es für eine konstruktive Arbeit in Gruppen wichtig, den Menschen als ganzheitliches Wesen zu betrachten und anzusprechen, also nicht allein auf seinen Verstand und seine Vernunft reduziert. Viele Grundgedanken der TZI finden sich im Moderationskonzept wieder, weshalb sich das Strukturmodell der TZI sehr gut für die Vorbereitung von moderierten Sitzungen eignet.

Die einseitige Konzentration auf die »Sache« führt in die Sackgasse
Eine wesentliche Erkenntnis der TZI ist, dass Gruppen, auch wenn sie zu Sachthemen arbeiten, stark bestimmt werden von nicht rein rational-sachlich fassbaren Motiven und Dynamiken. Eine einseitige Konzentration in der Moderation auf Sachfragen würde daher in eine Sackgasse führen. Denn wenn die zugrunde liegenden Interessen von Einzelnen und die Konflikte in der Gruppe nicht betrachtet und nicht erkannt werden, können sie auch nicht bearbeitet werden. Die Wirtschaftspsychologie befasst sich in den letzten Jahren verstärkt mit der Problematik, dass Akteure in wirtschaftlichen Zusammenhängen weitaus weniger rational handeln als man bis dahin vermutet hatte.[4]

---

3 Einen Überblick dazu finden Sie in von Kanitz, Lotz, Menzel, Stollberg, Zitterbarth, 2015. Eine ausführliche Darstellung in Langmaack, Braune-Krickau, 5. Auflage 1995.

4 Sehr interessant zu lesen in diesem Zusammenhang sind der Band des Wirtschaftsnobelpreisträgers Daniel Kahneman (Kahneman D., 2012) und das Buch des Psychologen Dan Ariely mit dem provokanten Titel »Denken hilft zwar, nützt aber nichts«.

Ein Moderator, der sich inhaltlich vor allem auf die sachliche Vorbereitung einer Veranstaltung konzentriert, übersieht folglich wesentliche Faktoren, die eine erfolgreiche Arbeit mit Gruppen ausmachen. Das TZI-Konzept geht demgegenüber von einer ganzheitlichen Sichtweise aus: Sollen Gruppen ergiebig lernen oder arbeiten, muss man alle Faktoren berücksichtigen, die auf die Menschen und ihre Arbeit einwirken.

Welche vier Faktoren die thematische Arbeit in Gruppen prägen

Die Arbeit mit Gruppen ist eine ziemlich komplexe Angelegenheit. Mit dem Konzept der Themenzentrierten Interaktion von Ruth Cohn lässt sich die Komplexität auf vier entscheidende Faktoren reduzieren:

- die einzelnen Persönlichkeiten (Ich)
- die Zusammensetzung und Kommunikation der Gruppe (Wir)
- die gemeinsame Aufgabe/Sachfrage (Es/Thema)
- der Kontext, in dem sich die Gruppe bewegt und die ihn mit der Umwelt verbindet (Globe)

Das Schaubild stellt die vier Einflussgrößen als Dreieck in einem Kreis dar.

Abb. 2: Die vier entscheidenden Faktoren in der Arbeit mit Gruppen (TZI)

Die obere Spitze des Dreiecks steht für das Thema bzw. die Arbeitsaufgabe, um die es in der Veranstaltung geht. Sie ist es, die die Gruppe zusammenbringt und verbindet. Je besser sie es als Moderator:in mit den anderen Faktoren in Verbindung bringen, desto fruchtbarer wird die thematische Arbeit. Die Spitze unten rechts steht für den Faktor »Wir«, die Gruppe, die geprägt wird durch ihre Dynamik und die Art der Beziehungen. Fühlen sich die Einzelnen in einer Gruppe wohl, respektiert und können sie ihre Sicht der Dinge und ihre Interessen in den Prozess einbringen, stärkt das sowohl die thematische Arbeit als auch die Motivation und Verantwortlichkeit der Einzelnen. Deshalb wird in der Themenzentrierten Interaktion Wert auf die Form des Umgangs miteinander und die Kooperation, also die Ausgestaltung des Wir, besonderer Wert gelegt.

Die Spitze des Dreiecks unten links steht für die einzelne Person, das »Ich« mit seinen individuellen Empfindungen, Werten, Erfahrungen, Wünschen und Wissen. Sollen sich die Teilnehmenden einer Gruppe mit dem Thema und der Arbeit der Gruppe identifizieren, muss man sie als individuelles Ich ansprechen, erreichen und respektieren. Viele Methoden der TZI und der Moderation stärken und stützen die Selbstverantwortung des Einzelnen in der Gruppe, um so das Mitlaufen in der Masse zu verhindern, verantwortliches Handeln zu fördern und die Qualität der Ergebnisse zu verbessern.[5] Und schließlich befindet sich das Dreieck in einem Kreis, dem sogenannten Globe. Er repräsentiert das Umfeld, in dem das Thema zwischen den Einzelnen und der Gruppe verhandelt wird. Was um einen herum geschieht, beeinflusst die thematische Arbeit, das Verhalten der Einzelnen und die Verhältnisse in der Gruppe. Ohne diese Verhältnisse zu kennen, wird es schwierig sein, angemessen zu moderieren.

3.3.1 Analysieren Sie die Ausgangssituation mit TZI

Wie Sie das TZI-Modell zur Planung moderierter Sitzungen nutzen können, lässt sich am besten an einem Fallbeispiel erläutern.

Einrichtung und Umzug in ein neues Gebäude

Eine pädagogische Einrichtung zur Betreuung von Jugendlichen, die aus unterschiedlichen Gründen nicht mehr zu Hause wohnen können, bekommt ein neues Gebäude. Um die Einrichtung und den Umzug möglichst intelligent zu planen, beauftragt der Trägerverein im Verlauf mehrerer Monate halbtägige moderierte Treffen mit der gesamten Belegschaft der Einrichtung. Das Ziel ist es, einen möglichst reibungslosen Ablauf des Umzugs neben dem laufenden Betrieb zu ermöglichen. Ein weiteres, nicht offen kommuniziertes Ziel ist, das bisher sehr autoritär geführte Team an einen neuen Arbeitsstil zu gewöhnen. Statt autoritärer Entscheidungen des Geschäftsführers und Einrichtungsleiters soll in Zukunft die Perspektive der Mitarbeiter stärker berücksichtigt werden und in anstehende Entscheidungen einfließen. Die Vertreter des Trägervereins sind davon überzeugt, dass eine solch komplexe Aufgabe wie der Umzug einer pädagogischen Einrichtung, von der über 100 Menschen betroffen sind, im laufenden Betrieb nur gelingen kann, wenn alle mitdenken und gemeinsam die Prozesse planen und umsetzen. Die Gruppe ist gemischt besetzt mit Vorstandsvertretern des Trägervereins (Auftraggeber für die Veranstaltung), dem Geschäftsführer und Leiter der Einrichtung, dem pädagogischen Personal und anderen Angestellten (Küche, Hausmeister, Reinigungspersonal, Buchhaltung), also die komplette Mitarbeiterschaft, zusammen 18 Personen.

Um eine passende Konzeption für den oben skizzierten Auftrag zu entwickeln, kann man die einzelnen Faktoren des TZI-Modells und deren Verbindungslinien als Strukturhilfe für die Analyse nehmen und auf Basis dieser Analyse methodische Entscheidungen treffen.

5 Siehe hierzu auch das Kapitel 4.3.5 zu Denkfehlern, u. a. Social Proof.

3.3.1.1 Die Ich-Thema-Achse

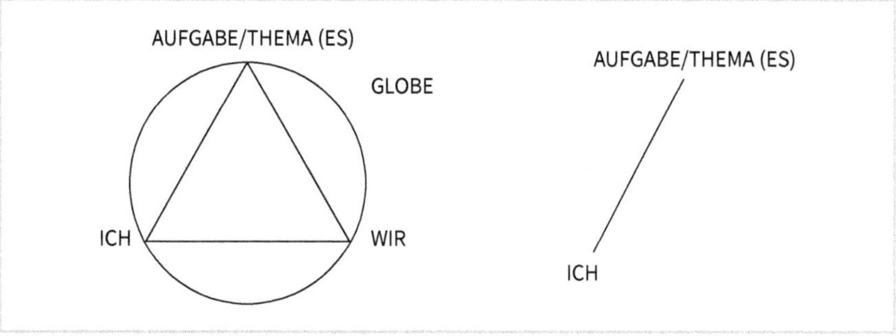

Abb. 3: Die Ich-Thema-Achse in Gruppen

Jede Gruppe besteht aus Individuen, die ihre eigene Biografie und damit ihre eigenen Erfahrungen, Einschätzungen und Interessen in den Arbeitsprozess mit einbringen. Dass der/die Einzelne zählt, merken Moderatoren spätestens dann, wenn das Verhalten Einzelner die gemeinsame Arbeit erschwert. Bei der thematischen Arbeit kann sich das z. B. darin äußern, dass Einzelne keinen Zugang zum Thema finden, desinteressiert oder unmotiviert sind, abhängen oder stören, wegen einschlägiger Vorerfahrungen grundsätzlich gegen alles Neue sind, oder mit eigenen Sorgen so belastet, dass sie sich keiner übergeordneten Fragestellung zuwenden können. Störungen auf der Ich-Thema-Achse zeigen sich meistens, indem Einzelne (demonstrativ) nichts beitragen oder aktiv die konstruktive Arbeit am Thema behindern.

Um möglichst allen Individuen einen Zugang zum Thema und der gemeinsamen Aufgabe zu ermöglichen, ist es deshalb sinnvoll, sich im Planungsprozess die Perspektive Einzelner bewusst zu machen, gerade auch dann, wenn es sich um sehr heterogene Gruppen oder verschiedene Parteien innerhalb der Gruppe handelt.

Zur Analyse der Achse Ich-Thema-Achse können Sie so vorgehen: Stellen Sie sich in Gedanken einzelne Teilnehmende vor und stellen Sie sich folgende Fragen:

- Wie steht er/sie zum Thema?
- Was braucht er/sie, um sich auf die Arbeit einlassen zu können?
- Welche Vorerfahrungen gibt es?
- Was könnte ihm/ihr helfen oder ihn/sie auch daran hindern, sich einzubringen?

Die Antworten können gerade bei gemischten Gruppen sehr unterschiedlich für die einzelnen Teilnehmenden ausfallen.

Fallanalyse »Ich« und »Thema«
Die Mitarbeiter:innen der pädagogischen Einrichtung sind von ihrer Ausbildung und ihrem Status in der Organisation sehr unterschiedlich. Schauen wir uns im Folgenden exemplarisch einzelne Ichs und deren Zugang zum Thema an.

Der Geschäftsführer: Er konnte bisher weitgehend allein entscheiden. Nun bekommt er plötzlich vom Trägerverein einen Prozess vorgeschrieben, der seine Macht beschränkt. Es ist nicht davon auszugehen, dass er das gut findet, zumal die verstärkte Einbeziehung des Kollegiums nicht seinem bisherigen Führungsstil entspricht. Je nach Persönlichkeit gehen Menschen unterschiedlich mit einer solchen Situation um: abwartend, sehr beflissen die neue Richtung unterstützend oder nörgelig bis eher kritisch und wenig konstruktiv. Auf alle Fälle wird es für den Geschäftsführer zunächst eine schwierige Situation sein, in den moderierten Sitzungen als Gleicher unter Gleichen behandelt zu werden. Thematisch wird er an allen Fragen interessiert sein, die seine Einrichtung betreffen, ist er doch für die erfolgreiche Umsetzung und die Finanzen verantwortlich. *Konsequenz für die Planung:* Die Moderatorin sollte ihm Zeit geben, sich in der neuen Situation zurechtzufinden, auf eventuelle Provokationen möglichst ausgleichend reagieren und die Rollenteilung zwischen Moderatorin und Geschäftsführer deutlich machen und einhalten. Jegliche Form von Konkurrenz und Abwertung seitens der Moderatorin sollte vermieden werden. Ziel ist eine partnerschaftliche, respektvolle Begegnung, auch wenn von Geschäftsführerseite ggf. zu Beginn andere Signale und Verhaltensweisen gezeigt werden.

Die beiden Reinigungskräfte: Sie sprechen schlecht Deutsch und haben große Angst, mit Themen und Fragen konfrontiert zu werden, die sie überfordern. Sie sehen sich nicht als Gleiche unter Gleichen, sondern – bedingt auch durch die bisher sehr autoritäre Leitung – eher als ganz unten.

Konsequenz für die Planung: Um sie zur aktiven Teilnahme zu bewegen, werden sie sichere Strukturen und aktive Unterstützung durch die Moderatorin brauchen. Das heißt wenig freie Diskussionen zu Beginn, sondern Verfahren, die jeder Person einen sicheren Raum bieten, sich einzubringen, wie z. B. strukturierte Eingangsrunde, Ein-Punkt-Abfrage, Arbeit in 3er-Gruppen (siehe Kapitel 8.3 Methoden).

Die Pädagogen und Pädagoginnen: Sie werden sich überwiegend freuen, mehr Gestaltungsspielraum und Gehör zu finden. Da sie allerdings noch nie in dieser Konstellation und in dieser Form gearbeitet haben und vielleicht auch misstrauisch sind gegenüber dem Vertreter des Trägervereins und dem Geschäftsführer, werden sie sich vermutlich vorerst zurückhaltend beteiligen und abwarten, wohin der Hase läuft. *Konsequenzen für die Planung:* Die Moderatorin muss genügend Zeit einplanen, um die Einzelnen und ihr Verhältnis zueinander kennenzulernen. Das pädagogische Team ist ein wichtiger Faktor für die erfolgreiche Arbeit. Die Ziele des moderierten Prozesses können nur erreicht werden, wenn es der Moderatorin gelingt, das Vertrauen der Pädagogen/Pädagoginnen zu gewinnen und sie zur Kooperation zu bewegen.

Konsequenzen für die Gesamtplanung
Ein schneller Einstieg ins Thema wäre unklug, weil die Einzelnen zu sehr mit ihrer eigenen Rolle in diesem neuen Setting beschäftigt sein werden. Eine freie Diskussion à la, »Was wollen Sie/was schlagen Sie vor?« würde nicht gelingen. Gerade weil der Prozess über mehrere Monate hinweg begleitet werden soll, muss genügend Zeit für die Findungsphase als Gruppe und die Gewöhnung an die neuen Rollen und Arbeitsformen eingeplant werden. Methoden und Vorgehen müssen so ausgewählt werden, dass zu Beginn ein einfacher und »sicherer« Zugang zum Thema ermöglicht wird, ein Zugang, der in dieser neuen Situation möglichst »ungefährlich« ist. Also keine Kritik, keine strittigen Themen, keine weichenstellenden Entscheidungen, sondern ein Herantasten, sowohl thematisch als auch gruppendynamisch.

3.3.1.2 Analyse der Wir-Thema-Achse

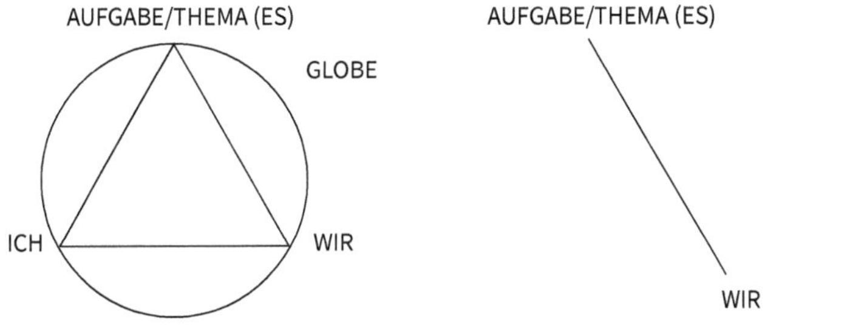

Abb. 4: Die Wir-Thema-Achse in Gruppen

Hier liegt der Fokus auf der Gruppe und ihrer Kooperationsfähigkeit in Bezug auf die Aufgabe. Eine Gruppe ist mehr als die Summe ihrer Teile.[6] Wenn die Einzelnen ihr Wissen, ihre Erfahrung, ihre Energie auf ein gemeinsames Ziel bündeln, sind Dinge möglich, die ein Einzelner nicht zustande bringen könnte. Das ist sicherlich ein Grund für die Faszination, die z. B. von Gruppenspielen wie Fußball ausgeht. Schießt ein Einzelner im Alleingang ein Tor, bekommt er viel Anerkennung. Wahre Begeisterung lösen aber raffiniert kombinierte Spielzüge aus, die in einer schwierigen Situation durch Cleverness und Kooperation zum Erfolg führen. Darum geht es auch, wenn wir Gruppen moderieren. Wir möchten durch Kooperation einen Mehrwert in Bezug auf das Thema erzielen und passgenaue »Tore« produzieren.

6 Wer sich mehr für gruppendynamische Fragen interessiert, dem sei das Buch von Eberhard Stahl empfohlen.

Zur Analyse der Wir-Thema-Achse und ihrer Vorbereitung der Moderation können Sie sich die folgenden Fragen stellen:

- Wie werden die Einzelnen in Bezug auf das Thema kooperieren?
- Gibt es gemeinsame Interessen?
- Mit welchen Konflikten ist zu rechnen?
- Welche Vorerfahrungen mit dieser Gruppe in ähnlichen Zusammenhängen gibt es?

Fallanalyse »Wir« und »Thema«
Die Mitarbeiter:innen werden hinsichtlich des Themas unterschiedliche und gemeinsame Interessen haben. Die Hausmeisterperspektive und die Perspektive der Pädagogen und Pädagoginnen sind wahrscheinlich in vielen Bereichen nicht deckungsgleich. Gemeinsam ist ihnen jedoch sicherlich das Interesse, das Ganze möglichst reibungslos zu gestalten und die Zahl der Überstunden möglichst gering zu halten. Neu wird es sein, dass die unterschiedlichen Gruppierungen gemeinsam Lösungen in einem Planungsprozess finden müssen und sie sich vielleicht sogar – die fachlichen Grenzen überschreitend – unterstützen können, dass z. B. die pädagogische Arbeit mit den Bewohner:innen so ausgerichtet wird, dass der Hausmeister Unterstützung für seine Aufgaben findet. Dieses neue Miteinander muss erst entdeckt und eingeübt werden. Der Einrichtungsleiter wird möglicherweise Probleme haben, in dem neuen »Wir« seinen Platz zu finden, wenn sich Teile der Gruppe erfolgreich selbst organisieren.

Konsequenzen für die Gesamtplanung
Im ganzen Arbeitsprozess, nicht nur in den Anfangssitzungen, muss die Methodenauswahl bei dieser Gruppe zwei Zielen gerecht werden: Die Methoden müssen gute Hilfen sein, die anstehenden sachlichen Fragen zu bearbeiten. Sie müssen aber gleichzeitig so gewählt sein, dass Kooperation und die konstruktive Bearbeitung von auftretenden Konflikten geübt werden können. Das bisher autoritär geführte Team verfügt über keine entsprechende Erfahrung miteinander. Wichtig wird sein, dem Geschäftsführer dabei zu helfen, seinen Platz in dem neu geordneten »Wir« zu finden. Sinnvoll wäre, den mit dem Umzug verbundenen Neustart der Einrichtung mit einem Coaching für die Leitung zu verbinden.

3.3.1.3 Analyse der Ich-Wir-Achse

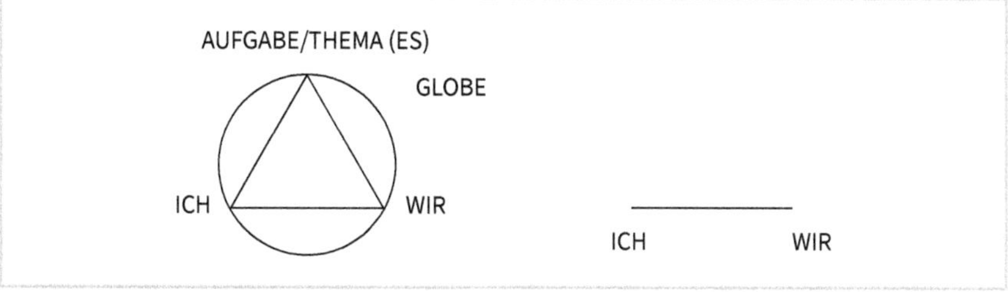

Abb. 5: Die Ich-Wir-Achse in Gruppen

Dass mehrere Individuen in einem Raum zum gleichen Thema sitzen, macht diese Individuen noch nicht zur Gruppe. Manchmal erinnert ein solches Szenario eher an einen Kriegsschauplatz, und zwar völlig unabhängig vom diskutierten Thema. In moderierten Sitzungen ist eine Beziehung angestrebt, in der so etwas wie ein »Wir« erlebbar wird, eine Beziehung, die die Belastung durch Konflikte aushält und die Lösungsfindung in der Sachfrage ermöglicht.

Zur Analyse der Achse »Ich« und »Wir« versuchen Sie den im Folgenden genannten Fragen nachzugehen.

- Wie ist die Atmosphäre in der Gruppe?
- Wie gehen die Gruppenmitglieder miteinander um?
- Dominieren Einzelne? Wie äußert sich das?
- Trauen sich Einzelne nicht, sich zu beteiligen? Woran kann das liegen?
- Wie ausgeprägt ist das Vertrauen untereinander?
- Welche alten Konflikte erschweren ggf. die Arbeit?
- Welche Kommunikationssitten herrschen?
- Wie steht die Gruppe zu Ihnen als »Ich« in der Moderatorenrolle oder der Doppelrolle Moderator:in und Partei? (siehe Kapitel 2.2)

Fallanalyse »Ich« und »Wir«

Die Gruppe hat bisher nie in dieser Konstellation und schon gar nicht mit Trägervertretern und externer Moderatorin gemeinsam Aufgaben gelöst. Alles ist neu und die Rollen im Umgang miteinander müssen sich erst finden. Das Vertrauen in dieses neue Wir kann unter diesen Umständen noch nicht sehr ausgeprägt sein kann. Ohne Vertrauen lassen sich kritische Themen jedoch nicht offen verhandeln. Deshalb müssen Methoden gewählt werden, die den Einzelnen Schutz ermöglichen und helfen, Vertrauen aufzubauen, Erfahrungen miteinander zu sammeln. Vieles im Umgang miteinander muss neu ausgehandelt werden. Wie entscheiden wir, wenn wir unterschiedlicher Meinung sind, wenn es kein Machtwort vom Boss gibt? Wer ist überhaupt der »Boss«, der Trägervertreter, der Einrichtungsleiter, die Moderatorin?

Konsequenzen für die Gesamtplanung

Als Moderator:in muss man in einer solchen Situation davon ausgehen, dass es bei Fragen an die Runde erst einmal Schweigen und Zögern gibt, weil Unsicherheit herrscht, wie und ob man sich mit seiner persönlichen Sicht einfach so einbringen kann. Klare Strukturen zu Beginn helfen, entsprechende Erfahrungen in geschützter Form zu machen und mutiger zu werden. Es sollten deshalb Methoden ausgewählt werden, die die einzelnen Ichs ermutigen, zu sagen, was sie denken. Mittelfristig ist das Ziel, dass sich die Einzelnen auch in einer freien, wenig strukturierten Diskussion offen einbringen können und Gehör finden, denn letztlich sind alle für die erfolgreiche Umsetzung ihrer Aufgabe wichtig.

3.3.1.4 Analyse des Faktors »Globe«

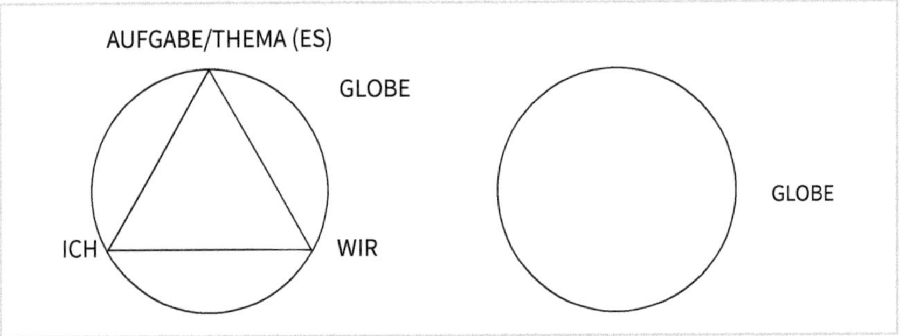

Abb. 6: Der Faktor »Globe« in Gruppen

Der Kreis repräsentiert im Strukturmodell der Themenzentrierten Interaktion das äußere Umfeld und dessen Einfluss auf die Gruppe und die thematische Arbeit. Der Fachbegriff, der dafür verwendet wird, lautet »Globe«. Die äußeren Bedingungen haben immer Einfluss auf das Wohlbefinden einer Gruppe und deren Arbeit. Zum einen geht es ganz pragmatisch um die Bereitstellung eines möglichst guten Arbeitsumfeldes (Raum, Licht, Ruhe, Pausen, Arbeitsmaterialien etc.). Es entspricht der Alltagserfahrung, dass das Umfeld die Gefühle und die Arbeitsfähigkeit von Menschen positiv oder negativ beeinflussen kann. Bei der Bewältigung schwieriger Aufgaben sind gute räumliche Voraussetzungen, in denen die Menschen sich wohlfühlen können, hilfreich.

Der Globe umfasst aber auch den größeren Rahmen.

- Wie ist die Situation im Umfeld dieser Gruppe (Organisation, Branche, Markt)?
- Welche Vorgeschichte gibt es und wie wirkt sie sich ggf. auf das Heute aus?
- Wie wird die zukünftige Entwicklung aussehen? Was bedeutet das für diese Gruppe?
- Welche Ressourcen (zeitlich, personell, finanziell, materiell) gibt es?

- Wie ist die Gruppe in die Institution eingebunden? Welche Regeln gelten dort? Wie beeinflusst das die Arbeit der Gruppe?
- Wie ist die Akzeptanz Ihrer Person in diesem Globe? Wo könnte es ggf. zu Schwierigkeiten kommen? Wie können Sie diesen vorbeugen?

Die Anforderungen des Globe sind so vielfältig wie die Organisationen und das Umfeld, in denen sie sich behaupten müssen. Kennt ein (externer) Moderator den Globe seiner Gruppe nicht, kann es sein, dass er keinen Draht zu den Leuten findet, weil sein Stil, seine, Sprache und Methodik einfach nicht passen. Es ist Teil der Vorbereitung, im Vorfeld einer Moderation ein Gefühl für die Leute und ihr Umfeld zu bekommen, damit man sich bezüglich Stil und Methodik auf die Teilnehmenden einstellen kann.

Fallanalyse des Globe-Faktors

Der Globe vieler pädagogischer Einrichtungen ist vor allem durch eines geprägt: knappe Kassen. So auch in diesem Fall. Es steht außer Frage, dass die moderierten Treffen in der Einrichtung stattfinden und nicht extern. Der Sitzungsraum ist eng, aber hell. Man kann so sitzen, dass jeder jeden sehen kann, wenn er/sie spricht, was das Miteinander erleichtert. Schönes Wetter und Zugang zum Garten ermöglichen Gruppenarbeit und Austausch in einem vertraulichen, schönen Umfeld.

Der Träger ist bei der Unterhaltung von Einrichtungen auf öffentliche Zuschüsse und die Zuweisung von »Klienten« angewiesen. Eine pädagogische Einrichtung lebt auch von ihrem Ruf. Wegen Unzufriedenheit einzelner Mitarbeiter:innen mit dem Führungsstil der Leitung gab es in der Vergangenheit mehr Fluktuation als es einer Einrichtung guttut. Es besteht also Druck vonseiten des politisch-wirtschaftlichen Globe und vom Träger, sich neu aufzustellen. Der Umzug ins neue Gebäude wird als Chance aber auch als Forderung erlebt, »besser« zu werden. Der Ernst der Situation wird durch die Präsenz des Vertreters des Trägervereins in den Sitzungen deutlich, der sehr kooperativ, wertschätzend, aber auch klar und fordernd ist. Für jüngeres, pädagogisches Personal ist es zu der Zeit nicht so schwer, eine andere Stelle zu finden. Für den Leiter trifft dies nicht zu. Leitungsstellen werden nur sporadisch frei, die Konkurrenz ist groß. Im lokalen Umfeld kennt man sich. Ist der Ruf nicht optimal, hat man keine Chance. Der Leiter ist durch die Anforderungen des Globe also stark herausgefordert und spürt dies am deutlichsten durch die Ansprüche des Trägers an ihn und sein Leitungshandeln.

Konsequenzen für die Gesamtplanung

Das räumliche Umfeld ist für einen solchen Prozess nicht optimal, da immer wieder Störungen durch Hausbewohner möglich sind, und es schwierig ist, Abstand zu finden. Aber die angestrebte Arbeit ist in diesem Umfeld machbar, da andere wichtige Voraussetzungen wie z.B. die Möglichkeit, die Gruppe zu teilen und sich zurückzuziehen, gegeben sind. Die Anforderungen des Globe »besser werden!« sehen viele als Chance, denn die Aussicht auf den Bezug eines speziell für die Einrichtung konzipierten Neubaus und die Einbettung in ein funktionierendes Umfeld mit anderen sozialen Initiativen, ist verlockend und stimmt die meisten positiv. Dies unterstützt die thematische Arbeit und die Motivation der Beteiligten. Die Anforderungen des Trägers an den Leiter sollten separat geklärt und mögliche Konflikte anderweitig geklärt werden. Eine Klärung im Rahmen der moderierten Sitzungen würde die thematische Arbeit aller Beteiligten behindern. Sollten solche Konflikte in der Sitzung auftreten, muss die Moderation sehr bewusst entscheiden, ob und in wie weit sie dem Raum gibt oder den Konflikt zur Klärung bewusst auslagert.

3.3.1.5 Wie intensiv müssen Sie sich in der Praxis vorbereiten?

Eine Analyse der Situation im Vorfeld eines moderierten Prozesses wirkt sehr aufwendig. Ich höre öfters: »Ich habe oft gar keine Zeit, mich auf Sitzungen vorzubereiten. Wie soll ich das dann alles schaffen?« Die Vorbereitung auf eine Moderation sollte einem nicht zusätzlichen Stress bereiten, sondern die bevorstehende Arbeit erleichtern. In einem stressigen Arbeitsalltag kann man vielleicht nicht jede Sitzung »optimal« vorbereiten, das muss man auch gar nicht. Ritualisierte Sitzungen, bei denen es um Routinefragen geht und in der Arbeit mit Gruppen, die gut eingespielt sind, kann man auch mit wenig Vorbereitung gute Erfolge erzielen. Mit etwas Erfahrung können Sie eine Analyse mittels der vier Faktoren nach dem Modell der Themenzentrierten Interaktion gedanklich auch quasi »nebenher« vornehmen und diese für die Vorbereitung Ihrer Anmoderation und Planung nutzen (Wie stehen Einzelne zum Thema? Wie ist die Gruppe? Wo könnte es problematisch werden? Welche Rolle spielt die Umwelt? Konsequenz?). Dies bringt Ihnen gedankliche Klarheit und eine Fokussierung auf das Wesentliche. Das ist im Zweifelsfall für eine Gruppe besser als ein Moderator, der unsicher und mit schlechtem Gewissen leitet, weil er darunter leidet, dass er sich nicht optimal vorbereitet hat.

Unter bestimmten Voraussetzungen ist eine gute Vorbereitung, die auf einer gründlichen Analyse beruht, allerdings entscheidend für den Erfolg und somit unumgänglich.

Wann ist eine sorgfältige Analyse und Vorbereitung ein Muss?

- Das Thema ist umstritten, schwierig, komplex, potenziell konfliktbehaftet.
- Die Ergebnisse haben erhebliche Auswirkungen auf die Zukunft (Grundsatzentscheidungen, Investitionen, strategische Fragen etc.).
- Die Veranstaltung hat eine Außenwirkung (auf Kunden, andere gesellschaftliche Gruppen), die das Renommee der Organisation beeinflusst.
- Es gibt eine schwierige Vorgeschichte, die auch die jetzige Arbeit belastet (gescheiterte ähnliche Projekte, Fusionen, nicht gelöste Konflikte).
- Die Gruppe ist von ihrer Zusammensetzung her schwierig (einzelne »schwierige« Persönlichkeiten, verschiedene Konfliktparteien, sehr unterschiedliche Interessen, Misstrauen, Gefälle in Bezug auf Hierarchie, Vorwissen, Selbstbewusstsein, Sprachvermögen).

- Es handelt sich um eine Auftaktveranstaltung, die richtungweisend für das Folgende ist (z. B. Projekt-Kick-off, Beginn einer Kooperation).
- Wichtige Fragen müssen in sehr begrenzter Zeit (unter Zeitdruck) bearbeitet oder entschieden werden.
- Es geht um die Behebung von Krisen, Konflikten.
- Es muss ein längerer Zeitraum inhaltlich gestaltet werden (3 h+x bis hin zu mehreren Tagen).
- Sie sind als Moderator:in nicht bekannt, nicht vertraut oder nicht unumstritten.
- Teilnehmende und Gäste sind von weit angereist, um an der Veranstaltung teilzunehmen.

3.3.2 So definieren Sie das Ziel Ihrer Veranstaltung

Neben der Analyse der Situation zur inhaltlichen Vorbereitung mit den vier Faktoren aus dem Konzept der Themenzentrierten Interaktion ist die Definition des Ziels ein weiterer wesentlicher Teil der inhaltlichen Vorbereitung der Veranstaltung. Was ist der Sinn der Veranstaltung? Was soll dabei herauskommen? Viele Sitzungen und Teamtreffen im Berufsalltag scheitern, weil es kein definiertes Ziel gibt, beziehungsweise das Ziel unklar, vage, unattraktiv oder unrealistisch ist. Je klarer Ihnen als Moderator:in das Ziel vor Augen ist, desto besser können Sie es vermitteln und mit der Gruppe stringent darauf hinarbeiten.

Zur Klärung des Ziels der Veranstaltung sind die im Folgenden aufgeführten Fragen hilfreich.

- Was soll die Gruppe am Ende der Arbeitssitzung in Bezug auf das Thema der Sitzung erreicht haben?
- Ist das Ziel vorgegeben (z. B. durch eine höhere Hierarchie-Ebene) oder soll es von der Gruppe eigenständig festgelegt werden?
- Worum geht es konkret bei dem Ziel? Sollen …
  - Informationen gesammelt,
  - die Informationen in einer bestimmten Form bearbeitet, Lösungsvorschläge, Maßnahmen, Vorgehensweisen, Ideen entwickelt werden oder
  - in der Sitzung konkrete Entscheidungen gefällt werden?
- Wie genau sieht also der Entscheidungsspielraum der Gruppe aus? Was ist durch die Organisation/Führung oder andere vorgegeben und wo ist Freiraum?
- Wie realistisch ist die Zielerreichung?
- Wie viel Zeit wird die Gruppe voraussichtlich brauchen, um das vorgesehene Ziel zu erreichen? Bzw. wenn der zeitliche Rahmen festgesetzt ist, wie muss man das Ziel verändern, dass es mit der Gruppe in der Zeit erreichbar ist?

Wie Sie Ziele aktivierend formulieren

Sie können das Ziel in einer Veranstaltung nur erreichen, wenn die Gruppe es als sinnvoll erachtet und bereit ist, mit Ihnen gemeinsam darauf hinzuarbeiten. Oft werden Ziele aber so formuliert bzw. dargestellt, dass man ihren Sinn nicht erkennt, oder sie so belastend und unattraktiv wirken, dass man sich spontan überfordert oder lustlos fühlt, wenn man sie hört. Daher ist es wichtig, dass Sie Ziele klar und positiv formulieren. Lesen Sie dazu die folgenden zwei Beispiele, anhand derer Sie nachvollziehen können, wie Ziele richtig formuliert werden.

Ungünstige Formulierung: »Wir müssen verhindern, dass unser Absatz in xy weiter sinkt.«

Aktivierende Formulierung: »Wir suchen neue Wege und entwickeln konkrete Maßnahmen, um unseren Absatz in XY zu steigern.«

Ungünstige Formulierung: »Unsere Zusammenarbeit im Team ist schlecht. Wir müssen was dagegen tun.«

Aktivierende Formulierung: »Wir arbeiten eng zusammen. Einiges läuft wunderbar, an anderen Stellen knirscht es. Ich möchte mit Euch genau herausfinden, was aus Eurer Sicht gut und was weniger gut läuft und auf dieser Basis gemeinsam mit Euch vereinbaren, wie wir in Zukunft unsere Zusammenarbeit gestalten wollen.«

Diese Art der Formulierung eines oder mehrerer Ziele hilft zunächst einmal Ihnen selbst, sich zu fokussieren und die Veranstaltung entsprechend zu konzipieren, wird aber auch in der Gestaltung des Einstiegs eine wichtige Rolle spielen.

3.3.3 So analysieren Sie die Teilnehmenden

Es ist klar geworden, dass man sich im Vorfeld einer Moderation nicht nur auf die Sache, das verhandelte Thema, sondern auch auf die Teilnehmenden und deren Voraussetzungen vorbereiten muss. In der nachfolgenden Liste finden Sie alle Fragen, die Ihnen zur Vorbereitung auf die Teilnehmenden helfen können. Manche Fragen können Sie ggf. nicht beantworten, weil sie die Gruppe oder Einzelne der Gruppe nicht kennen. In solchen Fällen müssen Sie als Moderator:in mit Hypothesen arbeiten. Was denken Sie, wie es Ihrer Erfahrung nach wahrscheinlich sein wird? Planen Sie antizipierend, also vorausschauend.

Analyse der Gruppe

- Wie viele Personen werden an der Sitzung teilnehmen?
- Wie heißen sie?
- Welche Funktionen/hierarchische Stellung im Unternehmen haben sie?

- Welche Entscheidungsbefugnis haben sie?
- Wie wird er/sie auftreten und dadurch ggf. die Arbeit der Gruppe beeinflussen? (Ist er/sie introvertiert, dominant, detailverliebt, unmotiviert, destruktiv, kreativ, lösungsorientiert, verbindlich, analytisch etc.?)
- Worin besteht seine/ihre Expertise? Über welche Erfahrung verfügt er/sie?
- Welche Interessen vertreten sie?
- Welche Erwartungen haben sie?
- Welche Einstellungen zum Thema herrschen vor?
- Wie sehen die Beziehungen der Teilnehmenden untereinander aus?
- Gibt es eine Vorgeschichte, die die aktuelle Arbeit belasten könnte?
- Welche Konflikte können auftreten?
- Wie ist ihre Einstellung zur Moderationsmethode?
- Wie stehen Einzelne zu Ihnen bzw. die Gruppe zu Ihnen als Moderator:in?
- Wie viel Erfahrung aus moderierten Gruppen bringen die Teilnehmenden mit? Wie viel Erfahrung haben sie damit, sich gleichberechtigt, aktiv und verantwortlich an der Erarbeitung von Ergebnisse in unterschiedlichen methodischen Settings zu beteiligen? Welche Vorbehalte gegen Moderation oder bestimmte Techniken mag es ggf. geben?

3.4 Exkurs: Prozessorientierung bei der Planung

Moderation ist ein prozessorientiertes Verfahren. Es kann sein, dass Sie Ihre Planung an der ein oder anderen Stelle ändern müssen. Wenn Sie Menschen aktiv an Lösungsprozessen beteiligen, ist das Geschehen nie 100 Prozent vorhersagbar. Ihre vorbereitete Struktur ist ein Gerüst, das genügend Flexibilität aufweist, um teilweise geändert zu werden, ohne dass die Gesamtkonstruktion dadurch zerbricht. Dieses Gerüst gibt Ihnen Stärke und der Gruppe Sicherheit, Orientierung und Zielgerichtetheit.

Ihr Konzept hat aber dienende Funktion. Sie können Ihre Planung auch mit einem Navigationssystem vergleichen. Das Ziel ist klar und damit die Richtung. Sie entwerfen eine Route. Sollte aus vorher nicht ersichtlichen Gründen ein Hindernis auftauchen, dann verändern Sie Ihre Planung, passen gewissermaßen die Route an, ohne dadurch das Ziel aus den Augen zu verlieren.

Abb. 7: Tagesplanung

Auf dieser Tagesplanung für einen Team-Workshop stehen nur die groben Stationen und Zeiten, sodass eine gewisse Flexibilität für Änderungen in Bezug auf Methode oder Zeit möglich ist, ohne dass dies zu Irritationen bei den Teilnehmenden führt. Die Detailplanung haben nur die Moderatoren (siehe Tabelle).

Ihre Planung – z. B. für einen Workshop – können Sie auch gut in einer Tabelle festhalten. Wenn man zu zweit moderiert, eine anspruchsvolle Tagesordnung und/oder wenig Zeit hat, ist gute Planung, Absprache und Einvernehmen bezüglich der Ziele, der eingesetzten Materialien, der Arbeitsteilung etc. sehr wichtig.

Planung zu zweit				
Zeit	**Inhalt**	**Wer**	**Material**	**Form**
8.30	Begrüßung, Orga, Vorstellen der Moderatoren	Anja	FC	Pl
8.40	Vorstellung , Hintergrund, Ziele	Oli	FC	Pl
8.45	Eingangsrunde & Abfrage eigenes Interesse	Anja	FC Fragen	PL
9.05	Einführung ins Thema & Ein-Punkt-Abfrage zu Vorerfahrung & Einschätzungen zum Thema	Oli	4 Charts in 4 Ecken	PL
9.20	Diskussion d. Ergebnisse in KG	Anja	4 FCs mit Leitfrage zur Analyse	4 KGs à ca. 5 Personen. Jede KG nimmt 1 Chart zur Auswertung, Gruppenbildung autonom nach Neigung zum Thema
9.40	Vorstellung d. Ergebnisse	Oli	4 FCs	Jede KG stellt ihre Analyse & daraus abzuleitende Konsequenzen vor
10.00	Vereinbarung zu Schwerpunkt-setzung	Anja	FC	Themen/Fragen auf Zuruf und Gewichtung mit Punkten
10.15	Kaffeepause			

FC = Flipchart, PL = Plenum, KG = Kleingruppe

3.5 Mental-emotionale Vorbereitung

Gute inhaltliche Vorbereitung gibt Ihnen in der Regel auch mentale Sicherheit. Doch nicht immer reicht die inhaltliche Vorbereitung für ein souveränes Auftreten aus. Fühlen Sie sich in Gedanken an die Veranstaltung unwohl, unsicher oder genervt, so sollten Sie der mentalen Vorbereitung besondere Aufmerksamkeit schenken. Gefühle wie Zweifel, Unlust, Angst oder Resignation lassen sich kaum verbergen und übertragen sich leicht auf die Gruppe. Gefühle schleichen sich, ohne dass Sie es selbst merken, direkt in Ihre Körpersprache (siehe Kapitel 5.6) und färben Ihre Formulierungen während der Moderation entsprechend ein. Das gilt gleichermaßen für positive wie für negative Emotionen. Deswegen ist es wichtig, dass Sie selbst wissen, was Sie empfinden, wenn Sie an das Thema, an die Gruppe, an die Aufgabe denken. Sind Ihnen Ihre Gefühle bewusst, können Sie auch mit ihnen umgehen und – wenn nötig – auf sie Einfluss nehmen. Wenn Sie eventuell vorhandene negative Gefühle im Vorfeld nicht bewusst wahrnehmen, arbeiten diese im Untergrund weiter, beeinflussen Ihr Auftreten und können Ihre Arbeit ziemlich effektiv untergraben.

3.5.1 Verstehen Sie Ihre Gefühle als Analyseinstrument

Emotionen sind Teil des hochkomplexen Apparates, der uns bei der Einschätzung von Sachverhalten und Situationen hilft. Sie bewegen uns, etwas zu tun oder zu lassen, und ermöglichen es uns flexibel auf immer wieder neue Anforderungen der Umwelt zu reagieren. Emotionen helfen, gesammelte Erfahrungen in kurzer Zeit abzurufen und sie mit momentanen Eindrücken und Erlebnissen in Verbindung zu bringen. Wie zahlreiche Versuche gezeigt haben, sind gefühlsmäßige Reaktionen schneller als das analytische Verstehen und Erfassen mit dem Verstand.[7] Auf negative Reize reagiert der Körper innerhalb von 120 Millisekunden – so schnell können Sie nicht denken. Schon diese Kurzdefinition der Funktion von Gefühlen macht deutlich, dass sie im Moderationsprozess ein wichtiges Instrument für die Analyse und Entscheidungen der Moderierenden sind. Belastende oder eher negative Gefühle im Vorfeld einer Moderation oder wiederkehrende negative Gefühle während Moderationen können Sie als Auftrag verstehen, Ihre mentale Einstellung zu klären und Ihre Gefühle in eine positive, Sie in Ihrer Rolle stärkende Richtung zu regulieren.

3.5.2 So regulieren Sie Ihre Gefühle

Tiere sind den Handlungsmustern ihrer Emotionen ausgeliefert. Menschen nicht unbedingt und nicht in dem Maße. Durch die bewusste Wahrnehmung von Emotionen, die Möglichkeit sie über ihren Intellekt gedanklich zu überprüfen und an die aktuelle Situation anzupassen, haben sie mehrere Möglichkeiten, in einer Situation zu reagieren. Die Fähigkeit, die eigenen Gefühle wahrzunehmen und regulieren zu können, ist essenziell für die erfolgreiche Arbeit als Moderator:in.

Beispiel: Angst vor einer Moderation

Herr Stein wird von seinem Chef beauftragt, die Moderation bei einem Meeting mit einem wichtigen Kunden zu übernehmen. Er freut sich, dass gerade er mit dieser Aufgabe betraut wird, fühlt sich angesichts dieses Vertrauens in seine Fähigkeiten geschmeichelt und macht sich guter Dinge an die Vorbereitung.

Herr Krebs, in der gleichen Situation, bekommt einen tiefen Schrecken und denkt nur »Oh Gott!«. Er gerät, nachdem sein Chef aus dem Büro raus ist, in ein Kreuzfeuer sorgenvoller Gedanken: Was mache ich, wenn wir uns nicht einigen können? Den kriege ich doch nie in den Griff! Bestimmt verhasple ich mich wieder. Ich kann mich doch da gar nicht durchsetzen, die reden doch alle durcheinander. Warum nimmt er nicht den Stein? Warum kriege ausgerechnet ich diese verdammte Aufgabe?«

7 Kahneman D. 2012; von Kanitz, Emotionale Intelligenz – Best of, 2010.

Herr Krebs mit seiner aufkeimenden Panik vor der anstehenden Aufgabe verstärkt mit seinen Gedanken die erste Angst, die er unmittelbar empfand, als er vor diesem Auftrag erfuhr. Seine Gedanken, Zweifel und Fragen bringen ihm bildhaft vor Augen, was alles schiefgehen könnte und bestärken damit seine Angstgefühle. Sein Körper wird darauf mit angsttypischen Reaktionen wie Kurzatmigkeit, Unruhe, Konzentrationsschwierigkeiten etc. antworten und ihm eine gute Vorbereitung und souveräne Moderation erschweren. Will er seine Situation verbessern, muss er seine Ängste und die damit verbundene Lampenfieber-Symptomatik in den Griff bekommen.

Angstgefühle und Lampenfieber in den Griff bekommen
Die Fähigkeit des Menschen, seine Gefühle durch Gedanken zu beeinflussen, geben Herrn Krebs alternative Möglichkeiten mit dem ersten Schrecken und der Angst umzugehen. Er könnte sich auf Gedanken konzentrieren, die ihm helfen, diese Situation zu bewältigen, damit würden auch die körperlichen Symptome seiner Angst schwächer. Er könnte die Angst auch als Motor für eine gute Vorbereitung nutzen oder als Anlass, sich gezielt im Bereich Moderation und Rhetorik fortzubilden. Dort könnte er vieles lernen, was es ihm erleichtert, solche angstbesetzten Situationen zu meistern.

Es gibt drei Ebenen, auf denen man ansetzen kann, Angstgefühle und Lampenfieber zu regulieren, die mental-kognitive, die Verhaltens- oder Skill-Ebene und die körperliche Ebene.

mental-kognitive Ebene	**körperlich-physiologische Ebene**	**Skill- & -Verhaltensebene**
• Gedanken	• Körpeerspannung	• Wissen, wie man sich vorbereitet
• Fragen	• Atmung	• Übung
• Innere Monologe	• Körperhaltung	• Notfallkoffer für schwierige Situationen
• Situationseinschätzung	• Blickverhalten	

Abb. 8: Drei Ebenen der Gefühlsregulierung

3.5.2.1 Mental-kognitive Ebene

Angst im Vorfeld einer Moderation wird durch Gedanken beeinflusst. Um Angst und Lampenfieber zu mindern, muss man sich genauer anschauen, was an Gedanken, Fragen, Sätzen im eigenen Kopf herumschwirrt. Diese Selbstgespräche nennt man innere Monologe. Sie können Sie bei der Bewältigung der anstehenden Aufgabe unterstützen, sie können Sie aber auch in Angst, Sorge, Unlust versetzen. Sie können sie auch gezielt einsetzen, um sich zu beruhigen und zu stärken. Das nennt man dann Selbstregulierungsmonolog. Um Ihre Gedanken gezielt zur Selbstregulierung nutzen zu können, müssen Sie jedoch genauer wissen, was Ihnen im Vorfeld einer Moderation normalerweise durch den Kopf geht.

Folgende Fragen sollten Sie sich stellen und die Antworten notieren. Möglichst komplett und im Originalton.

- Was für Gedanken gehen Ihnen durch den Kopf?
- Was sagen Sie sich?
- Welche Fragen kommen?
- Welche Erinnerungen/Bilder kommen?
- Welche Befürchtungen tauchen auf?
- Welche Sätze/Gedanken empfinden Sie als stärkend/beruhigend?
- Welche stressen Sie?
- Welche schwächen Sie und ziehen Sie runter?

Wenn Sie alles notiert haben, untersuchen Sie die Sätze genauer.

Analyse innerer Monolog
Welche der Sätze und Gedanken empfinden Sie als stärkend bzw. beruhigend? Welche stressen Sie? Welche schwächen Sie und ziehen Sie runter? Welche der Befürchtungen sind real? Welche übertrieben? Was von dem, was Sie befürchten, ist änderbar? Was nicht und muss als Realität angenommen werden?

Schädlich sind vor allem Sätze bzw. Gedanken, die Sie verunsichern und destabilisieren sowie alle Formen von Übertreibungen. Wollen Sie sich im Selbstregulierungsmonolog stärken, sollten Sie die destabilisierenden Gedanken und Sätze nach und nach eliminieren oder ihnen klar etwas entgegensetzen.

Destabilisierende Sätze im inneren Monolog
Fragen: 1. Ob ich mit denen wohl klarkomme? 2. Bin ich gut genug vorbereitet? 3. Ob denen das gefällt?

Solche Fragen verunsichern den Organismus. Im Zweifelsfall ist die Antwort nein und die Angst steigt ins Unermessliche.

Gegenmittel sind realistische und beruhigende Antworten: 1. Ich werde in einer klaren Struktur arbeiten, dann ist die Chance größer, dass wir ein gutes Ergebnis erzielen. 2. Was heißt hier genug? Ich bin die Moderatorin und sorge für einen gut strukturierten Prozess und den passenden Rahmen. Für die Inhalte ist die Gruppe zuständig. Ich bin gut vorbereitet. Alles andere sehen wir. 3. Manchen wird es gefallen, manchen nicht. Das ist immer so, egal, wer wo wie moderiert. Ich werde aushalten, dass manche unzufrieden sind. Ich nutze die konstruktiven Leute gezielt, um meine Arbeit zu unterstützen.

Hoffentlich-Sätze: 1. Hoffentlich werde ich nicht rot. 2. Hoffentlich verlier ich nicht den roten Faden. 3. Hoffentlich stellt mir keiner Fragen, die ich nicht beantworten kann.

Dieses »hoffentlich« bedeutet, dass es vom Schicksal abhängt, ob man klarkommt oder nicht. Das muss Angst auslösen und den Körper unter Stress setzen.

Gegenmittel sind Akzeptanz dessen, was nicht änderbar ist, sowie die Entwicklung von Strategien für die befürchteten Fälle. 1. Wenn Sie ein Typ sind, der leicht rot wird, können Sie das nicht ändern und müssen das akzeptieren. Sagen Sie sich: Ich bin jemand, der schnell errötet. Das wird vermutlich auch da passieren. Ich werde also in Rot moderieren. Wichtig ist der Inhalt und darauf konzentriere ich mich. 2. Wenn Sie immer wieder mal den Faden verlieren, dann planen Sie das ein und überlegen Sie, was Sie dann tun. Sie können sich z. B. sagen: »Ich werde dann die Hauptpunkte auf meinem Konzept wiederholen und dann neu anschließen« oder »Ich sage zur Gruppe: O.k. wir haben jetzt einiges diskutiert, helfen Sie mir mal grad auf die Sprünge, wo stehen wir gerade?« 3. Sie werden nie alle Fragen beantworten können. Keiner kann das. Zudem muss der Moderator nicht alles wissen und können. Die Gruppe ist eine Gruppe von Experten, die man einbeziehen kann. Sagen Sie z. B.: »Dazu habe ich keine Informationen. Weiß jemand von Ihnen, ob/wie …?«

Selbst-Demontage: 1. Du konntest noch nie gut vor anderen reden. Du bist viel zu langweilig. 2. Außerdem hast Du nicht studiert. Die anderen haben viel mehr Ahnung als Du. 3. Siehst Du, das hast Du jetzt davon. Du wolltest ja unbedingt den Job und jetzt werden sie ja sehen, dass Du es nicht drauf hast …

Vor allem Frauen, aber nicht nur Frauen, neigen dazu, sich im inneren Monolog selbst schlecht zu reden, manchmal auch während einer Moderation. Der Körper muss auf eine solche Behandlung hin mit Angst und Stress-Symptomen reagieren.

Gegenmittel ist, solche Mechanismen mittelfristig aus Ihrem Repertoire zu streichen. Der negative Fokus ist ungerecht, nicht zutreffend und nicht leistungsfördernd. Solange die Sätze noch auftauchen, müssen Sie ihnen etwas entgegensetzen. 1. Wer sagt das eigentlich? Die Leute verstehen mich, sie akzeptieren mich als Fachkraft und das reicht. Ich habe nicht vor, da den Showmaster zu geben. Es geht um eine solide, strukturierte Arbeit und das kann ich gut. Außerdem bin ich neutral in der Sache, das ist eine gute Voraussetzung! 2. Ich habe den Auftrag bekommen, weil man mir das zutraut. Mit oder ohne Studium, das ist egal. (Rest s. o. Antwort 3. zu den »Hoffentlich-Sätzen«.) »Ja, ich wollte diesen Job und ich habe ihn bekommen, weil man von meiner Arbeit überzeugt ist. Und ich werde auch diesen Teil der Arbeit solide managen. Darauf bereite ich mich jetzt vor.«

Negativ-Formulierungen: 1. So schlimm ist es gar nicht. 2. So blöd bist du auch wieder nicht. 3. Eine Moderation ist doch keine Katastrophe.

Gut gemeint, sozusagen als Ermutigung. Leider wirkt die Bedeutung dieser Worte »schlimm«, »blöd«, »Katastrophe« stärker als die Verneinung durch das Miniwörtchen »nicht«. So lösen diese Sätze auch Angstgefühle im Körper aus.

Gegenmittel: 1. Es ist eine interessante Aufgabe. Ich bin gespannt, wie's wird! 2. In der Tat, ich bin gut vorbereitet und habe Spaß an der Sache. Die letzten Sitzungen haben auch ziemlich gut geklappt! 3. Moderation ist in erster Linie Handwerk. Wenn da mal was nicht klappt, dann ist das korrigierbar. Also ran! Je mehr Erfahrung, desto besser!

Hilfreiche Sätze im Selbstregulierungsmonolog

Emotionen steuern über den Selbstregulierungsmonolog heißt also, dass Sie Einfluss nehmen auf Ihren inneren Monolog, dass Sie destabilisierende Sätze eliminieren oder neutralisieren und zudem gezielt stärkende und beruhigende Sätze einbauen. Im Folgenden lesen Sie fünf Beispiele für solche hilfreichen Sätze.

- Selbstberuhigende, stabilisierende Sätze: Ich bin gut vorbereitet. Die Leute mögen meine frische Art. Katrin und Volker werden mich unterstützen. Wir sind letztes Mal gut vorangekommen. Du kannst das! ...
- Appelle an sich selbst: Bleib ruhig! Mach den Körper locker! Denk an das Feedback vom Seminar! Sie fanden Deine Anmoderation so toll! Du machst jetzt ruhig Deinen Job, egal wie er guckt!
- Strategien für mögliche Probleme: Es gibt genügend herausfordernde Situationen in einer Moderation. Statt sie zu fürchten, überlegen wir gezielt, was wir machen werden, wenn es eintritt. Z.B. »Wenn Herr Schmidt wieder die Moderation übernehmen will, werde ich in festem Ton und freundlich sagen: »Sicherlich kann man das Thema auch so bearbeiten, wie Sie das vorschlagen. Ich möchte aber an dieser Stelle mit Karten arbeiten, weil ...« Sie sollten für alle Situationen, die Sie fürchten, vorher überlegen, was Sie dann tun werden.
- Realistische Einschätzung der Situation: Viele Lampenfieber-Menschen neigen zur Übertreibung und Katastrophisierung, so als würde die Welt zusammenbrechen, wenn die Moderation nicht so gut läuft. So viele Menschen moderieren täglich mittelmäßige oder sogar schlechte Sitzungen, ohne dass das irgendeine Auswirkung auf sie hätte. Denken Sie realistisch durch, was passiert, wenn es nicht so gut läuft.
- Plan: Wenn Sie gut vorbereitet sind und wissen, wie Sie die Besprechung der Thematik angehen wollen, gibt das innere Sicherheit und natürliche Autorität.

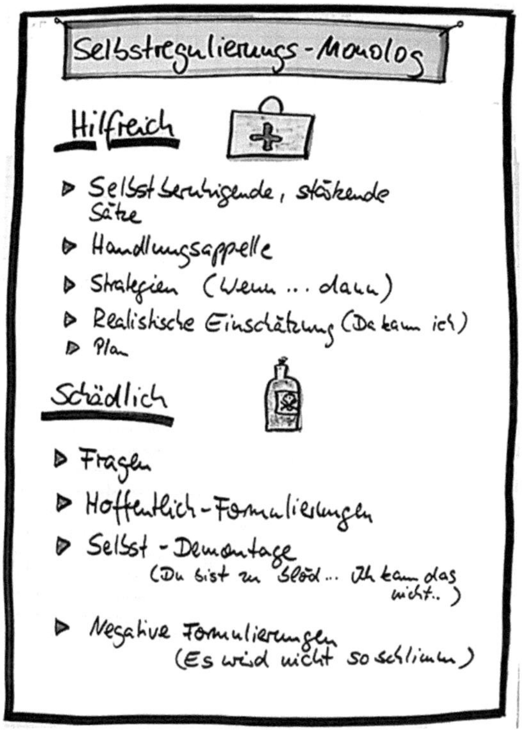

Abb. 9: Selbstregulierungsmonolog

3.5.2.2 Verhaltens- oder Skill-Ebene

Man tut ja etwas, wenn man moderiert. Will man Lampenfiebersymptome über die Verhaltens- oder Skill-Ebene reduzieren, setzt man direkt am Verhalten an. Man trainiert die Skills, die man in der Moderation braucht: Techniken zur guten Vorbereitung, zur Strukturierung von moderierten Sitzungen, den sicheren Einsatz von verschiedenen Methoden, den Umgang mit Sprache, Körpersprache, den Einsatz von Gesprächstechniken und Interventionen sowie Möglichkeiten, schwierige Situationen zu bewältigen. Die Sicherheit im Umgang mit dem Moderationswerkzeug gibt Sicherheit während der Moderation und mindert Angst und Lampenfieber. Neben dem Wissen, das man sich auch durch Lektüre aneignen kann, ist es sehr zu empfehlen auch Moderationsseminare zu besuchen. Zu sehen und zu hören, wie man moderiert und z. B. paraphrasiert oder interveniert, die Chance zu haben, etwas auszuprobieren und dazu konkretes persönliche Feedback zu erhalten, helfen einem ganz konkret, die eigene Moderationskompetenz zu verbessern.

3.5.2.3 Körperliche Ebene

Angst und Lampenfieber sind immer von körperlichen Symptomen begleitet, z.B. erhöhter Puls, Wärmegefühl, gerötete Haut, trockener Mund, Übelkeit, kurze, flache Atmung, hohe Muskelspannung etc. Man kann über körperliche Techniken diese Symptome eindämmen und damit auch Angstgefühle und Stress mindern. Den Speichelfluss im Mund oder die Farbe der Haut können Sie nicht beeinflussen. Sehr effektiv ist allerdings das gezielte Lockern der Muskulatur, das Einnehmen einer günstigen Körperhaltung, und die Regulierung der Atmung (siehe Kapitel 5.6 zum Thema Körpersprache).

3.6 Schwierige Situationen vorbereiten

Die Angst vor Moderationen ist nicht völlig unbegründet. Auch als erfahrene:r Moderator:in kommt man in schwierige Situationen. Die mentale Vorbereitung hilft Ihnen, mit den in der Praxis auftretenden Schwierigkeiten klug und souverän umzugehen. Sie schützt Sie vor unnötigem Stress und unüberlegtem Handeln. Ihre Sicherheit im Umgang mit herausfordernden Situationen überträgt sich auf die Gruppe. Dadurch steigt Ihre Chance, die schwierige Situation zu wenden und konstruktive Lösungen zu finden.

Die folgenden Beispiele skizzieren Standardsituationen, die von Moderatoren und Moderatorinnen häufig als schwierig erlebt werden. Es werden Wege aufgezeigt, wie Sie sich darauf mental vorbereiten können.

3.6.1 Situation 1: Die fremde Gruppe ist skeptisch

Wenn Sie als externe:r Moderator:in von einer Organisation bzw. Gruppe angefragt werden, dann gibt es zumeist schon eine nicht unproblematische Vorgeschichte innerhalb dieser Organisation. Die Teilnehmenden sind dann verständlicherweise skeptisch und fragen sich: »Was ist das für eine? Ist die gekauft? Kann die überhaupt neutral und fair sein?«. Auch Ängste tauchen auf: »Was macht die mit uns?«. Bei Gruppen, die Ihnen fremd sind, müssen Sie in der Regel davon ausgehen, dass Ihnen zumindest Skepsis, wenn nicht gar deutliche Ablehnung entgegenschlägt, nach dem Motto »Das bringt doch eh nix. Wir hatten schon mal jemanden da, das hat auch nix gebracht, der hatte von nix 'ne Ahnung!«. Das ist normal.

Als Moderator:in in einer fremden Gruppe müssen Sie sich das Vertrauen der Teilnehmenden erst erarbeiten. Deswegen ist die Gestaltung des Einstiegs sowie die Einführung und Vorstellung Ihrer Person im Vorfeld und bei dem eigentlichen Treffen sehr wichtig (siehe Kapitel 4.1). Doch auch wenn Sie in der Organisation bekannt oder selbst Teil der Organisation sind, kann Ihnen Skepsis oder Ablehnung entgegenschlagen. Vielleicht zweifelt man an Ihrer Neutralität und Unvoreingenommenheit, vielleicht hat jemand mit Ihnen zuvor schon einmal bei anderer Gelegenheit schlechte Erfahrungen gemacht oder nimmt Ihnen etwas übel, vielleicht neidet Ihnen jemand die Aufgabe der Moderation oder hält sie für zu jung, zu IT-lastig, hat Vorbehalte gegen HR-ler etc. Ich sehe es eher als normal an, dass einem/einer Moderator:in gegenüber von Teilen der Gruppe mit Zurückhaltung, Skepsis oder Ablehnung begegnet wird. Ungewöhnlich ist eher die Situation, dass alle sich freuen, dass man kommt und diesen Job übernimmt, es sei denn, man hat in der Vergangenheit bereits erfolgreich miteinander gearbeitet.

Die aufrichtige, innerliche Akzeptanz der skeptischen Haltung der anderen ist Teil der mentalen Vorbereitung. Die Teilnehmenden werden Gründe für ihre skeptische Haltung haben, die man zum Teil erahnen, zum Teil aber auch gar nicht kennen kann. Sie werden sie ihnen nicht ausreden können, aber ggf. durch konsequentes Verhalten in der Moderatorenrolle ihr Vertrauen gewinnen und sie zur Kooperation bewegen können.

So bereiten Sie sich mental auf eine skeptische Gruppe vor

- Gestehen Sie den Teilnehmenden zu, Ihnen gegenüber skeptisch, zurückhaltend oder ablehnend zu sein. Sie haben Gründe dafür. Nur positive neue Erfahrungen mit Ihnen können diese Skepsis bzw. Ablehnung überwinden. Dafür braucht es etwas Zeit.
- Machen Sie sich innerlich unabhängig von der Zustimmung aller. Die Vorreiterin in der themenzentrierten Arbeit mit Gruppen, Ruth Cohn, schrieb dazu sinngemäß: Als Moderator:in müssen Sie aushalten können, dass nicht alle Sie und das, was Sie tun oder sagen, gut finden. Sie brauchen folglich auch gar nicht erst anzustreben, allen zu gefallen. Wichtiger wäre, zu versuchen, alle in ihrer Eigenart zu respektieren und ihren individuellen Anliegen im Rahmen der Möglichkeiten (Thema, Gruppe und Globe) gerecht zu werden.
- Überlegen Sie, was für Sie schwierig werden könnte (welche Verhaltensweisen Einzelner oder der Gruppe) und wie Sie damit umgehen werden, wenn dies geschieht, bzw. was Sie tun können, damit die Situation möglichst nicht eintritt.
- Überlegen Sie sorgfältig, was die Gruppe von Ihnen im Einstieg an Information über Sie und Ihren Auftrag wissen muss, um Ihnen Vertrauen entgegenbringen zu können.

3.6.2 Situation 2: Das Thema löst bei den Teilnehmenden Widerstand aus

Diesen Fall kennen sich vermutlich von sich selbst. Wie oft waren Sie schon zu Besprechungen oder Workshops eingeladen, bei denen Sie innerlich gestöhnt haben »Mein Gott, auch das noch ...«. In vielen Unternehmen oder Organisationen stehen

Themen auf der Tagesordnung, die von höheren Hierarchieebenen vorgeschrieben wurden, wie Änderungen oder Maßnahmen, in die die Betroffenen weder mit einbezogen wurden, noch dass sie den Hintergrund oder den Sinn derselben nachvollziehen könnten. In Zeiten von Fusionen und Organisationsentwicklungs-Prozessen kommt es häufig, für manche zu häufig, zu Änderungen und der Diskussion neuer Probleme. Überforderung, Überdruss, Frustration und offene Ablehnung sind typische Folgen. Gerade Menschen, die eine stabile Struktur und bewährte Abläufe lieben, reagieren mit Ablehnung auf Änderungen. Auch hier kann man sagen, dass es erst einmal das gute Recht einer jeden Person ist, ein Thema nicht attraktiv, toll, interessant, gut oder sinnvoll zu finden.

Als Moderator:in haben Sie diese unterschiedlichen Sichtweisen auf eine Sache zu akzeptieren. Es ist allerdings Ihre Aufgabe, den Einzelnen Wege zu öffnen, einen konstruktiven Zugang zum Thema zu finden, gerade auch dann, wenn sie unmittelbar betroffen von den zu verhandelnden Fragen sind und/oder Verantwortung im Prozess haben bzw. übernehmen sollen. Sie können diejenigen nicht zwingen, einen solchen Weg zu gehen, aber Sie können es ihnen als Moderator:in leichter machen.

Wie Sie sich auf widerständige Gruppen mental vorbereiten

- Akzeptieren Sie die Schwierigkeiten, die einzelne Teilnehmende mit dem Thema, der Aufgabe, der Problematik haben. Überlegen Sie im Vorfeld, worin das begründet ist, was sie befürchten, ablehnen oder lieber hätten.
- Werten Sie den Widerstand nicht automatisch als Widerstand gegen Sie und Ihre Arbeit.
- Überlegen Sie, wie es Ihnen an ihrer Stelle gehen würde.
- Nehmen Sie sich vor, nicht gegen den Widerstand anzugehen, denn das ist ein zweckloses Unterfangen. Sie stärken ihn dadurch nur. Überlegen Sie stattdessen, wie Sie Zugänge für die unterschiedlichen Ichs der Gruppe ermöglichen können und ihre Selbstverantwortung in Bezug auf das Thema stärken.

3.6.3 Situation 3: Alle Mühen umsonst, keine Lösung in Sicht

Wenn Bemühungen um eine Lösung scheitern, sind die Betroffenen häufig genervt, erschöpft, frustriert. Diese negativen Emotionen werden Ihnen bei der Arbeit entgegenschlagen. Es wird für Sie wichtig sein, dass Sie nicht ebenfalls in dieses Gefühl der Ausweglosigkeit eintauchen, sondern selbst einen konstruktiven Zugang zur verhandelten Problematik finden. Ihre Überzeugung, dass sich eine Lösung finden lässt, ihre Energie und Ihr Optimismus in Bezug auf dieses Ziel hat energetisierende Wirkung auf die Gruppe. Sind Sie selbst zögernd, skeptisch, frustriert in Bezug auf das Thema oder die Gruppe, werden Sie kaum eine Möglichkeit haben, zusammen mit der Gruppe »die Karre aus dem Dreck« zu ziehen.

Wie Sie sich auf diese Situation mental vorbereiten

- Finden Sie Ihren Zugang zur Aufgabe/zur Problematik und was Sie motiviert, antreibt, das angestrebte Ziel zu erreichen.
- Überlegen Sie, was die anderen motivieren könnte, aus ihrer Blockade herauszufinden und sich Richtung Lösung/Ziel zu bewegen.
- Stärken Sie Ihre Überzeugung/Zuversicht, mit der Gruppe eine Lösung zu finden und bereiten Sie den Weg dahin methodisch klug vor.
- Immunisieren Sie sich innerlich gegen die zu erwartende Frustration und Genervtheit der in der Vergangenheit gescheiterten Gruppe. Bieten Sie ihnen klare, überzeugende Wege zur Lösungsfindung an.

3.6.4 Situation 4: Einzelne »schwierige« Teilnehmende

Häufig sind es einzelne Teilnehmende, die im Vorfeld Unruhe beim Moderator auslösen, weil sie vielleicht bereits schlechte Erfahrungen mit der Person gemacht haben, ihr ein entsprechender Ruf vorauseilt oder die Hierarchie/das Thema/der Globe das Auftauchen von Problemen nahelegt, z.B. ein unzufriedener Kunde, eine über das Nichterreichen der Ziele erboste Vorgesetzte, eine Person, die mit Ihnen rivalisiert etc. Angst oder Ärger ist ein guter Begleiter für die Vorbereitung einer Moderation (siehe Kapitel 3.5), aber ein schlechter bei der Durchführung. Starke Emotionen verschlechtern das Denk- und Ausdrucksvermögen und schwächen damit den/die Moderator:in. Die mentale und methodische Vorbereitung auf einzelne Teilnehmende ist folglich wichtig für die souveräne Begegnung mit den entsprechenden Personen.

Wie Sie sich auf »schwierige« Teilnehmende mental vorbereiten

- Analysieren Sie klar, was Sie befürchten. Was kann die Person tun, um Sie zu verunsichern und/oder den Erfolg der gemeinsamen Arbeit zu gefährden.
- Welche Motive hat sie, so zu handeln? Was hat sie davon? Kann sie das eigene Verhalten steuern und macht dies bewusst oder ist sie ihren eigenen Emotionen ausgeliefert?
- Überlegen Sie, was Sie methodisch tun können, um den Einfluss der Person auf Sie und andere einzudämmen oder sie befrieden zu können. Überlegen Sie, wie Sie reagieren, wenn die von Ihnen befürchteten Verhaltensweisen auftauchen, sodass Sie klar, ruhig und entschlossen damit umgehen können (siehe Kapitel 5.3 Interventionen).
- Machen Sie sich klar, dass diese Person nur eine von vielen ist und geben Sie ihr weder innerlich noch bei der eigenen Moderation viel mehr Raum als den anderen. Machen Sie sich klar, dass Sie auch den anderen gerecht werden müssen und dies nicht können, wenn Sie sich zu sehr mit der »schwierigen« Person befassen.

3.6.5 Situation 5: Schwierige Gruppendynamik

Sie können Ihr eigenes Verhalten steuern. Auf das Verhalten der Gruppenmitglieder haben Sie jedoch nur bedingt Einfluss und diesen eher indirekt durch Ihr Verhalten sowie durch methodische und sprachliche Interventionen. Ist die Gruppe oder sind Teile der Gruppe untereinander zerstritten, misstrauisch, feindselig, wird die Arbeit für den Moderator ohne Frage herausfordernder und anstrengender.

Die Rolle als Moderator:in ermöglicht Ihnen allerdings auch eine gewisse Distanz. Sie müssen sich nicht in die Untiefen dieser Schwierigkeiten hineinbegeben. Ihre Aufgabe ist es, den Arbeitsprozess so zu strukturieren, dass die in der Vergangenheit als negativ erlebte Dynamik der Gruppe sich nicht 1:1 wiederholt, sondern andere Formen der Begegnung und Arbeit miteinander möglich werden. Dies ist neben einer mentalen vor allem auch eine methodische Herausforderung für den/die Moderator:in.

Wie Sie sich auf eine schwierige Gruppendynamik mental vorbereiten

- Sehen Sie sich als Person an, die der Gruppe dabei hilft, Wege zu einer konstruktiven Zusammenarbeit (wieder) zu finden. Verankern Sie diese Rolle konsequent in Ihrem Bewusstsein. Diese Überparteilichkeit wird Ihnen helfen, auch in eventuell schwierigen oder turbulenten Situationen ruhig und klar handeln zu können. Sehen Sie sich nicht dazu in der Lage, wäre es ggf. hilfreich für eine Übergangszeit mit einer externen professionellen Moderation zu arbeiten.
- Ergreifen Sie innerlich keine Partei, sondern überlegen Sie, worin die Probleme begründet sind. Wie äußern sie sich in der konkreten Arbeit? Liegen die Streitigkeiten in der Sache begründet, oder eher auf persönlicher Ebene? Was davon ist in der Gruppe zu klären und was nicht?
- Berücksichtigen Sie beim methodischen Vorgehen die zwischenmenschlichen Probleme der Gruppe und bevorzugen Sie vor allem in der Anfangsphase stark strukturierte und Schutz gebende Verfahren (siehe Kapitel 8.1 und Kurzprofile der Methoden).

4 Wie Sie die Veranstaltung zielorientiert moderieren

Typisch für moderierte Sitzungen ist ihre Zielorientierung. Der Weg zum angestrebten Ziel einer Veranstaltung wird in Etappen unterteilt und methodisch entsprechend gestaltet. Auch wenn sich moderierte Veranstaltungen im Charakter oder ihrer Ausgestaltung sehr unterscheiden können, gibt es bestimmte Phasen, die sich für unterschiedliche Formate bewährt haben. Die von Joseph W. Seifert Ende der 80er Jahre in seinem Modell als ›Moderationszyklus‹ vorgestellten Phasen werden nach wie vor in unterschiedlichen Varianten und mit unterschiedlichen Bezeichnungen für die Planung und Durchführung von Moderationen genutzt.[8]

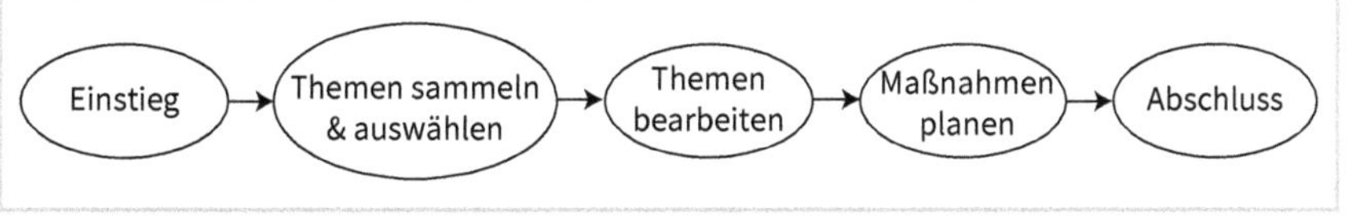

Abb. 10: Phasen der Moderation

4.1 Phase 1: Einstieg – die Veranstaltung motivierend starten

Abb. 11: Begrüßung

Der Einstieg stellt die Weichen für die weitere Arbeit auf thematischer und gruppendynamischer Ebene. Misslingt er, wird dies die inhaltliche Arbeit erschweren oder

8 Josef W. Seifert (2011): Visualisieren – Präsentieren – Moderieren, 30. Auflage, Offenbach: Gabal.

manchmal auch unmöglich machen. Gelingt er, wirkt er motivierend und hilft, auch schwierige Probleme konstruktiv anzugehen.

Wenn ich wenig Zeit habe, nehme ich mir viel davon am Anfang.
Ruth C. Cohn

Ein guter Einstieg ...

- gibt Orientierung, was hier und heute ansteht,
- macht das Ziel klar und weckt Motivation, dies zu erreichen,
- baut Vertrauen zum:r Moderator:in auf,
- hilft bei der Orientierung, wer wer ist und ermöglicht Beziehung,
- ermöglicht eine gute Atmosphäre, in der auch mal gelacht werden kann,
- greift Widerstände, Probleme auf und trägt zur Minderung von Spannung bei,
- klärt die Erwartungen und Wünsche der Teilnehmenden und ermöglicht allen, sich aktiv einzubringen,
- führt so ins Thema ein, dass sich Lust und Energie für den nächsten Schritt entwickelt,
- sieht je nach Ausgangssituation unterschiedlich aus! Je nachdem, wie die Antworten auf die Fragen ausfallen: Kennen die Teilnehmenden sich bereits gut? Ist es die erste oder siebte Sitzung? Dauert die Veranstaltung 90 Minuten oder zwei Tage? Besteht die Gruppe aus acht oder 28 Personen? Die Einstiegsphase muss flexibel an die jeweiligen Umstände angepasst werden. Doch so unterschiedlich die Veranstaltungsformate auch sein mögen, bestimmte Einstiegs-Elemente kommen in irgendeiner Form überall vor.

4.1.1 Begrüßung: Die Gruppe einstimmen

Manchmal plant ein Moderator alles bis ins Kleinste und gerät dann bei der Begrüßung ins Stottern, weil er nicht überlegt hat, wie er die Teilnehmenden ansprechen möchte. Manche Begrüßungen geraten dann unverhofft formeller und steifer als nötig, sind zu leise und genuschelt oder in ihrer Spontaneität nicht korrekt, indem z. B. ohne ersichtlichen Grund einzelne Anwesende gesondert begrüßt werden, andere wiederum nicht. Unsicherheit bei der Begrüßung führt häufig dazu, dass der/die Moderator:in den Blickkontakt meidet oder besonders verspannt vor der Gruppe steht. Überlegen Sie sich vorher, wie Sie die Teilnehmenden begrüßen und sich und die Gruppe in möglichst lockerer, freundlicher, souveräner Art einstimmen. Lesen Sie im Folgenden Tipps für eine gelungene Begrüßung.

Haltung: Stehen Sie aufrecht und locker und schauen Sie guter Dinge in die Runde. Sehen Sie zu, dass Ihre Arme und Hände locker sind. Es hilft, wenn Sie eine kleine Karte bzw. einen Stift in der Hand halten, sodass beide Arme angewinkelt in Nähe der Körpermitte liegen. (Mehr zu Körpersprache siehe Kapitel 5.6.2.1)

Blick: Man kann nicht mit einer Gruppe Blickkontakt halten, sondern nur mit Einzelnen. Eine Gruppe fühlt sich angesprochen, wenn jede:r Einzelne ab und an mit Blickkontakt bedacht wird. Also suchen Sie Blickkontakt zu Einzelnen. Beginnen Sie mit ein bis zwei Personen, bei denen es Ihnen leichtfällt, Blickkontakt aufzunehmen und weiten Sie den Kreis nach und nach aus (siehe auch Kapitel 5.6.2.2).

Wortwahl: Vermeiden Sie formelle und umständliche Formulierungen wie »*Ich freue mich, Sie hier herzlich begrüßen zu dürfen.*« Eine direktere und kraftvoller wirkende Formulierung wäre: »*Ich begrüße Sie ganz herzlich zu …*«, »*Herzlich willkommen zu …*«. Suchen Sie auch nach konkreten und glaubwürdigen Alternativen zu Floskeln wie »*Ich freue mich, dass Sie so zahlreich erschienen sind*! «, z. B. »*Wir hatten gehofft, dass viele auf unsere Einladung hin kommen würden, aber wenn ich so in die Runde schaue, muss ich feststellen: Unsere Hoffnung wurde noch übertroffen. Wir freuen uns sehr, dass Sie alle da sind und zum Teil weite Wege auf sich genommen haben (Beispiel), um mit uns an … zu arbeiten (überleiten zu Anlass, Hintergrund bzw. Ziel).*« Oder: »*Wir wissen, dass viele von Euch in zahlreichen Projekten unterwegs sind und dass 4 Stunden eine ganze Menge Zeit ist. Umso mehr freut es mich, dass Ihr Euch die Zeit freigemacht habt, damit wir uns ganz konzentriert am Stück mit der Frage X beschäftigen können (überleiten zu Anlass, Hintergrund bzw. Ziel)*«. Je weniger Floskeln, je konkreter, desto glaubwürdiger ist die Wertschätzung.

Sonderbegrüßung: Die Konvention macht es manchmal nötig, einzelne Beteiligte in der Begrüßung besonders zu erwähnen. Meist betrifft dies höherrangige Personen oder externe Gäste. Sehen Sie zu, dass Sie persönliche Worte für deren Begrüßung finden, ohne die Begrüßungen in die Länge zu ziehen. Beispiele: »*Sie haben bei einem kurzen Blick in die Runde vielleicht schon gemerkt, dass wir heute nicht unter uns sind. Ich freue mich sehr, dass sich Frau Dr. Schroer, die stellvertretende Leiterin des Gesundheitsamts Marburg, Zeit für uns genommen hat. So haben wir die Chance, aus erster Hand zu erfahren, was … Herzliche willkommen Frau Schroer!*« »*Ganz besonders begrüße ich die Kollegen und Kolleginnen aus Tschechien! Wir haben so selten Gelegenheit uns auf direktem Weg auszutauschen. Schön, dass Sie hier sind!*«

Stimmigkeit: Häufiger passiert es, dass die Mimik des Moderators oder der Moderatorin nicht mit dem Inhalt zusammenpasst. Das passiert gerade bei floskelhaften Begrüßungen. »*Ich freue mich, Sie herzlich begrüßen zu dürfen …*«, aber Freude ist weder sichtbar noch spürbar. Bringen Sie sich in einen Zustand, dass Sie Gefühl und Worte in Einklang bringen und Sie nichts sagen, was Sie nicht auch spüren und meinen. Wenn Sie sich nicht freuen, dass die anderen da sind, benutzen Sie nicht dieses Wort, sondern begrüßen Sie anders, z. B. »*O.k., es ist 14 Uhr, wir sind fast vollständig, ich schlage vor, wir starten!*« (siehe auch Kapitel 5.6.2 Inkongruente Körpersprache).

4.1.2 Anlass und Hintergrund: Wie ist der Stand?

Oft haben die Anwesenden im Vorfeld einer Sitzung mit der Einladung eine Agenda bekommen. Trotzdem ist es häufig so, dass viele bei Beginn einer Veranstaltung nicht ganz auf dem Laufenden sind, was eigentlich ansteht. Eine hat vielleicht gerade an einer Kalkulation gesessen und rechnet im Geiste noch weiter, ein anderer überlegt, ob er es noch schafft, einkaufen zu gehen, bevor er den Kleinen vom Kindergarten abholt, jemand anderes quatscht ganz angeregt mit seiner Nachbarin etc. Wenn Sie kurz und knapp auf den Punkt bringen, warum Sie und die Gruppe in dieser Formation jetzt an diesem Ort sind, schaffen Sie eine gut orientierende Ausgangsbasis. Bei mehreren aufeinander folgenden Treffen können Sie diesen Part nutzen, um die Erinnerung der Beteiligten aufzufrischen und kurz zu skizzieren: Wo standen wir beim letzten Treffen? Was hat sich zwischenzeitlich ggf. getan? Was steht heute an?

4.1.3 Ziel: Motivierend formulieren, was die Gruppe erreichen sollte

Die Frage, ob Sie das für die Veranstaltung anvisierte Ziel mir Ihrer Gruppe erreichen, hängt nicht zuletzt davon ab, wie Sie das Ziel in der Sitzung präsentieren. Zunächst muss Ihnen selbst klar sein, was Sie mit der Gruppe in dieser Veranstaltung erreichen wollen (siehe Kapitel 3.3.2). Im Einstieg kommt es darauf an, die für die Gruppe und Einzelne in der Gruppe passenden Worte zu finden. Eine gewisse Entschlossenheit Ihrerseits sollte zu spüren sein. Vage Formulierungen wie »*Ja, und vielleicht schaffen wir es ja auch, dann am Ende eine Entscheidung zu treffen …*« führen dazu, dass Sie das Ziel sicher nicht erreichen werden.

Wie Sie das Ziel anmoderieren

Das Ziel einer Veranstaltung können Sie z.B. mit folgende Formulierung anmoderieren: »*Ich werde zusammen mit Ihnen die zur Diskussion stehenden Alternativen auf Herz und Nieren prüfen. Auf der Basis dieser Analyse werden Sie dann entscheiden, welche Option unter den gegebenen Bedingungen die für Sie beste Lösung ist. Ich möchte also heute mit Ihnen zusammen so konzentriert arbeiten, dass Sie am Ende der Diskussion eine Entscheidung fällen und klar ist, wie es in den nächsten Wochen weitergehen wird.*«

Die Zielformulierung sollte Energie und Kraft geben und nicht wie eine schwere, mühselige Last wirken. Die Auflistung negativer Umstände, kombiniert mit Formulierungen wie »*Wir müssen heute …*« wirkt frustrierend und lähmend. Auch eine schwierige Problemlage sollten Sie so skizzieren, dass es möglich, sinnvoll und wünschenswert scheint, diese zu bewältigen.

Das Ziel in einer schlechten Ausgangssituation gut anmoderieren
Wie Sie in einer eher betrüblichen Situation das Ziel anmoderieren können, ohne die Menschen weiter zu frustrieren, zeigt Ihnen dieses Beispiel: »*O.k., Ihr seht, wir haben schon mal bessere Zahlen gehabt. Aber es gibt Gründe für diese Abwärtsentwicklung und die möchte ich gerne mit Euch genauer anschauen. Wenn wir verstehen, was da gerade passiert, dann können wir auch Stellschrauben finden, die wir bewegen können, um dieser Entwicklung etwas entgegenzusetzen und diesen Abwärtstrend zu stoppen. Das ist heute unser Job: Im ersten Teil nutzen wir unsere gesammelte Erfahrung für eine realitätsnahe Analyse und im zweiten Teil ist dann unsere Kreativität gefragt, dass wir passgenaue Lösungen entwickeln, um unserer Lage zu verbessern.*«

4.1.4 Rollenklärung: Position beschreiben und Akzeptanz stärken

Sorgen Sie für Klarheit. In wessen Auftrag handeln Sie? Wie lautet Ihr Auftrag? Was ist Ihre Rolle in dieser Veranstaltung? Sind Sie in der klassischen Moderatorenrolle, also nicht parteiisch, nicht direkt involviert und somit nur für den Arbeitsprozess, nicht aber für die Inhalte verantwortlich? Sind Sie in der Doppelrolle (siehe Kapitel 2.2) z. B. als Person, die den Arbeitsprozess moderiert und die als Vertreterin einer Abteilung oder als Projektleiterin gleichzeitig auch inhaltlich involviert ist und eigene Interessen/Vorstellungen hat? Wenn Sie Ihre Rolle und die damit verbundenen Aufgaben klarmachen, stärkt das Ihre Akzeptanz und Autorität in der Gruppe. Die Teilnehmenden werden eher akzeptieren, wenn Sie steuernd eingreifen, um voranzukommen und sie werden erkennen, wenn Sie sich in der Doppelrolle als Partei einmischen, weil Sie es entsprechend kenntlich machen.

Wie Sie Ihre Rolle als Moderator:in klären, zeigt Ihnen die folgende Moderation: »*Einige von Ihnen kennen mich vielleicht, andere wahrscheinlich nicht. Ganz kurz zu Ihrer Orientierung: Ich bin Mariam Böhm und arbeite in der Stabsstelle zur Strategieentwicklung dem Vorstand zu. Ich habe heute die Aufgabe, den Strategieworkshop Ihrer Abteilung zu moderieren. In erster Linie bin ich für die Moderation zuständig. Das heißt, ich bin dafür verantwortlich, unsere Arbeit sinnvoll zu strukturieren, Methoden vorzuschlagen, die Ihnen helfen, bestimmte Themen zu bearbeiten. Ich werde die Diskussionen leiten und darauf hinarbeiten, dass wir heute um 16.30 Uhr Ergebnisse haben, von denen Sie mit Ihrer fachlichen Erfahrung sagen können, »Ja, das passt. So kann's gehen.« Was die konkrete Arbeit in Ihrer Abteilung angeht, bin ich eher Lernende. Als gelernte Wirtschaftsingenieurin habe ich zwar einen technischen Hintergrund, aber die Prozesse und Entwicklungen in Ihrem Umfeld kennen Sie wesentlich besser als ich. Was die inhaltliche Qualität der Antworten auf unsere Fragen angeht, bin ich also auf Ihre Expertise angewiesen. Ich selbst kenne aber sehr genau die strategischen Vorstellungen der Geschäftsführung und werde an geeigneten Stellen, entsprechende Informationen und Hinweise geben.*«

4.1.5 Vorstellen: Wissen, mit wem man es zu tun hat

Es gibt zahlreiche Bücher, die unterschiedliche Methoden des Einstiegs und der Vorstellung erläutern. Aufgelistet sind dabei auch Methoden spielerischer Art, was bei Seminaren, Workshops, Kick-offs und Teambildungsevents gut passen, im Business-Kontext jedoch auch zu Ablehnung und Konflikten führen kann.[9] Tatsächlich ist das Vorstellen und Kennenlernen sehr wichtig. Denn grundsätzlich hilft es der thematischen Arbeit, wenn nach dem Einstieg alle Beteiligten wissen, mit wem sie es zu tun haben. Welchen Weg Sie dabei wählen und wie viel Zeit Sie für die Orientierung und Beziehungsbildungsphase investieren wollen, hängt von Ihrer Analyse der Gruppe ab (siehe Kapitel 3.3.3). Die Vorstellungsphase bei einer 90-minütigen Sitzung muss kürzer sein als die bei einem zweitägigen Workshop nach einer Fusion zweier Abteilungen, die zukünftig als eine Einheit zusammenarbeiten sollen und ihre Rollen und Prozesse neu finden müssen. Wenn ein Teil der Gruppe sich kennt, ein anderer Teil nicht, sind Sie gefordert, die Vorstellung so zu gestalten, dass keine:r sich dabei langweilt.

Es ist vorteilhaft für Sie und die Gruppe, wenn Sie die Inhalte der Vorstellung vorgeben. Ein lockerer Auftrag »*Stellen Sie sich kurz vor …*« führt dazu, dass manche ihre ganze Firmenhistorie incl. Titel etc. aufführen, andere über ihren Familienstatus und die Zahl der Kinder sprechen und nebenbei erklären, warum man diese Sitzung eigentlich schon viel früher hätte einberufen sollen. Sie geben mit einem solch vagen Auftrag die Steuerung aus der Hand. Alternative dazu ist eine strukturierte Eingangsrunde, bei der Sie die Fragen genau an Ihr Ziel und die Gruppe anpassen (Erläuterung der Methode siehe Kapitel 8.3.19). Dafür bereiten Sie vor der Veranstaltung ein Flipchart vor, auf dem 2 bis 5 Fragen oder Satzanfänge – je nachdem, wie viel Zeit Sie in die Vorstellungsrunde investieren wollen – notiert sind, mit denen die Teilnehmenden sich vorstellen sollen. Mögliche Fragen bzw. Satzanfänge für strukturierte Vorstellungs- oder Eingangsrunden sind:

- *Ich arbeite seit … als … für unsere Firma und verantworte zurzeit …*
- *Wenn ich nicht … gelernt hätte und im Jahr … zu unserer Firma als … gekommen wäre, mein (wagemutiger) Plan B …*
- *Wofür mir mein Arbeitgeber Monat für Monat einen Batzen Geld überweist …*
- *Was ich tue, wenn ich nicht im Seminar/in Workshops/auf Tagungen bin …*
- *Was mir hier und heute wichtig ist …*
- *Was sich seit unserem letzten Treffen in meinem Gebiet getan/verändert hat …*
- *Was mir in der Zusammenarbeit mit Kooperationspartnern wichtig ist …*
- *Mein Ausgleich für Anstrengungen im Job …*
- *Wenn Ihre Firma/Abteilung ein Fahrzeug wäre, was wäre sie und was wären Sie?*
- *Welche Themen/Fragen möchten Sie hier und heute einbringen?*

9 Vopel, 7. Auflage 1992; Klein, 2008; Gilsdorf & Kistner, 7. Auflage 2000; Beermann-Hagel, Susanne; Schubach, Monika, 3. Auflage 2010.

- *Welcher Gegenstand/welches Bild hat eng mit Ihnen und Ihrer Persönlichkeit zu tun? (Gegenstand zeigen lassen, ggf. Sammlung von Gegenständen auslegen, Bilder zeichnen lassen oder Auswahl auslegen)*
- *In 5/10/20 Jahren wird unsere Firma …*
- *Was ich der Gruppe oder dem/der Moderator:in noch sagen möchte … (Frage zur Störungsprophylaxe)*

Wenn Sie ein Flipchart für eine strukturierte Vorstellungsrunde entwerfen, achten Sie auch auf die Sprache. An den Beispielen oben können Sie sehen: Die Formulierungen sind persönlich, in Ich-Form gehalten und eher umgangssprachlich. Die Satzstruktur ist in den Anfängen schon vorgegeben. Dies hilft den Teilnehmenden, in einen natürlichen Redefluss zu kommen und möglichst persönliche Statements zu machen. Dies verändert wiederum die Gruppenatmosphäre. Sie wird weniger distanziert. Die Fragen mit einem Transfer (Welches Fahrzeug, Plan B, wo stehen wir in 10 Jahren etc.) verhindern, dass Teilnehmende einfach ihren Standardspruch runterleiern können. Sie müssen sich überlegen, was und wie sie sich unter diesen Bedingungen in der Gruppe präsentieren wollen. Diese Irritation macht wacher, präsenter und bricht Routine.

4.1.6 Störungen und Widerstand: Thematisieren

Gegen den Widerstand einer Gruppe kann ein einzelner Moderator nicht »anarbeiten«. Wichtig ist dennoch, mit der Gruppe in Kontakt zu kommen. Bringen Sie die Betroffenen dazu, zu formulieren, was sie stört und was sie daran hindert, sich auf die Veranstaltung einzulassen. Wenn Sie die Hintergründe durch Ihre Analyse im Vorfeld schon kennen oder erahnen, wird es Ihnen besser gelingen, durch eine passende Anmoderation und entsprechende Fragestellungen, die Probleme an die Oberfläche zu bringen und so klärbar zu machen. Manchmal sind nur Einzelne betroffen, die mit ihrer Störung jedoch das Klima und die Arbeit deutlich behindern können. Ansprechen, Thematisieren und Klären führt in der Regel zu einer Verbesserung der Situation.

Problematisches ansprechen
Das folgende Beispiel zeigt Ihnen, wie Sie eine Störung oder einen Widerstand in der Gruppe ansprechen können: »*Ich weiß, dass das Projekt Neustrukturierung der Arbeitsgruppen und der damit verbundene Umzug einzelner in andere Büros sehr umstritten ist (direktes Ansprechen des Problems). Ich kann mir vorstellen, dass einige von Ihnen verärgert sind, dass Sie nicht in die grundsätzliche Entscheidung einbezogen wurden, sondern einfach nur informiert wurden, dass das ansteht und gemacht wird. Immerhin betrifft die Frage, mit wem Sie wo zukünftig zusammen arbeiten doch sehr das eigene Wohlbefinden (aufrichtiges Verständnis für die Relevanz des Themas für die Einzelnen und deren Betroffenheit). Hintergrund für diese Maßnahme war … (Erläuterung). Ich möchte gerne von Ihnen wissen, was für positive Effekte versprechen Sie sich von einer Neustruk-*

turierung und was befürchten Sie ggf. an nachteiligen Folgen?« (Methoden: Blitzlicht, Karten-Abfrage offen oder anonym, in großen Gruppen – mehr als 20 Personen – ggf. Beantwortung in 2er- oder 3er-Gruppen).

Bei einer strukturierten Eingangsrunde (siehe Kapitel 8.3.19) kann die Frage »*Was ich der Gruppe bzw. dem/der Moderator:in noch sagen möchte …*« als Vehikel dienen, Störungen oder Missstimmungen aufzudecken. Menschen, die emotional stark angespannt sind, werden bei einer solchen Frage entweder ungefiltert oder verdeckt, ihren Unmut äußern. Seien Sie froh, wenn Ihre Teilnehmenden ihren Unmut offen äußern, so wissen Sie, was los ist und können darauf reagieren. Ignorieren Sie, wenn die Person sich ggf. in Wortwahl oder Tonfall etwas vergreift. Emotionalisierte Menschen haben dies nicht zu 100 % unter Kontrolle. In der Regel ist es so, dass allein das Aussprechen des Unmuts schon zu einer Entspannung beiträgt. Wichtig ist, dass Sie sich nicht in einen Streit verwickeln lassen und den Ärger noch steigern. Zeigen Sie Verständnis, bieten Sie Abhilfe an, wenn es möglich ist. Manche Störungen kann man einfach nur »parken«. Es lässt sich nicht ändern, aber das Verständnis hilft, die Folgen zu lindern. Lassen Sie uns dazu im Folgenden einige Beispiele durchspielen.

Ein Teilnehmender fühlt sich schlecht präpariert: »*Na ja, ich weiß nicht, wie wir heute hier anständige Ergebnisse kriegen sollen. Ich habe die Unterlagen erst gestern Abend um 17.55 Uhr in meiner Mailbox gehabt. Wie soll man sich da anständig vorbereiten? Das müssen Sie mir mal erklären.*«

Mögliche Antwort Moderator:in: »*Sie haben Recht, Herr Schmidt. Die Unterlagen wurden viel zu spät versandt. Wir wollten die Sachen erst verschicken, wenn sie vollständig sind. Leider haben wir die Zahlen der letzten Abteilung erst gegen 17 Uhr erhalten. Natürlich erwarten wir nicht, dass Sie die durchgearbeitet haben. Wir müssen das bei unserer heutigen Arbeit berücksichtigen und die Präsentation der einzelnen Abteilungen gründlicher machen. Wir werden das berücksichtigen. Es tut uns leid, dass dies nicht anders möglich war.*«

Eine Teilnehmende steht massiv unter Zeitdruck: »*Ich weiß gar nicht, warum ich heute hier erscheinen soll. Das betrifft die Buchhaltung doch nur ganz am Rande. Wir sind mitten im Jahresabschluss und jetzt soll ich mich mit so was rumschlagen. Ich habe wirklich Besseres zu tun.*«

Mögliche Antwort Moderator:in: »*Das tut uns leid, dass die Sitzung ausgerechnet in Ihre Hochbelastungsphase fällt. Ich bin trotzdem sehr froh, dass Sie gekommen sind. Wir behandeln heute unter TOP 4 die Frage X und da wollen wir keine Entscheidung treffen, ohne Ihre Sicht der Dinge zu kennen. Aber vielleicht können wir den Punkt vorziehen, dass Sie schneller zurück zu Ihren Leuten können und der Jahresabschluss fristgerecht fertig wird.*«

Ein Teilnehmender vermisst den kompetenten Ansprechpartner: »*Ich weiß nicht, was Sie uns da erzählen wollen, Sie haben doch keine Ahnung, wie das bei uns läuft.*«

Moderator:in: »*Das stimmt. Die Abläufe in Ihrer Abteilung kenne ich nicht. Ich habe auch gar nicht die Absicht, Ihnen dazu was zu erzählen. Mich würde eher interessieren, wie Sie die Dinge sehen und welche Erfahrungen Sie mit X gemacht haben. Meine Aufgabe heute ist … (Infos zu Anlass/Hintergrund/Ziel/Rolle).*«

4.1.7 Erwartungen, Wünsche, Interessen: Klären

Häufig müssen Sie Ihre Vorstellungen oder die Ihres Auftraggebers mit denen der Teilnehmenden abgleichen. Dies nennt man auch Erwartungsabfrage. Sie können dies bei eher kürzeren Sitzungen mit einer Frage/einem Satzanfang in die strukturierte Eingangsrunde (Kapitel 8.3.19) integrieren.

Zur Abfrage von Erwartungen, Wünschen, Interessen können folgende Formulierungen eingesetzt werden:
- *Was mir hier und heute wichtig ist …*
- *Ein Thema/eine Frage, die ich hier und heute einbringen möchte …*
- *Was ich mir von der heutigen Sitzung verspreche/erhoffe …*

Bei Kick-offs, die die Weichen für eine zukünftige Zusammenarbeitsphase stellen, bei Seminarveranstaltungen oder Netzwerktreffen, bei denen die Teilnehmenden mit unterschiedlichen Vorstellungen anreisen, braucht diese Phase mehr Raum und Aufmerksamkeit. Hier kann es durchaus sinnvoll sein, auch schriftliche Techniken wie Karten-Abfrage zu verwenden, um den Teilnehmenden die intensivere Auseinandersetzung mit ihren Vorstellungen zu ermöglichen und die Ergebnisse für alle sichtbar festzuhalten. So werden auch Gemeinsamkeiten, inhaltliche Schwerpunkte, Widersprüche und ggf. nicht erfüllbare Erwartungen sicht- und somit bearbeitbar. Auch hier sind es konkrete, visuell festgehaltene Fragestellungen, die diesen Prozess einleiten.

Gute Frageformulierungen, um Wünsche, Interessen oder Erwartungen abzufragen
- *Stellen Sie sich vor, es ist Donnerstag 17 Uhr, wir haben 2 Tage lang miteinander gearbeitet. Was ist geschehen, dass Sie sagen können: »Das war eine richtig gute Veranstaltung.«?*
- *Was möchten Sie hier lernen, erfahren oder diskutieren?*
- *Was können und wollen Sie selbst zum Gelingen der Veranstaltung beitragen? Was wünschen Sie sich von den anderen Teilnehmenden, den Referenten, der Moderatorin?*
- *Was ist aus Ihrer Sicht wichtig, um …?*
- *Welche Themen/Fragen sind für Sie besonders wichtig/bedeutend/dringlich und sollten aus Ihrer Sicht hier Raum finden?*

Vermeiden Sie die klassische Frage: »*Was erwarten Sie von dieser Veranstaltung?*«. Sie lockt die Teilnehmenden in eine eher passiv-fordernde Konsumentenhaltung und es scheint, Sie hätten als Moderator:in eine Bringschuld oder seien dazu da, die Bedürfnisse der Gruppe zu befriedigen. Die so formulierte Frage trägt selten zu einem aktiven, kooperativen Miteinander zwischen Moderator:in und Gruppe bei.

4.1.8 Regeln: Vorstellen, entwickeln und vereinbaren

In vielen Programmen für eine standardisierte Qualitätssicherung (z. B. KVP, SixSigma) ist zu Beginn eines Arbeitsprozesses die Vorstellung eines Charts mit Regeln zur Kommunikation vorgesehen. Das soll sicherstellen, dass sich die Gruppe auf grundlegende Regeln der Kommunikation verständigt. Geschieht dies beiläufig, humorvoll und charmant auf Augenhöhe, sozusagen nur als Erinnerung an Werte, die man bei den Angesprochenen ohnehin als selbstverständlich ansieht, schadet dies nicht. Es gibt allerdings Gruppen, bei denen die Einführung von Regeln direkt zu einem Konflikt mit dem Moderator führt. Erwachsene Menschen lassen sich ungern vorschreiben, wie sie sich zu verhalten haben. Sie sollten also sehr sorgfältig überlegen, wann die Einführung von Regeln sinnvoll ist und wann eher kontraproduktiv (siehe Kapitel 5.4). Wenn Sie im Einstieg Regeln einführen, begründen Sie kurz und beiläufig, warum Sie gerade diese Punkte mit der Gruppe vereinbaren wollen.

Sie können das Einführen von Regeln z. B. auf diese Weise anmoderieren: »*Wir haben ja schon einige Male miteinander gearbeitet und ich habe in Erinnerung, dass wir öfters Unruhe hatten, weil einige zwischendurch Telefonanrufe annehmen, rausgehen, wieder reinkommen, Nachrichtenschreiben, auf ihren Vibrationsalarm reagieren etc. Dadurch entstand immer eine gewisse Unruhe und ich hatte den Eindruck, dass es auch schwierig ist, so wirklich konzentriert an so komplexen Themen zu arbeiten, wie wir sie hier zu lösen haben. Ich gehe davon aus, dass die Anrufe oder Nachrichten, die Sie erhalten, wichtig sind. Aber ich vermute auch, dass viele Dinge nicht sofort geregelt werden müssen. Deswegen meine Bitte für heute und die folgenden Sitzungen: Schalten Sie Ihre Handys, Ihre Smartphones auf lautlos und stecken Sie sie am besten weg, außerhalb Ihrer Sichtweite. Wir können die Pausen so gestalten, dass Ihnen genügend Zeit bleibt, zu checken, ob es etwas Wichtiges gab und dann darauf zu reagieren. Ich denke, so können wir konzentrierter arbeiten und kommen zügiger durch.*«

Haben Sie nie vorher mit der Gruppe gearbeitet und wollen Sie diese Bitte prophylaktisch vortragen, verändern Sie die Anmoderation der Regel: »*Sie wissen, ich moderiere in unterschiedlichen Settings immer wieder Meetings und Workshops. Ich habe da die Erfahrung gemacht, dass die Überall-Erreichbarkeit und das Immer-bereit-Sein-Müssen durch Handys und Smartphones die konzentrierte Arbeit oft erschwert, deswegen …* (s. o.)«

Ich selbst führe einzelne Regeln gerne als Intervention im akuten Bedarfsfall ein. Neigen Einzelne in der Gruppe dazu, andere häufiger zu unterbrechen, bitte ich nach einem solchen Vorfall um eine Vereinbarung: »*Ich erlebe die Diskussion im Moment als sehr leidenschaftlich und – na ja, ich nenne es mal – etwas wild und ungeordnet. Ich merke, dass es einigen von Ihnen schwerfällt, die Beiträge der anderen bis zum Ende zu hören. Ich selbst bin als Moderatorin ja dafür zuständig, dass alle Gehör finden und wir auf Basis des Wissens aller eine Entscheidung treffen. Deshalb zwei Dinge, die ich gerne mit Ihnen vereinbaren möchte: Bitte 1: Hören Sie den Beiträgen der anderen bis zum Ende zu und versuchen Sie zu verstehen, was sie wollen. Versuchen Sie, die Sicht der anderen also wirklich zu verstehen. Bitte 2: Fassen Sie sich kurz. Überlange Beiträge überfordern die Geduld und die Zuhörkapazität der anderen. Zwei kurze Beiträge sind in einer Diskussion in der Regel wirksamer als ein langer. – O.k.?*« Ein Nicken als Zustimmung reicht. Sollte es darüber keine Einigkeit geben, wäre zu klären, was das eigentliche Problem ist.

Bei sehr hitzigen, emotionalisierten, konfliktären Themen oder sehr lebendigen, eher undisziplinierten Gruppen ist es effektiver, die Diskussionskultur nicht nur über Regeln, sondern auch über eine passende Struktur- und Methodenauswahl zu verbessern (siehe Kapitel 8.1).

4.1.9 Ablauf und Zeitrahmen: Übersicht geben

Oft haben die die Teilnehmenden eine Agenda mit Ihrer Einladung erhalten. Trotzdem ist es für die Orientierung und Fokussierung einer Gruppe hilfreich, ein Flipchart mit den Kernpunkten und groben Zeiten für alle sichtbar im Raum hängen zu haben. Diese Visualisierung können Sie auch nutzen, um eine Diskussion voranzutreiben. Für längere Veranstaltungen bzw. Workshops halte ich eine solche Ablauf- und Zeitorientierung für ein Muss, aber auch bei kürzeren Meetings kann eine Visualisierung im Einstieg helfen, die Gruppe auf das Kommende einzustimmen. Wichtig ist, dass Sie diese Ankündigung kurz und knapp fassen und nicht im Detail erzählen, was Sie für die einzelnen Punkte vorgesehen haben. Sagen Sie nichts zum methodischen Vorgehen, sondern beziehen Sie sich nur auf die Inhalte. Wenn Sie im Einstieg ankündigen, um 14 Uhr eine Karten-Abfrage oder Gruppenarbeit machen zu wollen, nehmen Sie die Spannung heraus und ernten im Zweifelsfall bereits um 9.30 Uhr Widerspruch für etwas, das Sie für 14 Uhr vorgesehen haben. Also kein Wort zur Methode! Wichtig sind hingegen die Hinweise auf Pausen und vorgesehene Hilfen zur Regeneration, wie Essen, Freizeit etc.

Abb. 12: Tagesplan

4.1.10 Einführung in das Thema: Neue Zugänge eröffnen

Wie Sie das Thema formulieren und einführen, hat großen Einfluss auf die weitere Arbeit. Die Anmoderation eines Themas weckt oft Emotionen: Sie kann bestehende Gefühle verstärken oder neue hervorrufen, sie kann einen gleichgültig lassen, zu Frustration, Verärgerung, Langeweile, Distanzierung, Lustlosigkeit oder Widerstand führen, sie kann einen verwirren, Konflikte verschärfen, Probleme verharmlosen oder unnötig vergrößern. Genauso kann eine Einführung ins Thema neue Zugänge und Perspektiven ermöglichen, neugierig machen, überraschen, Verständnis und Bereitschaft zur Auseinandersetzung wecken, Konflikte entschärfen, Probleme handhabbar machen und Energien zu ihrer Lösung freisetzen.

Wichtig bei der Anmoderation ist, dass Sie bei der Planung nicht nur die eigene Sicht der Dinge – oder die Ihrer Auftraggeber – berücksichtigen, sondern von den Erfahrungen, Sichtweisen und möglichen Gefühlen der Angesprochenen ausgehen (siehe auch

Kapitel 3.3.1.1). Wenn Sie die Teilnehmenden mit dem Thema erreichen wollen, müssen Sie überlegen – ausgehend von ihrer jetzigen Lage, die wahrscheinlich gekennzeichnet ist von Interesse oder Desinteresse, Vorbehalten oder Offenheit, Neugierde oder Gleichgültigkeit, Zustimmung oder Ablehnung etc. – über welche Wege Sie ihnen den Zugang zum Thema erleichtern können. Bei grundsätzlicher Offenheit, bei Interesse, Neugierde, bei der Ankündigung von positiven Entwicklungen etc. sollte dies für Sie als Moderator:in nicht schwer sein. Mehr Gedanken über die Einführung eines Themas müssen Sie sich bei umstrittenen, unattraktiven, unbeliebten Themen machen, die nun jedoch anstehen und einer Bearbeitung bedürfen.

4.1.11 Arbeitsmittel zur Vorbereitung der Phase 1

Hier finden Sie auf einen Blick Fragen, die Ihnen helfen, den Einstieg vorzubereiten:

Checkliste: Planung der Phase 1 – Einstieg	
Wie begrüße ich die Teilnehmenden?	
Wie stelle ich Anlass und Hintergrund der Sitzung dar?	
Wie stelle ich das Ziel (oder die einzelnen Teilziele) der Sitzung dar?	
Wie erläutere ich den Teilnehmenden meine Rolle als Moderator:in oder als Moderator:in der Doppelrolle?	
Wie gestalte ich das Vorstellen/sich Kennenlernen bei einer untereinander ganz oder teilweise fremden Gruppe?	
Was kann ich tun, um mögliche Störungen oder Widerstände zu erkennen und ggf. zu parken/mindern/aufzulösen?	
Wie erfasse ich die Erwartungen, Wünsche, Interessen der Teilnehmenden?	
Möchte ich Regeln vorschlagen/vereinbaren, z. B. zum Umgang mit Smartphones, zur Kommunikation oder Vertraulichkeit? Wenn ja, welche und in welcher Form?	
Wie stelle ich den von mir angedachten Ablauf und den Zeitrahmen der Sitzung vor?	
Wie führe ich in das Thema ein?	

Empfehlung: Die fünf wichtigsten Methoden für Phase 1	
Vorbereitetes, ansprechend gestaltetes Plakat mit Daten zum organisatorischem Rahmen/Ablauf	
Strukturierte Eingangsrunde alternativ andere Methode zum Kennenlernen bei fremden Gruppen, z. B. Paar-Interview	
Ein-Punkt-Abfrage zur Offenlegung von Vorerfahrung, Motivation, Interesse, Einschätzung zum Thema o. Ä.	

Empfehlung: Die fünf wichtigsten Methoden für Phase 1	
Erwartungsabfrage mit Karten	
Vorbereitetes Plakat/visuelle Unterstützung zur Einführung ins Thema	

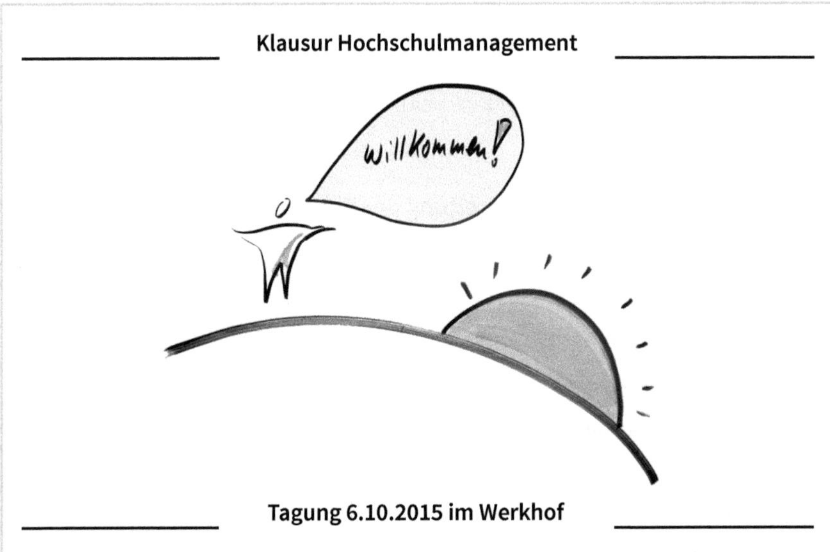

Abb. 13: Visualisierung der Begrüßung

4.2 Phase 2: Informationen sammeln und strukturieren

Themen sind häufig so komplex, dass ein Einzelner sie gar nicht überschauen kann. Deshalb sollten Sie sich als Moderator:in zusammen mit der Gruppe zunächst erst einmal einen Überblick über die zahlreichen Aspekte und Verknüpfungen eines Themas erarbeiten. Dafür sammeln Sie in einem ersten Schritt mit einer gezielten Fragestellung und Methode alle Gesichtspunkte, die die Gruppe zu diesem Thema sieht. In einem zweiten Schritt wählen Sie dann als besonders wichtig erachtete Punkte aus. Diese werden in der folgenden Phase »Thema bearbeiten« vertieft bearbeitet.

4.2.1 Sammeln: Offenheit für alle Aspekte

Es ist ein Grundprinzip der Moderation, dass man zwischen dem Sammeln von Inhalten, dem Bewerten, Auswählen und Bearbeiten trennt. Die Sammelphase ist wichtig, um ein vollständiges Bild der Sachlage und der verschiedenen Perspektiven der Teilnehmenden auf das Thema zu bekommen. Hier entscheidet sich, ob alle relevanten Themen und Vorschläge auf den Tisch kommen oder Wichtiges außen vor gelassen wird. Wenn die Diskussion in dieser Phase zu dynamisch ist, trauen sich Einzelne nicht, ihre Sichtweise oder Idee einzubringen, Kritisches zu sagen oder sie kommen in der Hitze der Diskussion gar nicht erst zu Wort. Dominieren einzelne Personen oder Sichtweisen, ist die Gefahr groß, dass Wichtiges außen vor gelassen wird und darauf aufbauende Lösungen mangelhaft sind. Die Vielfalt der Perspektiven und die gründliche Arbeit an der Stelle ist auch wichtig, um typische Denkfehler wie den Confirmation Bias[10] zu vermeiden. Um möglichst alle Personen einzubinden und möglichst vollständige Informationen in der Sammelphase zu bekommen, müssen Sie sehr klar und strukturiert moderieren.

Die zehn wichtigsten Regeln für das Sammeln

- Moderieren Sie die Fragestellung möglichst neutral an. Man sollte Ihnen als Moderator:in nicht anmerken, welche Meinung Sie zum Thema haben, damit sich alle Beteiligten mit ihrer Sichtweise von Ihnen akzeptiert und ernst genommen fühlen.
- Sorgen Sie dafür, dass jede Person sich mit ihrer Erfahrung und ihrem Wissen einbringen kann, sodass wirklich das gesamte Wissen der Gruppe in das Ergebnis einfließt.
- Wählen Sie eine Methode, die wenig Dynamik, aber viel Schutz zulässt, sodass alle sich einbringen können, ohne durch Diskussionen, Kommentare, Angriffe eingeschränkt werden (siehe Kapitel 8.1).
- Kündigen Sie an, dass Sie das Sammeln von Informationen und Einschätzungen trennen werden von der Auswahl und Diskussion des Gesammelten.
- Machen Sie deutlich, dass in der Sammelphase tatsächlich alle Ideen, Vorschläge und Sichtweisen erwünscht und willkommen sind.
- Visualisieren Sie alle Aspekte, sodass kein Punkt verloren geht und man dieses Material nachher systematisch auswerten und nutzen kann.
- Trennen Sie Inhalt und Person. Notieren Sie also nicht »Vorschlag von Dr. Schmidt« oder »Idee aus der Marketing-Abteilung«, sondern halten Sie allein den Sachinhalt ohne eine Kennzeichnung des Ursprungs fest.
- Lassen Sie keine wertenden Kommentare zu. Schützen Sie die Personen, die ihre Meinung sagen. In dieser Phase sind alle Beiträge erwünscht, auch wenn ggf. nicht alles vernünftig oder richtig sein sollte. Erinnern Sie daran, dass die Bewertung und Auswahl als separater Schritt erfolgt.
- Verzichten auch Sie selbst aufwertende Kommentare oder Mimik. Begegnen Sie allen Beiträgen mit der gleichen zwar interessierten und aufmerksamen, aber weder positiv noch negativ wertenden Haltung.

10 Man sieht nur das, was ins eigene Weltbild passt. Störende Fakten, die diese Sicht erschüttern könnten, lässt man außen vor. S. Dobelli, 2014, S. 29 ff.

- Fragen Sie nach, wenn Sie etwas nicht verstehen. Und paraphrasieren Sie Beiträge, wenn das Gesagte zu lang, zu kompliziert oder zu emotional ist, um es für die Gruppe und Dokumentation handhabbar zu machen (siehe Kapitel 5.2).

4.2.2 Arbeitsmittel zur Vorbereitung des Sammelns

Da die Phase des Sammelns entscheidend für die weitere Bearbeitung des Themas und damit auch für die Qualität der Ergebnisse ist, lohnt es sich, sich bei der Vorbereitung Gedanken zu machen. Folgende Fragen helfen Ihnen, sich über das richtige Vorgehen in dem konkreten Fall klar zu werden.

Checkliste: Das Sammeln gut vorbereiten und motivierend anmoderieren	
Was möchte ich von den Teilnehmenden erfahren: Ihre jetzige Einschätzung zum Thema? Einschlägige Erfahrungen in Bezug auf das Thema? Fakten? Beobachtungen? Probleme, die Sie selbst erfahren haben/sich vorstellen könnten? Ideen?	
Wie formuliere ich die Arbeitsfrage, um diese Informationen zu bekommen? (siehe zum Thema »Arbeitsfrage« Kapitel 5.1.5)	
Wie heikel ist das Thema, wie viel Vertrauen herrscht in der Gruppe? Kann ich das Thema offen in der Gruppe abfragen oder sollte ich mehr Schutz bieten, z. B. anonym mit Karten arbeiten? Und evtl. um mehr Privatheit zu erzeugen in Kleingruppen sammeln und diskutieren (Kapitel 8.3.7)?	
Was ist bei diesem Thema besser? Dass die Teilnehmenden unabhängig voneinander über die Frage nachdenken und ihre Ergebnisse vorstellen (z. B. Karten-Abfrage, siehe Kapitel 8.3.10) oder dass sie sich in einer offenen Abfrage gegenseitig inspirieren und die Vorschläge der anderen »weiterspinnen« können (z. B. Zurufabfragen, siehe Kapitel 8.3.23)?	
Wie viel Zeit kann und möchte ich in das Sammeln investieren? (siehe Methodenauswahl »Zeit«, Kapitel 8.1)	
Möchte ich von jedem etwas hören? (dann Arbeit mit Karten oder Blitzlicht)	
Bei Karten-Abfragen: Wie viel Karten soll jede Person bekommen? (Limitierung)	
Wie moderiere ich die Arbeitsfrage zum Sammeln an, sodass sie möglichst anregend wirkt? (siehe Kapitel 5.1.5 und 8.2)	
In welcher Form/mit welchen Mitteln visualisiere ich den Stoff? (Siehe Kapitel 5.5.2)	
In welcher Form möchte ich mit diesem Stoff weiterarbeiten?	
Was muss ich im Vorfeld vorbereiten? (Visualisierung der Arbeitsfrage, ggf. Karten in entsprechender Zahl bereit legen, für jede Person Marker in gleicher Farbe/Stärke, bei Zurufabfrage Moderationstafel mit Fragestellung vorbereiten etc.)	

Empfehlung: Die fünf wichtigsten Methoden für die Stoffsammlung in Phase 2	
Es gibt verschiedene Methoden, mit denen Sie Informationen, Ideen, Probleme, Einschätzungen abfragen können. In den Basiskoffer der Moderation für Phase 2 gehören die im Folgenden dargestellten Methoden. Beschreibungen zu diesen Methoden in Kapitel 8.	
Blitzlicht zur kurzen mündlichen Orientierung	
Offene oder anonyme Karten-Abfragen zum unbeeinflussten, schriftlichen Sammeln und Sortieren von Ideen, Problemen, Vorschlägen	
Zurufabfragen zum mündlichen Sammeln von Argumenten, Themen, Ideen und Vorschlägen	
Brainstorming als Einstieg in einen kreativen Prozess und als Zugang zu eher unbewussten, assoziativen Aspekten des Themas	
Paradoxe Abfragen zum Ermöglichen neuer Perspektiven und originelleren Ideen	

4.2.3 Strukturieren: Themen auswählen und gewichten

In gut moderierten Sitzungen erhält man in der Sammelphase viel Stoff und Inspiration. Das Sammeln und Erarbeiten von vielen Optionen in dieser frühen Phase ist wichtig, um nicht nur auf das Gewöhnliche, Konventionelle, Oberflächliche oder Naheliegende zurückzugreifen, sondern auch Neuland zu betreten sowie Innovation und Kreativität zu fördern. Nach einer guten Sammelphase hat man allerdings mehr Stoff und Optionen, als in der Veranstaltung bearbeitet werden kann. Zudem ist nicht alles von gleicher Qualität, nicht alles kommt infrage und nicht alles ist relevant.

Es ist daher nötig, diesen Stoff zu strukturieren und mit der Gruppe bewusst zu entscheiden, auf welche Aspekte man sich in dieser Sitzung und eventuellen weiteren Folgesitzungen fokussieren möchte. Die Reduktion zwischen Sammel- und Bearbeitungsphase ist auch deshalb wichtig, weil zu viele Optionen die Qualität der Entscheidungen verschlechtern. Man nennt dies Auswahl-Paradox. Hat man die Wahl zwischen vielen Optionen, sollte man die Zahl der infrage kommenden Optionen reduzieren und dann zwischen den übrig gebliebenen Favoriten entscheiden.[11] Genau so arbeitet auch die Moderationsmethode in der Phase 2: Alles an Möglichkeiten geduldig, neutral sammeln und visualisieren, dann, falls es Erläuterungsbedarf gibt, die Vorschläge kurz durchgehen und schließlich Favoriten auswählen und diese in der Bearbeitungsphase (Phase 3, siehe Kapitel 4.3) gezielt bearbeiten.

Die Strukturierung von Stoff kann auch dazu genutzt werden, Themen und Aufgaben zu clustern, also thematisch zu bündeln und dadurch den Stoff bearbeitbar zu machen. Diese Themencluster kann man dann entweder nacheinander oder parallel in

11 Dobelli, 2014, S. 85.

verschiedenen Gruppen bearbeiten. Die Auswahl, was in welcher Reihenfolge bearbeitet wird oder auch erst einmal nicht angegangen wird, ist Teil des Auswahlprozesses.

Nicht der Zufall oder einzelne dominante Personen entscheiden, welche Aspekte im Mittelpunkt der Diskussion stehen, also, welches die Favoriten sein werden, sondern die Gruppe in einem möglichst transparenten Auswahlverfahren.

Bei der Moderation entscheidet die Gruppe gemeinsam. Nicht in dem Sinne, dass man die Verantwortung für die Entscheidung ans Kollektiv abgibt, sondern so, dass jede:r so entscheidet, als hätte er selbst allein die Verantwortung. Auf dieser Basis wird dann die Auswahl der Favoriten vorgenommen. Gemeinsam getroffene Entscheidungen haben die höchste Chance akzeptiert und umgesetzt zu werden. Dafür ist es wichtig, möglichst keine »Verlierer« zu produzieren. Folgende Tipps helfen Ihnen, den Auswahlprozess fair, transparent und funktional zu gestalten:

Wie Sie Themen auswählen und gewichten

- Sorgen Sie dafür, dass die Alternativen positiv formuliert sind.
- Trennen Sie das Thema bzw. den Vorschlag oder die Idee von Personen. (Also nicht »Vorschlag Müller«). Wird ein Vorschlag kritisiert oder nicht gewählt, ist die Person, die es vorgeschlagen hat (Müller), nicht direkt blamiert.
- Sorgen sie dafür, dass es klare Kriterien gibt, nach denen das Thema ausgewählt wird. Sind die Kriterien von der Organisation oder von Ihnen selbst (z. B. wenn Sie in der Doppelrolle als Verantwortliche:r und Moderator:in agieren) vorgegeben, stellen Sie die Auswahlkriterien vor. Soll die Gruppe selbst Kriterien festlegen, erarbeiten Sie diese gemeinsam vor dem Auswahlprozess.
- Überschlagen Sie grob, wie viele Themen, Vorschläge oder Ideen in der Bearbeitungsphase oder Folgesitzungen bearbeitet werden können, damit Sie nicht dem Auswahl-Paradox erliegen. Es ist nicht sinnvoll, 17 Ideen auszuarbeiten. Wie viele Ideen wollen Sie in die engere Auswahl nehmen? Sind es zwei oder drei oder mehr Ideen? Gestalten Sie das Auswahlverfahren so, dass möglichst nur so viele Themen und Vorschläge übrig bleiben, wie Sie realistisch bearbeiten können.
- Was soll mit den Themen geschehen, die im Auswahlverfahren nicht hoch priorisiert wurden? Ggf. sind sie an anderer Stelle wichtig und sollten in irgendeiner Form bearbeitet werden?

4.2.4 Kriterien: Die wichtigsten im Überblick

Es gibt unterschiedlichste Kriterien, die Sie der Auswahl von Themen, Problemen, Ideen zugrunde legen können. Welche für Sie, Ihr Thema, Ihre Gruppe, Ihre Institution relevant sind, variiert. Sie können allerdings nur zielorientiert moderieren, wenn Sie wissen, worauf es ankommt. Mögliche Auswahlkriterien, die häufig eine Rolle spielen:

- Relevanz: Wie wichtig ist das Thema für die Betroffenen, Kunden etc.?
- Dringlichkeit: Was ist zeitkritisch und sollte möglichst schnell angegangen werden?
- Innovation/Kreativität: Welcher Vorschlag ist neu, originell und bringt voran?
- Pragmatismus/Umsetzbarkeit: Was können wir am einfachsten mit den vorhandenen Mitteln umsetzen?
- Ressourcen: Was können wir mit den finanziellen/personellen Ressourcen am ehesten leisten?
- Lust/Spannung/Attraktivität: Was würdet Ihr am liebsten machen oder umsetzen? Was spricht Euch (oder unsere Kundinnen/Mitarbeiter) am meisten an?
- Außenwirksamkeit: Was hätte den größten (positiven) Effekt auf unser Bild nach außen?
- Akzeptanz: Was würde die höchste Akzeptanz bei unseren Kolleg:innen/Kund:innen/Stakeholdern etc. finden?
- Werte: Was passt am besten zu unserem Selbstbild, Leitbild bzw. Wertekonzept?

4.2.5 Gewichtungsfrage: Kriterien korrekt als Frage umsetzen

Bei jedem Auswahlprozess sollten Sie die zur Auswahl stehenden Vorschläge bzw. Themen, die Kriterien und die Gewichtungsfrage visualisieren. Gewichtungsfrage nennt man die Frage, nach der die Auswahl getroffen werden soll. Sie beinhaltet das Auswahlkriterium, das für die Auswahl entscheidend ist.

Wenn Sie fragen: »*Welche der aufgelisteten Problempunkte halten Sie für die dringendsten?*«, erhalten Sie mit großer Wahrscheinlichkeit ganz andere Ergebnisse als wenn Sie fragen: »*Welches der aufgelisteten Probleme können wir hier und heute direkt lösen?*« Bei der ersten Frage erhalten Sie eine Auflistung der dringlichsten Probleme, die allerdings nicht unbedingt bei diesem Meeting angegangen und gelöst werden können. In der Folge würden Sie mit der Gruppe planen, wann, wo und wie Sie diese Probleme angehen und bearbeiten werden. Bei der zweiten Frage erhalten Sie eine Auflistung der eher unkomplizierten, einfach zu lösenden Probleme, die man in dieser Sitzung erfolgreich bearbeiten kann. Im Anschluss an die Auswahl würden Sie mit der Gruppe gemeinsam die ausgewählten Fälle bearbeiten und lösen. Für die Bearbeitung der dringendsten Probleme würden Sie einen neuen Termin bzw. mehrere neue Termine vereinbaren. Von der Gewichtungsfrage hängt also auch ab, wie nach der Auswahl weitergearbeitet wird und welchen Verlauf die weitere Sitzung nehmen wird.

Die Gewichtungsfrage hat folglich eine stark steuernde Wirkung und sollte nicht willkürlich oder zufällig erfolgen. Wenn Sie zielgerichtet moderieren wollen, sollten Sie sich vorher über mögliche Auswahlkriterien und passende Gewichtungsfragen Gedanken gemacht und diese entsprechend vorbereitet haben. Geben Sie Kriterien und

Fragen vor, sollten Sie diese begründen können. Die Gruppe sollte wissen, nach welchen Kriterien sie auswählen und warum Sie unter den vielen Möglichkeiten dieses Vorgehen vorschlagen. Gerade wenn man mit Fachleuten arbeitet, die mehr von der Materie verstehen als Sie, ist es sinnvoll, die Auswahlkriterien mit der Gruppe zu erarbeiten. Fragen Sie, welche Kriterien Sie für die Auswahl und die weitere Bearbeitung für wichtig halten, sammeln Sie die Vorschläge und einigen Sie sich mit der Gruppe auf das eine entscheidende Kriterium (oder die entscheidenden Kriterien und deren Gewichtung). Im Anschluss an diesen Verständigungsprozess können Sie die Auswahl vornehmen.

Die besten Methoden zur Gewichtung von Themen

Eine gängige Methode zur Auswahl ist die Abstimmungen per Handzeichen. Wenn Sie aus einer größeren Menge Stoff mit einer Gruppe eine Auswahl per Handzeichen treffen wollen, müssen Sie vorher festlegen, ob man sich bei jedem Punkt, den man interessant oder relevant findet, melden kann, oder ob man sich für ein Thema entscheiden muss, also nur einmal melden darf. So können Sie Thema für Thema durchgehen und die Zahl der Handzeichen notieren und auf diese Art und Weise eine Auswahl und Gewichtung vornehmen. Diese Methode eignet sich aber nur bei einer überschaubaren Zahl von Themen. Nachteil dieser Auswahlmethode ist, dass es wenig Schutz für den Einzelnen gibt. Jeder sieht, wofür oder gegen was jemand stimmt, was im Nachhinein zu Konflikten führen kann (»Warum hast Du nicht für meinen Vorschlag gestimmt?«). Auch kann der Gruppendruck zu Verzerrungen führen. Wenn viele etwas Bestimmtes wollen, dann schließt man sich halt an und traut sich nicht, dagegen zu halten.

In kleinen Gruppen kann eine Abstimmung auch durch Zunicken oder Veto erfolgen. Wenn z. B. eine Person vorschlägt, dass Karte X besonders ins dritte Cluster sortiert werden soll, dann kann die Moderatorin die Gruppe fragen, ob die anderen dem zustimmen. Wenn die Gefragten Zustimmung zum Vorschlag signalisieren, bedarf es keines exakteren Abstimmungsverfahrens. Kommt ein Einwand, eventuell auch nur nonverbal gezeigt, durch Stirnrunzeln, kritischen Blick, leichtes Schütteln des Kopfes, sollten Sie den Einwand aufgreifen und Alternativen diskutieren. Auswahlprozesse in dieser Form funktionieren jedoch vor allem in kleinen Gruppen, die respektvoll und offen miteinander kommunizieren. In diesen kleinen und konstruktiv miteinander arbeitenden Gruppen können Sie eine Auswahl und Abstimmung auch per Blitzlicht vornehmen. Jede:r sagt dann, was er/sie favorisiert und man einigt sich mündlich auf die zwei oder drei entscheidenden Themen.

Je größer oder problematischer jedoch die Gruppe ist und je größer die Menge an Stoff, desto unwahrscheinlicher ist es, dass Sie mit diesem Verfahren zu validen Entscheidungen kommen. Entscheidungen von größerer Tragweite sollten in einer besser überprüf- und dokumentierbaren Form gefällt werden. In solchen Fällen empfiehlt sich die Mehrpunkt-Abfrage siehe Kapitel 8.3.13). Um allen die gleiche Möglichkeit zu geben, sich einzubringen und auch Gewichtungen vorzunehmen, werden in der Moderation gerade auch bei der Wahl zwischen vielen verschiedenen Themen bzw. Vorschlägen Mehrpunkt-Abfragen genutzt.

4.2.6 Arbeitsmittel zur Vorbereitung des Auswählens und Gewichtens

Folgende Fragen helfen Ihnen, sich gezielt auf diese Phase in der Moderation vorzubereiten.

Checkliste: Vorbereitung des Sammelns	
Nach welchen Kriterien soll die Gruppe eine Auswahl vornehmen? (Relevanz, Dringlichkeit, Kreativität/Innovation, Pragmatismus/Umsetzbarkeit, Ressourcen, Attraktivität, Akzeptanz, Werte oder andere?)	
Reicht ein Kriterium? Soll die Auswahl unter Berücksichtigung mehrerer Kriterien vorgenommen werden? (dann sind bei Mehrpunkt-Abfrage verschieden farbige Punkte nötig)	
Wie soll(en) die Gewichtungsfrage(en) lauten?	
Mit welchem Verfahren treffen wir eine Auswahl? (Mehrpunkt-Abfrage, Handabstimmung ohne Gewichtung, mündliche Klärung per Diskussion – nur in kleiner & konstruktiver Gruppe möglich)	
Wie viele Themen/Ideen sollen nachher übrig bleiben/weiterbearbeitet werden? Wie soll die Zahl der Punkte zur Auswahl für jede Person berechnet? (viele Punkte, wenn mehr als 2 bis 3 Ideen/Themen übrig bleiben sollen, 3 bis 6 Punkte, wenn nur 1 bis 3 Themen übrig bleiben sollen)	
Was muss im Vorfeld vorbereitet werden? (Visualisierte Fragen, Punkte, Themenspeicher, ggf. Maßnahmenplan zur Aufnahme der nicht bearbeiteten Themen/Probleme)	

Empfehlung: Die wichtigsten Methoden für die Auswahl/Gewichtung	
Mehrpunkt-Abfrage zur Auswahl und Gewichtung einer größeren Menge Themen/Fragen/Probleme/Ideen und/oder der Auswahl in einer großen Gruppe	
Abstimmung per Handzeichen. Festlegung ob Einmal- oder Mehrmal-Meldung möglich	
Abfrage des Votums durch Blitzlicht in nicht zu großen, konstruktiv arbeitenden Gruppen	
Abstimmungsprozesse ohne formelles Verfahren mit Frage und nonverbaler Rückmeldung in überschaubaren, konstruktiv arbeitenden Gruppen	

4.3 Phase 3: Das Thema bearbeiten

In Phase 3 werden die zuvor aus der erarbeiteten Stoffsammlung mittels der entwickelten Kriterien ausgewählten Themen intensiver bearbeitet, um das jeweils gesetzte Ziel zu erreichen. Wie ein solcher Ablauf von Phase 1 bis Phase 3 aussehen kann, sehen Sie am Beispiel der Rekrutierung von jungen Bewerber:innen in der folgenden Tabelle.

Phase 1: Ziel festlegen	• Teilziel 1: Ideen sammeln für neue Wege, wie junge Bewerber:innen auf die Firma aufmerksam gemacht werden können. • Teilziel 2: Auf ein bis zwei konkrete Maßnahmen einigen.
Phase 2: Sammeln, Auswählen	• Möglichst viele, auch abseitige, Ideen und Vorschläge sammeln. • Gesammelte Ideen priorisieren und Top Five festlegen (z. B. durch Mehrpunkt-Abfrage)
Phase 3: Bearbeiten	• Die Top-Five-Ideen ausarbeiten, weiterspinnen, konkretisieren und optimieren zu Konzeptskizzen. • Im Anschluss festlegen, welche Konzeptskizzen kurz-, mittel- bzw. langfristig realisiert werden sollen.

Die Phase 3 »Themen bearbeiten« besteht zumeist aus mehreren Schritten, abhängig davon, wie komplex ein Thema ist und wie weitgehend es bearbeitet werden muss. Typische Aufgaben in der Bearbeitungsphase sind Sachverhalte genauer analysieren, Ideen ausarbeiten zu Konzeptskizzen sowie Entscheidungen vorbereiten oder auch treffen. Wie Sie dabei vorgehen können, zeige ich Ihnen in den folgenden sieben Unterkapiteln.

4.3.1 Verschiedene Seiten einer Problematik betrachten

Die Sicht von Betroffenen auf ein Thema ist oft ziemlich einseitig. Entweder sind sie für etwas, wie z. B. Innovation, Auslagerung, Umstrukturierung oder eine bestimmte Softwarelösung, oder sie sind dagegen. Entsprechend zugespitzt und polarisierend verlaufen dann auch viele Diskussionen. Personen, die sich keiner Seite zugehörig fühlen, halten sich in solchen Situationen meist zurück, weil sie nicht die gleiche Energie aufbringen können wie die Befürworter und die gegnerische Seite. Der Hang, bestimmte Aspekte eines Themas auszublenden und nur Positives oder Negatives zu sehen, führt jedoch zu einer verzerrten Einschätzung.

Als Moderator:in haben Sie die Aufgabe, ohne Rücksicht auf irgendwelche Vorlieben, mit der Gruppe die gegebene Situation, die Vorschläge und Sachverhalte zu analysieren. Im Rahmen dieser Analyse sollten Sie mit der Gruppe sowohl die vorteilhaften

Aspekte als auch mögliche Risiken oder Nachteile herausarbeiten. Selten ist etwas nur gut oder nur schlecht – weder die Ist-Situation noch angestrebte Veränderungen. Egal, zu welchen Lösungen oder Maßnahmen Sie kommen, diese werden immer auch Mängel haben. Denn eine gute Entscheidung zeichnet sich nicht dadurch aus, dass sie hundertprozentig gut ist, sondern dadurch, dass man die Risiken und die Nachteile der Entscheidung kennt und sie für beherrschbar hält. Mit diesem Wissen kann man anschließend in Phase 4 passgenaue Maßnahmen entwickeln, die die Nachteile begrenzen und die Vorteile überwiegen lassen.

Um der Gruppe zu helfen, bei der Analyse ganzheitlich zu denken, können Sie ihr Strukturen und Fragen anbieten, die ihr ermöglicht, eine Rundumsicht vorzunehmen, z.B. in Form einer Zwei-Felder-Tafel, oder Vier-Felder-Tafel (siehe Kapitel 8.3.24 und 8.3.21).

Mögliche Fragestellungen zur ganzheitlichen Betrachtung

- Was spricht dafür? Was dagegen?
- Wo sehen Sie Vorteile? Wo könnte es zu Problemen kommen?
- Wenn Sie frei entscheiden könnten: Was würden Sie beibehalten? Was würden Sie ändern?
- Was an dieser Lösung finden Sie attraktiv? Was könnte schwierig werden?
- Vier-Felder-Modelle: Plus, Minus, Minus ausgleichen, Nächste Schritte oder SWOT-Analyse: Strength (Stärken), Weaknesses (Schwächen), Opportunities (Chancen), Threats (Gefahren)
- Bei der Methode Dynamic Facilitation sammelt man zunächst zu einem Thema alles quer Beet und sortiert die Inhalte nach Data (Informationen im weitesten Sinne zum Thema), Concerns (Bedenken, Problematisches) und parallel auch schon Solutions (erste Lösungsideen).[12]

Es ist nicht entscheidend, nach welchem System und mit welchen Fragen Sie mit der Gruppe ein ganzheitliches Bild des Sachverhalts erarbeiten. Entscheidend ist, dass Sie überhaupt dafür sorgen, dass eine ganzheitliche Betrachtung möglich wird. Notieren Sie alles, was die Gruppe Ihnen an Aspekten und Argumenten dafür anbietet. Halten Sie insbesondere auch Gegensätze fest. Denn was einer als Nachteil bezeichnet, erscheint in den Augen einer anderen Person vielleicht als Vorteil. Notieren Sie in einem solchen Fall den einen Sachverhalt sowohl bei Vor- als auch bei Nachteil. Es ist ganz wichtig, dass beim Bearbeiten von Themen und der Analyse von Sachverhalten Ambivalenzen und, Widersprüche sichtbar und verhandelbar werden. Sie sollen gerade nicht unter den Tisch fallen oder aus Harmoniestreben wegmoderiert werden. Peter F. Drucker, einer der großen und originellen Vordenker modernen Managements, betonte immer wieder den Wert der Uneinigkeit: »Entscheidungen von jener Art, die eine Führungskraft zu fällen hat, werden am besten nicht durch Akklamation gefällt. Diese

12 Matthias zur Bonsen und Rosa Zubizarreta, 2014.

Entscheidungen sind nur gut, wenn sie dem Zusammenprall verschiedener Meinungen, der Abwägung zwischen unterschiedlichen Standpunkten und der Wahl zwischen verschiedenen Urteilen entspringen.

Regel für die Entscheidungsfindung: Meinungsverschiedenheiten!
Die Basis jeder Entscheidungsfindung sollte die kritische Prüfung von Sachverhalten und Vorschlägen sein. Eine Gruppe muss im Vorfeld von Weichen stellenden Entscheidungen um Erkenntnis ringen, muss mit Argumenten streiten und Dissens aushalten können. »Die erste Regel für die Entscheidungsfindung lautet, keine Entscheidung zu fällen, wenn es keine Meinungsverschiedenheiten und keine Uneinigkeit gibt.«[13] Genau diesen Zusammenprall von Standpunkten und Meinungen haben die Gruppe und Sie in der Phase 3 zu leisten. Und Sie als Moderator:in sorgen durch eine strukturierte Bearbeitung und Diskussionsleitung dafür, dass der Prozess des Austauschs unterschiedlicher Perspektiven sowie der Erkenntnisgewinn durch eine konträr geführte, argumentative Auseinandersetzung in geordneter Form möglich wird.

4.3.2 Ursachen herausfinden für ein Problem oder Phänomen

Sicherlich hat das Treffen, das Sie moderieren, wie viele Meetings das Ziel, eine bestehende Situation zu verbessern und vorhandene Probleme zu lösen. Doch um etwas verbessern zu können, müssen Sie in vielen Fällen zunächst herausfinden, was die Ursache für die Unzufriedenheit und das Nichtfunktionieren ist. Oft gibt es nicht einen einzelnen Grund als Ursache. Vielmehr stößt man auf ein Geflecht von sich gegenseitig bedingenden Gründen, deren Zusammenhang man vorher gar nicht gesehen hat. Für Sie als Moderator:in ist es wichtig, sich nicht mit einem schnell auftauchenden Grund zufrieden zu geben, sondern weiter nach anderen, möglicherweise in Zusammenhang stehenden Gründen zu suchen. Gerade bei dem Zusammenhang zwischen Ursache und Ergebnis gibt es viele Fehlschlüsse. Nur weil etwas im gleichen Zeitraum passiert ist, muss es nicht ursächlich dafür sein. Diesen Denkfehler nennt man falsche Kausalität.[14] Sammeln Sie alle Eventualitäten und prüfen Sie erst im Anschluss, bei welchen es ggf. eine kausale Verbindung gibt.

Gerade wenn es um Fehler, Verfehlungen, Schäden geht, die zu einer schwierigen Situation geführt haben, wird die Problematik schnell auf die Frage reduziert: Wer hat Schuld? In der Moderation interessiert die Schuldfrage nicht. Entscheidend ist: Wie konnte sich dieser Vorfall ereignen? Welche Umstände haben zu diesem Ergebnis geführt? Was können wir tun, um den Schaden zu mindern oder zu beheben? Was können wir tun, damit dies zukünftig nicht mehr passiert?

13 Drucker, 2002, S. 298.
14 Dobelli, 2014, S. 156.

Wenn es darum geht, den Schuldigen zu finden, führt dies zum Verschweigen von Sachverhalten und Verschleiern von Fehlern. Die Gefahr, dass Fehler sich wiederholen ist groß. Außerdem werden die Beziehungen der Beteiligten strapaziert, indem jeder die Schuld auf andere zu schieben versucht. Unterbinden Sie solche Diskussionen, wenn Sie moderieren und lenken Sie die Aufmerksamkeit der Beteiligten auf eine sachliche, möglichst vorwurfsfreie Analyse und pragmatische Lösungsfindung.

Nennen Sie möglichst unaufgeregt die Problemstellung und fragen Sie dann nach möglichen Ursachen und Zusammenhängen.

Ursachenanalyse mit der Methode »Ablaufschema«
Eine pragmatische und kompakte Darstellung der Methode Ablaufschema finden Sie in Kapitel 8.3.1. Hier nutzen wir zur besseren Darstellung einer Ursachenanalyse eine konkrete Problematik: 17 % der Ware geht nicht innerhalb von 48 Stunden nach Eingang der Bestellung raus (obwohl diese Frist dem Kunden garantiert wird).

Bearbeitung nach dem Ablaufschema
Schritt 1: Benennen und visualisieren, welche Prozessschritte ein Bestellvorgang durchläuft. Genau hinschauen: Nicht immer läuft es so, wie im Prozesshandbuch beschrieben, manchmal gibt es auch Umwege und Abkürzungen. Versuchen Sie mit der Gruppe alle möglichen Prozessschritte und Sonderwege herauszuarbeiten.

Schritt 2: Bearbeitung der Frage: Was kann in Prozessschritt X passieren, dass es zu Verzögerungen kommt? Versuchen Sie bei jedem Prozessschritt alle Möglichkeiten, die zu einer Verzögerung führen könnten, herauszufinden – egal, ob sie bereits schon einmal stattgefunden haben oder nur eventuell möglich wären. Listen Sie alles gleichermaßen auf.

Schritt 3: Finden Sie heraus, welcher mögliche Verzögerungsgrund in einem Prozessschritt allein oder in Kombination mit anderen zu einer signifikanten Verzögerung führen kann.

Schritt 4: Legen Sie mit der Gruppe fest, welche Gründe aus ihrer Sicht besonders signifikant oder relevant sein könnten.

Schritt 5: Entwickeln Sie Lösungsvorschläge, wie man als besonders relevant erachtete Verzögerungsrisiken in Zukunft verhindern könnte.

Schritt 6: Wägen Sie mit der Gruppe den Aufwand, die Kosten und den Gewinn möglicher Maßnahmen ab.

Schritt 7: Phase 4 »Maßnahmen planen«: Was wollen wir konkret tun, um mögliche und vorhandene Verzögerungsrisiken zu minimieren (siehe Kapitel 4.4)?

Auch hier gilt: Sie notieren bei jedem Schritt alles, was Ihnen von Gruppenmitgliedern angeboten wird. Sie müssen keinen Konsens mit allen Teilnehmenden der Gruppe herstellen, ob die genannte Möglichkeit die wirkliche Ursache ist oder nicht. Wenn Sie jeden Beitrag diskutieren, werden Sie kein Ende und selten Konsens finden.

Stellen Sie sich vor, jemand sagt *»Wenn die im Lager weniger trinken würden, würde es sicher auch schneller gehen.«*. Die Empörung beim Verantwortlichen des Lagers wäre vermutlich groß. Er würde das von sich weisen und ggf. kontern: *»Wenn Ihr anständige Angaben machen würdet, müssten wir nicht zigmal nachhaken. Dann hätten wir das Zeug in 24 Stunden draußen!«*

Stoppen Sie die Vorhaltungen und die emotionale Diskussion. Die genannte Möglichkeit, nämlich die Alkoholproblematik, ist eine von vielen, die ggf. eine Rolle spielen könnte. Sie müssen an der Stelle nicht diskutieren, ob einer oder mehrere Personen im Lager ein Alkoholproblem haben und ob das Einfluss auf die Leistungsfähigkeit hat. Nehmen Sie den Punkt auf und arbeiten Sie weiter. Nehmen Sie genauso den Punkt der unvollständigen Angaben auf. Nur das gleichmütige Sammeln von Möglichkeiten, die nicht bis zu Ende durchdiskutiert werden, ermöglicht es Ihnen, auch an tabuisierte oder versteckte Sachverhalte heranzukommen, die möglicherweise eine Rolle spielen.

Alternative Möglichkeiten, Ursachen zu analysieren bieten die Methoden Fischgrät/Ishikawa (siehe Kapitel 8.3.8) und die Problem-Analyse-Matrix (siehe Kapitel 8.3.18).

Die Philosophie bei der Anwendung aller Methoden ist die gleiche: Wir gehen in der Moderation davon aus, dass es überall, wo Menschen arbeiten, Prozesse gestalten, Verantwortung übernehmen und mit anderen kooperieren, zu Störungen, Fehleinschätzungen und Fehlern kommt. Das ist normal. Entsprechend normal sollten Sie solche Themen moderieren. Gelassen, klar, unaufgeregt, verständnisvoll und vorwurfsfrei. Es geht um unaufgeregte Analyse, das Herausfinden aller Möglichkeiten und Optionen und am Ende um das Festlegen von Maßnahmen. Beim Bearbeitungsprozess sollten die Beziehungen der Beteiligten möglichst keinen Schaden nehmen. Sie werden auch in Zukunft eng zusammenarbeiten müssen. Sehen Sie es als Ihre Aufgabe an, mit der Gruppe Lösungen zu finden und gleichzeitig auch die Kooperationsfähigkeit zu erhalten oder zu verbessern.

4.3.3 Lösungsvorschläge entwickeln

Lösungsvorschläge entwickeln ist ein kreativer Prozess. Man muss nachdenken. Dazu benötigt die Gruppe ein Klima, das Nachdenken ermöglicht, also eine Situation, die nicht von Dynamik geprägt ist, in der nicht hart diskutiert oder gestritten wird, sondern sich Ideen frei entfalten können. Lösungsvorschläge müssen eine Chance bekommen. Macht jemand einen Vorschlag und der Rest der Gruppe zerreißt ihn gleich in Stücke und argumentiert, warum das nicht geht, der Vorschlag blöde sei oder sonst etwas, versiegt die Fähigkeit aller in der Gruppe, kreativ zu denken. Ein aggressives und negatives Klima sowie Stress jeglicher Art verhindern die Entwicklung von Lösungen. Als Moderator:in ist es Ihre Aufgabe, einen geschützten Raum zu schaffen, in dem kreatives Denken, Rumspinnen, Um-die-Ecke-Denken, Sich-gegenseitig-Inspirieren möglich wird; einen Raum, der auch Phasen der Stille und des Alleine-Denkens zulässt. Der Management-Vordenker Peter F. Drucker benutzt in dem Zusammenhang das Wort Vorstellungskraft. Diese benötige man, so Drucker, für innovative Lösungen. »In allen mit Unsicherheit einhergehenden Fragen wie jenen, die die Führungskraft beschäftigen – sei sie in der Politik, in der Wirtschaft, im sozialen oder militärischen Bereich tätig –, sind wir auf kreative Lösungen angewiesen, die eine neue Situation schaffen. Und das bedeutet, dass man Vorstellungskraft braucht. Man braucht eine neue und andersartige Form der Wahrnehmung und des Verständnisses.«[15]

Wie können Sie vorgehen? Im Prinzip gelten die gleichen Regeln wie in Phase 2 beim Sammeln und Auswählen von Themen. Sie können Lösungsvorschläge und Ideen per Zuruf abfragen oder mit Karten. Wichtig ist, dass Sie zunächst sammeln, ohne die Vorschläge im Einzelnen zu diskutieren, geschweige denn zu kritisieren. Sammeln Sie alles, was den Beteiligten einfällt ohne Wenn und Aber. Lassen Sie Pausen des Denkens und Nachsinnens zu. Haben Sie Ideen mit Karten sammeln lassen, fragen Sie nach dem Anheften, was ihnen noch einfällt, jetzt, nachdem sie die Vorschläge der anderen gesehen haben. Erst wenn nichts mehr kommt, können Sie die Vorschläge einzeln durchgehen und weiter erläutern lassen, Fragen zulassen. Im nächsten Schritt nehmen Sie mit Gewichtungsfragen und ggf. Punkten eine Vorauswahl vor (siehe Kapitel 4.2.5 und 4.2.3) und konzentrieren sich auf die Favoriten. Diese prüfen Sie auf Herz und Nieren, um eine Entscheidung vorzubereiten, welche Maßnahmen Sie zur Lösung der Problematik letztendlich ergreifen werden.

4.3.4 Vorschläge miteinander vergleichen

Sie sollten immer Alternativen zur Auswahl haben, um Denken und Diskussion anzuregen und die Entscheidungsfindung solide vorzubereiten, oder wie Peter F. Drucker

15 Drucker, 2002, S. 300.

es ausdrückt: »Zweitens ist die Uneinigkeit das Einzige, was uns Alternativen zu einer Entscheidung eröffnet. Und eine Entscheidung ohne Alternative ist ein verzweifeltes Vabanquespiel, so gründlich sie auch durchdacht sein mag ... Doch vor allem ist Uneinigkeit nötig, um die Vorstellungskraft anzuregen.«[16] Sehen Sie es als positives Zeichen, wenn die Beteiligten um Lösungen ringen, das hebt die Qualität der Entscheidung, wenn zuvor sorgfältig abwägend und strukturiert gearbeitet wird. Sie können so die Gefahr für klassische Denkfehler minimieren, z. B. den sog. Groupthink-Effekt.[17] Damit ist die Beobachtung gemeint, dass man in einer Gruppe dazu neigt, der vermeintlichen Mehrheit zuzustimmen, weil man denkt, dass so viele Leute sich schon nicht irren werden. So kommt es zu Entscheidungen, die jeder Einzelne für sich alleine nie getroffen hätte. Als Moderator:in müssen Sie folglich immer kritisch werden, wenn zu früh und zu schnell Einigkeit herrscht. Sorgen Sie für Alternativen und prüfen Sie diese sorgfältig.

Anleitung: Vergleich mit der Methode »Entscheidungsmatrix«
Es empfiehlt sich, die favorisierten Vorschläge nach den gleichen Kriterien zu analysieren, sodass auf einen Blick sichtbar wird, was für die eine, was für die andere Lösung spricht. Sie können dafür eine Entscheidungsmatrix (siehe Beispiel in Kapitel 8.3.12) nutzen, in der verschiedene Bewertungskriterien festgelegt werden und die konkurrierenden Vorschläge danach analysiert werden.

Welche Kriterien in welchem Maß entscheidend sein sollten, legen Sie einvernehmlich mit der Gruppe fest oder ist durch Regularien Ihres Unternehmens oder Maßgaben von Geschäftsführung/Vorgesetzten bereits definiert. Das Matrix-Schema soll durch Übersichtlichkeit und Transparenz nur bei der Analyse helfen. Es wird der Komplexität einer Fragestellung allerdings nicht immer gerecht. Deswegen sollte das Zusammenzählen von Punkten nicht automatisch zur Entscheidung führen, sondern nur die Optionen einschränken. Prüfen Sie Alternativen, die punktemäßig nah beieinanderliegen erneut. Ggf. können Sie durch kleine Veränderung eine optimierte Variante entwickeln, die dann konsensfähig ist.

Anleitung: Vergleich mit der Methode »Vier-Felder-Tafel«
Eine andere Möglichkeit, zwei favorisierte Lösungen zu prüfen und zu vergleichen, ist die Vier-Felder-Tafel (siehe Kapitel 8.3.21).

Die Problemstellung: Eine Bestehende Software des Unternehmens muss um wichtige Module erweitert werden.

---

16 Drucker, 2002, S. 300.
17 Dobelli, 2014, S. 101.

Die zwei favorisierten Lösungen: Variante »S« besteht darin, die Erweiterungsmodule durch die eigenen Software-Entwickler programmieren zu lassen. Die Variante »E« schlägt vor, den Entwicklungsauftrag extern zu vergeben.[18]

Jedes der 4 Felder dieser Methode (im Uhrzeigersinn) hat eine eigene Fragestellung. Die Fragestellungen lauten folgendermaßen:

Feld 1: Was hätten wir für Vorteile, wenn unsere eigenen Leute die Erweiterungsmodule programmieren?

Feld 2: Was könnten für Probleme, Schwierigkeiten oder Nachteile damit verbunden sein?

Feld 3: Wie könnte man mögliche Nachteile oder Schwierigkeiten abmildern oder ausgleichen?

Feld 4: Angenommen wir würden uns für diesen Weg entscheiden, was wären die nächsten Schritte? Was müssten wir in die Wege leiten?

Gehen Sie nun folgedermaßen vor:

Schritt 1: Analysieren Sie mit der Gruppe die Varianten »S« und »E« anhand der Fragen der Felder 1 und 2. Das können Sie parallel oder nacheinander tun oder auch aufgeteilt in zwei Gruppen.

Schritt 2: Vervollständigen Sie die Analyse der Varianten »S« und »E« mittels der Fragen der Felder 3 und 4

Schritt 3: Diskutieren Sie mit der Gruppe das Gesamtbild. Fragen Sie nach optimierten Formen der Variante »S« und »E«. Sammeln Sie Optimierungsvorschläge.

Schritt 4: Fragen Sie die Tendenz in der Gruppe ab und bearbeiten bzw. optimieren Sie mit der Gruppe favorisierte Lösung.

Schritt 5: Legen Sie mit der Gruppe Maßnahmen fest und verteilen Sie die Aufgaben.

18 Wir vermeiden eine Nummerierung mit A und B oder 1 und 2, weil diese bereits eine Wertigkeit enthalten, und ziehen neutrale Benennungen der Varianten vor, hier S für »selbst entwickeln« und E für »extern entwickeln«.

Vergleich führt zu neuen Lösungen
Häufig führt der intensive Vergleich zweier Favoriten dazu, dass man sich für keinen der Vorschläge in Reinform entscheidet, sondern eine Lösung entwickelt, die einen der beiden Favoriten optimiert. Der systematische Vergleich vergrößert die Vorstellungskraft und ermöglicht ganz eigene, neue Lösungen. Die Vorschläge treten nicht als Konkurrenten gegeneinander an, sondern werden beide als realistische Optionen behandelt. Vielleicht ist es möglich, Stärken der einen Lösung in die andere zu integrieren? Der dadurch entstandene Lösungs-Hybrid wäre ein ganz neuer Ansatz und optimal an die spezielle Situation dieser Problematik in dieser Organisation angepasst.

Im obigen Beispiel könnte dies zum Beispiel nach Abwägen verschiedener Vor- und Nachteile die Lösung sein, dass das Projekt- und Qualitätsmanagement in der Verantwortung der Softwareentwicklung des eigenen Unternehmens verbleibt und nur gezielte Programmierung-Aufträge extern vergeben werden.

4.3.5 Exkurs: Typische Denkfehler vermeiden

Es gibt zahlreiche Fallen, die uns unser Gehirn stellt, wenn es um die Beurteilung von Sachverhalten geht. Ein paar seien hier aufgelistet, weil auch Gruppen dafür anfällig sind. Ebenfalls aufgelistet finden Sie Gegenmaßnahmen, die Sie als Moderator:in einsetzen können, um Denkfehler[19] zu vermeiden, die zu nicht geprüften Entscheidungen verleiten.

Confirmation Bias: Man nimmt nur die Fakten und Umstände wahr, die ins das gefestigte Weltbild passen und erwünscht sind.

Gegenmaßnahmen: Gezielt nachfragen und Perspektivwechsel vornehmen. Woran könnte es noch liegen? Wie würde X das erklären? Was würden die Kunden dazu sagen? Wie würde die Konkurrenz darauf reagieren? Gezielt nach Gegenargumenten fragen. Wo gibt es bereits Erfahrungen, die das bestätigen? Wo gibt es Gegenbeispiele?

Authority Bias: Die Meinung von in der Hierarchie höher stehenden Personen oder Autoritäten in der Branche wird fraglos als richtig angesehen.

Gegenmaßnahmen: Sie behandeln alle gleich, ungeachtet ihres Rufs und ihrer Hierarchie. Sie wählen egalisierende Verfahren (siehe Kapitel 8.1 und Kurzprofile der Me-

19 Die hier aufgelisteten Denkfehler könne Sie nachlesen in Dobelli, 2014. Er listet noch weitere Denkfallen auf, die Individuen und Gruppen betreffen können. Seine Darstellung beruht auf der Auswertung vieler Studien der sozialen und kognitiven Psychologie. Auch im Grundsatzwerk von Daniel Kahneman finden Sie die Zusammenhänge von Fehleinschätzungen und -entscheidungen gut erläutert. S. Kahneman D., 2012.

thoden). Sie fokussieren die Diskussion durch Visualisierung nach vorn und weg von den Personen. Sie arbeiten mit festen Kriterien, nach denen Optionen geprüft werden.

Social Proof: Wenn alle das so machen, muss es gut sein. Oft gibt es Trends in der Branche oder der Gesellschaft, die man einfach übernimmt, weil alle es so machen (»Kauf Immobilien im Osten, super Rendite!« »Verkauf öffentliche Einrichtungen wie Wohnungsbaugesellschaften, Wasser- und Elektrizitätswerke, Rathäuser etc. und miete sie dann!«). Nur weil viele das machen, muss es deshalb noch lange nicht gut sein. Auf diese Weise haben viele Immobilienkäufer und Kommunen teuer für das Reintappen in die Social Proof Falle bezahlt und tun es noch heute.

Gegenmaßnahmen: Kritisches Hinterfragen jeglicher Option. Dass alle es machen, ist an sich noch kein Argument. Hinterfragen Sie, was dafür, was dagegenspricht. Prüfen Sie auf der Basis von Zahlen und Fakten. Ignorieren Sie Versprechungen und Trends.

Groupthink: Eine Variante des Social Proof ist der Groupthink-Effekt. Teilnehmende einer Gruppe fühlen sich persönlich weniger verantwortlich, wenn viele an der Entscheidung beteiligt sind. Sie lassen dann Dinge durchgehen, die sie alleine niemals gemacht, weil für falsch befunden hätten.

Gegenmaßnahmen: Ermuntern Sie zu Kritik. Fragen Sie gezielt Gegenargumente ab. Denken Sie alle Möglichkeiten durch. Appellieren Sie bei Auswahl- und Entscheidungsprozessen ausdrücklich an die Verantwortung des Einzelnen.

Auswahl-Paradox: Ist die Auswahl an Möglichkeiten und die Zahl der Kriterien zu groß und übersichtlich, werden die Entscheidungen willkürlich.

Gegenmaßnahmen: Wählen Sie aus einer Liste von möglichen Optionen die Favoriten aus und arbeiten Sie nur noch mit den Favoriten weiter. Reduzieren Sie also die Auswahl. Die Favoriten sollten nach festen Kriterien analysiert und geprüft werden.

Sunk Cost Fallacy: Wenn man schon viel in ein Projekt, eine Maßnahme oder eine Idee investiert hat, schreckt man davor zurück, sie einzustellen, wenn die Anzeichen deutlich sind, dass es ein Fehler war. Man zieht die Sache weiter durch und schiebt damit das Scheitern auf. Der Schaden wird dadurch noch größer.

Gegenmaßnahmen: Berücksichtigen Sie bei der Frage weitermachen oder nicht nur die ab heute zu erwartenden Erfolgschancen, ungeachtet dessen, was Sie schon investiert haben. Führt die Analyse der Daten zu einer negativen Einschätzung, ist das Vernünftigste das Beenden und die investierten Kosten schweren Herzens als Verlust zu buchen.

Induktion: Wenn man mit einer Sache gute Erfahrungen gemacht hat, neigt man dazu, diesen Weg immer wieder zu gehen, weil er sich ja bewährt hat. Leider stimmt das nicht immer.

Gegenmaßnahmen: Auch bewährte Wege und Maßnahmen sollten Sie bei neuen Entscheidungen einer Prüfung unterziehen. Hinterfragen Sie, ob dieser Weg auch für diese Problematik der angemessene ist? Fragen Sie nach Alternativen? Prüfen Sie sie nüchtern nach den gleichen Kriterien, um die Induktionsfalle zu mindern.

Kontroll-Illusion: Generell überschätzen Menschen den Einfluss, den sie auf den Lauf der Dinge haben. Sie versuchen sich mit möglichst vielen Maßnahmen gegen alles Mögliche abzusichern. Die meisten Prognosen der Vergangenheit haben sich nicht bewahrheitet. Sichere Annahmen sind ebenfalls nur Annahmen und in den wenigsten Fällen sicher. Keiner der Millionen Wirtschaftsexperten hat die Finanzkrise des Jahres 2008 vorhergesagt. Trotzdem glaubt man an Prognosen und nimmt sie als Argument für oder gegen etwas.

Gegenmaßnahmen: Immer wenn Entscheidungen auf Prognosen beruhen, machen Sie deutlich, dass es so kommen kann, aber auch ganz anders. Es sollte mehr Gründe für eine Entscheidung geben als die Prognose, dass es so und so sein wird. Damit verbunden ist der Mut, eine Entscheidung zu treffen, obwohl man nicht alles im Voraus wissen und erst recht nicht kontrollieren kann. Alle Entscheidungen beruhen auf einer jetzigen Einschätzung, die sich später trotz gründlicher Prüfung im Vorfeld als fehlerhaft herausstellen kann.

Base-Rate-Neglect: Beim Abwägen von Risiken neigt man dazu, außergewöhnliche Risiken stärker zu gewichten, obwohl die Wahrscheinlichkeit, dass sie eintreten, gering sind. So haben Menschen mehr Angst davor, mit dem Flugzeug abzustürzen als mit dem Auto zu verunglücken, dabei ist das Risiko durch einen Autounfall ums Leben zu kommen um ein Vielfaches größer. Dieser Denkfehler führt zu Verzerrungen in der Wahrnehmung und bei Entscheidungen.

Gegenmaßnahmen: Hinterfragen Sie die Risiken, die es bei jeder Option gibt. Unterfüttern Sie Ihre Entscheidungen mit Daten und Fakten. Wenn jemand Stories erzählt, wo schon mal was schiefgegangen ist, weil man das so gemacht hat, überprüfen Sie die Story. Die Konzentration auf Einzelfälle macht blind für die Wahrscheinlichkeit, dass so etwas eintritt.

Anker: Menschliche Gehirne suchen nach Vergleichsgrößen. Dummerweise ist die Zahl, an der sie sich dabei orientieren oft dem Zufall überlassen. Muss man z. B. zwischen zwei Preisoptionen entscheiden, kommt einem Option 2 passabel vor, wenn Option 1 preislich deutlich höher war. Doch vielleicht ist auch Nr. 2 viel zu hoch und erscheint nur im Vergleich zu Nr. 1 o.k., die in dem Fall der Anker war. Schon ist man in der Anker-Falle gelandet.

Gegenmaßnahme: Hinterfragen Sie grundsätzlich das Zahlenmaterial auf Angemessenheit. Lassen Sie sich nicht durch willkürlich hineingeworfene erste Zahlen irritieren. Bewerten Sie die Wertigkeit eines Objekts oder einer Maßnahme unabhängig von Vergleichen.

Rückschaufehler: Dies betrifft die nachträgliche Einschätzung von Sachverhalten und Entscheidungen. In der Rückschau scheint immer alles klar. »Man hätte sich denken können, dass das so kommt.« Dies ist jedoch eine Illusion. Oft ist in der Ist-Situation die Faktenlage widersprüchlich. Trotz sorgfältiger Prüfung können Sie nicht verhindern, dass Sie bzw. Ihre Gruppe zu einer falschen Entscheidung kommt.

Gegenmaßnahmen: Überprüfen Sie den Entscheidungsprozess. War dieser korrekt auf der Basis dessen, was Sie damals wissen konnten? Wurden alle Beteiligten mit ihrem Wissen einbezogen? Was haben diejenigen damals gesagt, die jetzt sagen, »War doch klar, musste ja schief gehen«. Seien Sie sich bewusst, dass Entscheiden immer heißt, mit dem Ungewissen umzugehen. Man kann nur gewährleisten, sorgfältig zu prüfen und bewusst zu entscheiden; man kann sich nicht 100% gegen Fehlentscheidungen schützen. Auch Nicht-Entscheiden zur vermeintlichen Risikominimierung kann ein Fehler sein.

Outcome Bias: Man neigt dazu, die Qualität von Entscheidungen nach ihrem Outcome, ihrem Ergebnis zu beurteilen. Das ist in vielen Fällen falsch. Dass etwas erfolgreich lief, muss nicht mit der Entscheidung zu tun haben, es können auch glückliche Umstände und Zufälle dazu geführt haben. Umgekehrt heißt ein schlechtes Ergebnis nicht, dass die Entscheidung grundsätzlich falsch war. Entscheiden und Outcome hängen nicht so eng zusammen, wie wir gerne denken (siehe auch Kontroll-Illusion).

Gegenmaßnahmen: Schauen Sie bei Auswertungsprozessen nicht nur auf den Outcome, sondern prüfen Sie alle möglichen Einflussgrößen, wenn Sie ein realistisches Bild von einer Maßnahme haben wollen. Andernfalls kommt es zu Kurzschluss-Reaktionen und Sie ändern Dinge, die gar nicht ursächlich für den geringen Outcome waren.

4.3.6 Entscheidungen vorbereiten und treffen

Entscheidungen stehen immer am Ende eines Klärungs-, Austausch- und Denkprozesses. Der von Peter F. Drucker beschriebene Weg im Vorfeld einer Entscheidung sollte mit der dafür nötigen mentalen und intellektuellen Offenheit begangen worden sein: »Der effektive Entscheidungsträger geht nicht von der Annahme aus, eine der vorgeschlagenen Vorgehensweisen sei richtig, weshalb alle anderen zwangsläufig falsch seien. Ebenso wenig geht er davon aus, er habe Recht und sein Gegenüber Unrecht. Stattdessen zeigt er von Anfang an Bereitschaft, herauszufinden, warum sein Gegenüber anderer Meinung ist.»[20] Am Ende des Prozesses sollte klar sein, was genau entschieden werden soll. Klären Sie die Ziele: Was soll die Entscheidung leisten? Welche Kriterien soll sie erfüllen?

Die nötigen Schritte im Vorfeld (Optionen sammeln, Favoriten heraussuchen, prüfen und vergleichen, ggf. optimieren, Kriterien für die letzte Entscheidung entwickeln oder vorstellen) haben Sie vor der Entscheidungsfindung bereits geleistet. Gut möglich, dass die intensive Auseinandersetzung mit verschiedenen Optionen dazu geführt hat, dass Sie mit der Gruppe eine Option so weit entwickeln und optimieren konnten, dass diese Lösung weitgehend Konsens ist.

Eine Option bleibt übrig

Auch wenn Sie sich am Ende auf eine Lösung einvernehmlich geeinigt haben, sollten Sie diese nach den vereinbarten Kriterien für eine Entscheidung prüfen, um typische Denkfehler auszuschließen und ggf. die Entscheidung zu optimieren. Bleibt sie als einzige Option übrig, sollten Sie trotzdem explizit die Zustimmung von jedem Beteiligten für diesen Weg einholen. Fordern Sie die Gruppe auf, so zu entscheiden, als trüge jede:r Einzelne die Verantwortung für die Entscheidung um den Groupthink-Effekt (siehe Kapitel 4.3.5) zu mindern. Die Abstimmung kann per Blitzlicht, Kopfnicken (in kleinen Gruppen) oder durch Handzeichen erfolgen. Die abschließende Aufforderung könnte bei einer Blitzlichtabfrage lauten: »Bitte sagen Sie kurz, für welche Lösung Sie plädieren.« Die Entscheidungsfrage bei einer nonverbalen Rückmeldung durch Handzeichen oder Kopfnicken, muss in Form einer Ja-Nein-Frage gestellt werden, z. B. »Sind Sie damit einverstanden, dass wir die Lösungsvariante X realisieren?« Ggf. im Anschluss: »Gibt es jemanden, der damit nicht einverstanden ist?« Falls ja, lassen Sie sich seine Bedenken nennen und schauen Sie zusammen mit der Gruppe, ob es eine Lösung gibt, die die genannten Bedenken berücksichtigt. Nicht immer ist dies möglich und es wäre auch ein unrealistisches Ziel, jede Diskussion mit einer Konsensentscheidung zu beenden. Nach diversen Abstimmungs- und Optimierungsrunden muss dann die Mehrheit genügen, die die Verantwortung für die Entscheidung nach sorgfältiger Prüfung übernimmt.

Mehrere Optionen stehen zur Entscheidung

Sind bis zum Schluss zwei oder mehr Varianten (letzteres wäre eher die Ausnahme als die Regel) im Rennen, prüfen Sie die Optionen nach den gemeinsam festgelegten Entscheidungskriterien. Die Auswahl und die Gewichtung der Kriterien hängen dabei vom Thema und der Situation ab. Entscheidende Kriterien könnten z. B. sein Kosten,

20 Drucker, 2002, S. 300.

Innovation, Nachhaltigkeit, Personalbedarf, angenommene Akzeptanz bei Mitarbeitern/Kunden, Zeitbedarf, möglicher Projektstart, Übereinstimmung mit Unternehmenswerten/-zielen etc.

Die Prüfung der Alternativen nach bestimmten Kriterien könnten Sie auch in einer Matrix vornehmen (siehe Kapitel 8.3.12). Die Versachlichung der Entscheidung nach festgelegten Kriterien mag ein eindeutiges Bild zugunsten einer Option ergeben. Sollte dies nicht der Fall sein, scheinen Sie zwei gleichwertige Alternativen gefunden zu haben, die gleichermaßen interessant und möglich sind. Ist die Gruppe für die Entscheidung verantwortlich, fragen Sie mit Blitzlicht oder nonverbal (s. o.) das Votum der Einzelnen ab. Alternative wäre die Einbeziehung der nächst höheren Hierarchie-Ebene oder Geschäftsführung. Bei der Gleichwertigkeit von Optionen sollte die Entscheidung mit der grundsätzlichen strategischen Ausrichtung der Verantwortlichen harmonieren. Die Verlagerung der Entscheidungsfindung in eine andere Hierarchieebene sollte allerdings nicht die Regel – als besondere Form der Konflikt- und Verantwortungsvermeidung –, sondern wenn überhaupt eine gut begründete Ausnahme sein.

Beenden und Prüfen von Entscheidungsprozessen

Beenden Sie jeden Entscheidungsfindungsprozess mit einer Stimmungsabfrage. Führen Sie eine Blitzlichtrunde durch, um die Zufriedenheit mit dem Prozess und dem Ergebnis abzufragen und die emotionale Stimmigkeit zu prüfen. Manchmal hat man nach rationalen Kriterien richtig entschieden und trotzdem bleibt bei dem ein oder anderen ein ungutes Gefühl. Nicht immer kann die Person benennen, woran das liegt. Intuitive Einschätzungen lassen sich oft schlecht in Worte fassen. Bei Zweifeln vereinbaren Sie einen Prüfmodus, um sicherzugehen, ob das ungute Gefühl nicht doch etwas verrät, was in der Diskussion übersehen bzw. überhört wurde.

Entscheidungen in einem komplexen Umfeld mit vielen Unbekannten beruhen auf vorläufigem Wissen, deshalb ist es nicht unehrenhaft, Entscheidungen in einem bestimmten Zeitraum zu überprüfen und ggf. Optimierungen vorzunehmen. Die Haltung, »Wir haben das entschieden und ziehen die Nummer jetzt durch, komme was wolle!«, ist kindisch. Wenn sich wichtige Parameter geändert haben, oder nicht vorhergesehen Probleme auftun, ist es kein Zeichen von Kompetenz oder Entschlossenheit, wenn man auf Kurs bleibt, sondern stur und manchmal auch dumm. Neue Situationen verlangen veränderte Lösungen.[21]

21 Wenn Sie sich für Entscheidungsfindung interessieren, finden Sie hier weitere Hinweise: Nöllke, Entscheidungen treffen. Schnell, sicher, richtig, 5. Auflage 2011; Krogerus & Tschäppeler, 3. Auflage 2008.

4.3.7 Arbeitsmittel zur Vorbereitung der Phase 3

Sie haben gesehen, dass diese Phase einiger geistiger Vorarbeit bedarf, um die passende Struktur, Reihenfolge, die richtigen Fragen und Entscheidungswege auszuwählen. Folgende Fragen können Ihnen bei der Vorbereitung helfen.

Checkliste: Phase 3 vorbereiten	
Welche Arbeitsschritte brauche ich zur Bearbeitung des Themas um das Ziel zu erreichen? In welcher Reihenfolge soll was geschehen?	
Welche Moderationsverfahren schlage ich der Gruppe für die Bearbeitung der einzelnen Arbeitsschritte vor?	
Wie lauten die konkreten Arbeitsfragen und spezifischen Ziele für die einzelnen Arbeitsschritte, die ich anbieten werde?	
Wie visualisiere ich Ziele, Regeln und Arbeitsfragen der verschiedenen Moderationsverfahren? (Welche Medien?)	
Wie organisiere ich die Ergebnissicherung einzelner Arbeitsschritte?	
Wie viel Zeit benötigt die Gruppe erfahrungsgemäß für die einzelnen Schritte?	
Soll in dieser Sitzung durch die Teilnehmenden eine Entscheidung getroffen werden? Wenn nicht, wo wird die Entscheidung getroffen? Wer fällt diese? In welcher Form soll die Entscheidungsvorlage für diese Person(en) vorliegen?	
Falls die Gruppe entscheiden soll: Wie lauten die Kriterien zum Prüfen möglicher Optionen? Sind sie durch eine andere Hierarchieebene oder durch institutionelle Regeln vorgegeben? Oder soll die Gruppe selbst entwickeln? Wie gestalte ich die Auswahl von Kriterien und deren Gewichtung?	
Welche Denkfehler könnten im Zusammenhang mit diesem Thema/dieser Gruppe auftauchen? Welche Gegenmaßnahmen könnte ich zur Absicherung einplanen?	
Wie soll die Entscheidung getroffen werden? Konsens? Mehrheit? Abfrage durch Blitzlicht mit Statements? Nonverbale Abfrage durch Kopfnicken/Handzeichen? Wie soll die letztendliche Entscheidungsfrage lauten?	
Was muss ich im Vorfeld vorbereiten? (Visualisierung der Arbeitsfragen, Methoden, Material etc.)	

Empfehlung: Die wichtigsten Methoden für die strukturierte Bearbeitung von Themen	
Zwei-Felder-Tafel zum ganzheitlichen Blick auf einen Sachverhalt	
Vier-Felder-Tafel zum Vergleich von Optionen und zur Entscheidungsvorbereitung	
Ablaufschema zur Analyse und Bearbeitung von Prozessen	
Fischgrät/Ishikawa zur Analyse von Ursache und Wirkung	
Problem-Analyse-Matrix zur Problemanalyse und Entwicklung von Maßnahmen	

Empfehlung: Die wichtigsten Methoden für die strukturierte Bearbeitung von Themen	
Morphologischer Kasten zur Entwicklung von neuen Ideen	
Entscheidungsmatrix zum Vergleich mehrerer Vorschläge	
Mindmap zum Entwickeln neuer Ideen und zum Erlangen eines Überblicks über komplexe Zusammenhänge	

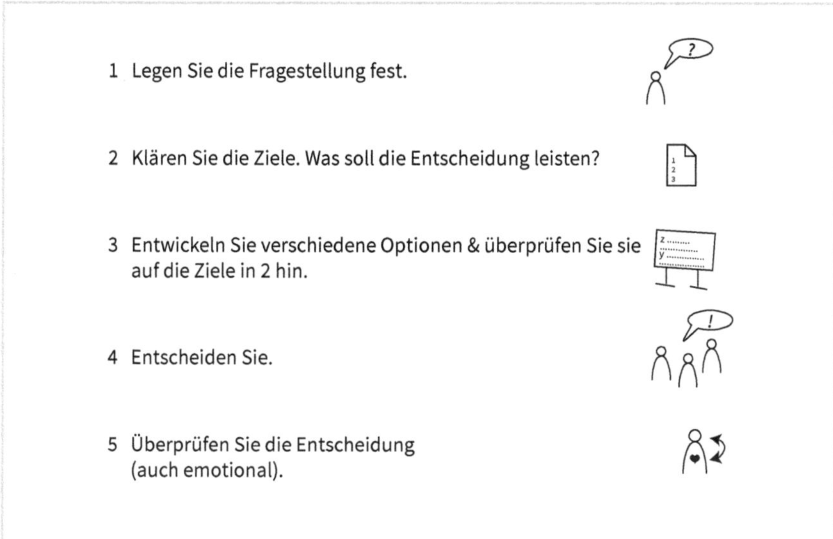

Abb. 14: Strukturierte Entscheidungsfindung

4.4 Phase 4: Maßnahmen planen

Viele Leute hassen Meetings, in denen nur geredet wird, aber letztendlich nichts bei rauskommt. In der Moderation planen wir zielorientiert und arbeiten auf konkrete Vereinbarungen hin, damit gerade das nicht passiert. Auch wenn die Zeit nicht ausreichend sein sollte, das Thema bis zum Ende zu bearbeiten, ist die Phase Maßnahmen planen verbindlich. Gerade, wenn einiges noch ungeklärt ist, braucht man die Zeit, um zu planen, wie es weitergehen soll und wer welche Aufgabe übernimmt.

4.4.1 Planung: Visualisieren der Maßnahmen

Bevor die Sitzung beginnt, sollten Sie bereits wissen, in welcher Form Sie die zu planenden Aufgaben festhalten werden. In vielen Firmen oder Abteilungen hat man sich auf ein bestimmtes unternehmensweit genutztes Tool geeinigt, um einen einheitlichen Qualitätsstandard von Planungen sicherzustellen, z. B. To-do-Listen in Form von Excel-Tabellen mit Ampelkennzeichnung des Status oder die Anwendung von Kooperations- oder Projektmanagement-Software. In solchen Fällen greifen Sie bei der Maßnahmenplanung selbstverständlich auf diese in Ihrem Unternehmen gebräuchlichen Tools zurück. Gibt es das nicht, sollten Sie einen Maßnahmenplan in Dateiform (Tabelle) oder als Matrix auf Papier vorbereitet haben. Auch wenn die Maßnahmenplanung erst für diese Phase vorgesehen ist, gibt es bereits in früheren Phasen der Moderation Gelegenheiten das festzuhalten, was zu tun ist und wer dafür die Verantwortung übernimmt. Der Maßnahmenplan sollte also von Beginn an startklar und – wenn möglich – sichtbar sein.

4.4.2 Details verbindlich festschreiben

Der Maßnahmenplan sollte immer die im Folgenden aufgeführten vier Felder enthalten.

Was? Was genau soll getan werden? Das Was sollte so beschrieben sein, dass man auch mit zeitlichem Abstand noch weiß, was damit gemeint ist.

Wer? Wer ist dafür verantwortlich? Aufgeführt werden dürfen nur bei der Sitzung anwesende Personen. Selbst wenn diese die Aufgabe an andere delegieren, behalten sie die Verantwortung dafür, dass es wie verabredet erledigt wird.

Bis wann? Bis wann wird festgehalten, innerhalb welchen Zeitraums die Aufgabe erledigt werden soll. Stimmen Sie diesen Termin mit denjenigen ab, die die Aufgabe übernehmen, damit dort realistische Daten stehen, von denen die Betroffenen ausgehen, dass sie sie einhalten können.

Rücklauf: Im vierten Feld »Rücklauf« wird festgehalten, in welcher Form die erledigte Arbeit nachher vorliegt und wie die Beteiligten davon erfahren, bzw. wo und wie sie darauf zugreifen können. Damit beugen Sie Missverständnissen vor, z. B. dass jemand sagt, »Ja, hab ich schon vor Wochen erledigt.« Allerdings weiß keiner davon, und er hat's auch nur mündlich gemacht, ein Dokument liegt nicht vor. Legen Sie genau fest, in welcher Form das Ergebnis nachher wo vorliegen soll und wer dafür verantwortlich ist, dass es in der Form vorliegt.

Im Folgenden ein Ausschnitt aus dem Maßnahmenplan eines Change-Management-Teams, das sein Protokoll inklusive Maßnahmenplan in einem allen Teammitgliedern zugänglichen Bereich in Sharepoint ablegt. (Der Maßnahmenplan ist selbstverständlich Teil des Protokolls.) Die Beteiligten müssen also nicht alle Mails durchsehen, um die richtige mit dem Anhang Protokoll XY zu finden, um ihre Aufgaben nachzulesen. Stattdessen finden sie alle wichtigen Informationen in aktueller, übersichtlicher Form zentral in Sharepoint dokumentiert, mit wenigen Klicks jederzeit für sie auffindbar und abrufbar.

Maßnahmenplan			
Was?	**Wer?**	**Bis wann?**	**Rücklauf**
Check: Welche der Kritikpunkte in der MA-Befragung wurden schon behoben? (z. B. Teeküche, sanitäre Anlagen, Kantine, Behindertentoilette). Auflistung mit Status. Info an MüK zur Vorbereitung eines Artikels in der MA-Zeitschrift.	Hen	8.12.	Dokument im Sharepoint ablegen, Ordner Orga-Team
Mail an TN, die heute nicht da waren. Nachfragen, in welchen Projektteams sie sich organisieren wollen, Rückmeldung an MüK vorzugsweise bis 14.12.	MüK	10.12.	Mail an Betroffene
Aktualisierten Email-Verteiler einrichten	Münzel	Bis 18.12.	Mail an alle mit Info und Ablage in Sharepoint Veränderungsteam

Wenn Sie merken, dass die Bearbeitung eines Themas länger dauert, als Sie das eingeplant haben, dürfen Sie nicht am Ende der Sitzung sparen, indem Sie die Phase Maßnahmenplanen und Abschluss einfach weglassen. Sie müssen die Bearbeitung des Themas so rechtzeitig Punkt abbrechen, dass Sie genügend Zeit für die Erarbeitung des Maßnahmenplans (Wie geht's weiter? Wer macht was? Bis wann? ...) und einen bewussten Abschluss haben.

Nutzt man den Maßnahmenplan von Anfang an, spürt man eine gewisse Befriedigung in der Gruppe. Sie merken, es geht voran und es werden »Nägel mit Köpfen« gemacht. Man klärt Dinge und trifft Vereinbarungen. Das wirkt motivierend.

Durch die visuelle Darstellung des Maßnahmenplans wird auch offensichtlich, wer bereits viele Aufgaben übernommen hat, also wer oft in der Rubrik »Wer?« steht, und wer bisher noch kaum durch Aufgaben belastet wurde. Dadurch ist es einfacher, gezielt Einzelne anzusprechen, um ihnen eine Aufgabe anzutragen. Oft ist aber auch der Effekt im fortgeschrittenen Teil einer Sitzung zu bemerken, dass Leute sich von sich aus melden und sagen, »Okay, das kann ich übernehmen.« Sie wollen sich nicht selbst ausgrenzen, indem sie gar nichts tun. Manche entwickeln auch das Bedürfnis, sich zu entschuldigen, wenn sie nichts übernehmen. »Sorry, wir sind gerade in der Endphase von XY, ich kann jetzt leider bis Ende Mai keine zusätzliche Aufgabe verbindlich übernehmen.«

Wenn Sie möchten, dass die Beteiligten, freiwillig Aufgaben übernehmen, können Sie den Prozess der freiwilligen Übernahme von Verantwortung unterstützen, indem Sie nicht einfach Aufgaben zuordnen (wenn Sie in der Doppelrolle moderieren, sonst geht es ohnehin nicht), sondern das Aufgabenpaket anbieten. Beschreiben Sie die Aufgabe und stellen Sie dann die Frage in den Raum: »Wer könnte das übernehmen?« Dabei können alle Vorschläge machen, z. B. »Christa, Du hast doch schon mit X zu tun, da könntest du …«. Aber es kommt häufig genug vor, dass Beteiligte sich selbst melden und sagen »Ja, das übernehme ich.« Wenn man eine Aufgabe übernimmt, hat man auch Einfluss, darauf, wie etwas gemacht wird – und das kann durchaus vorteilhaft sein.

Wenn Sie mehr Freiwilligkeit initiieren wollen, müssen Sie die Geduld aufbringen, die Verteilung mit der Gruppe zu klären und nicht in der Doppelrolle als Chef:in alles selbst zuordnen.

Um sicherzustellen, dass die vereinbarten Aufgaben auch umgesetzt werden, vereinbaren manche Teams Tandems. Die zweite Person des Tandems fragt in vereinbarten Abständen nach, wie es läuft mit der Umsetzung und steht ggf. als Denkpartner:in bei Problemen zur Verfügung. Bei Projekten übernimmt manchmal auch die Projektleitung bzw. Projektleitungsassistenz zentral für alle diese Erinnerungsfunktion. Gerade wenn man viele verschiedene miteinander konkurrierende Aufgaben hat, ist es hilfreich und motivierend, wenn jemand anderes mit daran denkt, dass die Aufgabe rechtzeitig vor Ablauf des vereinbarten Termins in der Dringlichkeit nach oben rutscht.

4.4.3 Arbeitsmittel zur Vorbereitung der Phase 4

Folgende Fragen helfen Ihnen, sich gezielt auf die Phase *Maßnahmen planen* vorzubereiten.

Checkliste: Phase 4 vorbereiten	
In welcher Form sollen die vereinbarten Maßnahmen mit Verantwortlichen und Termin dokumentiert werden?	
Wie können Sie den Maßnahmenplan für alle sichtbar in die Sitzung integrieren?	
Wo ist der Maßnahmenplan für die Beteiligten nach der Sitzung abrufbar?	
Wollen Sie den Status der Bearbeitung nachverfolgbar machen? Welche Tools bieten sich dafür in Ihrem Unternehmen an?	
Wollen Sie Tandems bilden, also Verantwortlichen jemanden an die Seite stellen, der als Erinnerer und Denkpartner/in zur Verfügung steht?	

Checkliste: Phase 4 vorbereiten	
Wie werden die Aufgaben verteilt? Auf freiwilliger Basis? Ist das Klima in der Gruppe so, dass die freiwillige Übernahme von Aufgaben und Verantwortung eine Chance hat? Möchten Sie eine Entwicklung in diese Richtung initiieren?	
Gibt es durch die Funktion im Unternehmen schon eine bestimmte Aufgabenteilung? Muss man sich daran halten oder gibt es Freiheiten?	
Wer hat welche Stärken/Interessen? Wie kann man das bei der Aufgabenverteilung berücksichtigen?	
Gibt es Aufgaben, die ein Beteiligter als Herausforderung zur Weiterentwicklung nutzen könnte?	
Kann man ggf. Hilfe/Unterstützung durch andere Stellen bekommen/organisieren? Wen könnte man ansprechen/involvieren?	
Moderieren Sie in der Doppelrolle? Können/wollen Sie als Chef:in Aufgaben delegieren?	

Was Sie beim Planen von Maßnahmen beachten sollten

Viele Menschen diskutieren gern. Verantwortung übernehmen ist jedoch, vor allem wenn sie mit Arbeit verbunden ist, nicht gleichermaßen beliebt. Keineswegs ist immer Faulheit der Grund, sich bei der Aufgabenverteilung zurückzuhalten, sondern oft das Wissen um die vielen anderen zu erledigenden Aufgaben. Die Festlegung und Zuordnung von Aufgaben kann deshalb je nach Team durchaus zu Konflikten führen, die nicht einfach zu moderieren sind. Hier ein paar Hinweise, worauf Sie achten können, um die Arbeitsverteilung möglichst einvernehmlich und erfolgsversprechend zu klären:

- Wenn Menschen sich freiwillig für eine Aufgabe melden, ist die Wahrscheinlichkeit größer, dass sie diese auch ausführen.
- Die meisten Personen machen bestimmte Dinge gern, andere weniger gern. Es ist effizienter, die Aufgaben so zu verteilen, dass Menschen Aufgaben übernehmen, die ihnen liegen und die ihrem Naturell, ihren Stärken und Interessen entsprechen. Sie müssen dann weniger Disziplin und Überwindung aufbringen, sie auch zu tun. Die Realisierungschance und Qualität ist entsprechend höher.
- Manchmal ist für eine Beteiligte eine Aufgabe interessant, die gar nicht in ihr sonstiges Aufgabenspektrum gehört. Es kann trotzdem sinnvoll sein, ihr diese Aufgabe zu übertragen. Neues, Anderes kann motivieren und trägt dazu bei, das eigene Kompetenzprofil zu erweitern.
- In Teams, in denen ein gutes Miteinander herrscht, die sich auch als Gemeinschaft verstehen, läuft die Arbeitsverteilung unkomplizierter. Man engagiert sich gerne für die Gemeinschaft. Im Fußball hilft dann auch ein Stürmer in der Abwehr aus, wenn die anderen in Not sind (siehe dazu auch Vorbereitung mit TZI, Kapitel 3.3.1).

- Wenn die Gruppe sich mit dem Thema und dem Ziel identifizieren kann und Sinn in den Aufgaben sieht, ist sie eher bereit, Aufgaben zu übernehmen und sich für den Erfolg einzusetzen.
- Wenn die Beteiligten eine gute Beziehung zu ihrem/ihrer Moderator:in haben, sind sie eher geneigt, sich zu engagieren. Sie wollen die ihnen sympathische Person nicht im Stich lassen.
- Wenn Teammitglieder merken, dass ihre Arbeit wahrgenommen und wertgeschätzt wird, wirkt das positiv auf ihre Bereitschaft, sich auch weiterhin in diesem Rahmen zu engagieren.
- Intrinsische Motivation, also eine Motivation, die vom Beteiligten selbst ausgeht (Interesse am Thema, Ziel, Aufgabe, Beziehung zur Gruppe oder Moderator:in, Aussicht auf Erfolg oder Wertschätzung), ist verlässlicher als Druck und Zwang.
- Manche Personen müssen ermutigt werden, etwas Neues zu probieren und Verantwortung zu übernehmen. Sie melden sich nicht freiwillig, weil sie faul sind, sondern aus Schüchternheit oder weil sie Zweifel haben, ob sie der Aufgabe gewachsen sind. Versuchen Sie wahrzunehmen, wer Ihre Ermutigung oder die der Gruppe braucht. Sprechen Sie diese Person gezielt in der Möglichkeitsform an. »Katrin, wie wäre es, wenn Du …« »Ich könnte mir vorstellen, dass Du ganz gut …, weil …«
- Aufgaben, die man längere Zeit visualisiert vor Augen hatte, prägen sich besser ein. Man hat sie »auf dem Schirm«. Nutzen Sie die Visualisierung beim Planen von Maßnahmen!
- Nutzen Sie die guten Beziehungen der Gruppe untereinander, um sich für die fristgemäße Durchführung einer Aufgabe zu motivieren (Tandems).
- Akzeptieren Sie, dass manche – je nach ihrer aktuellen Belastung – mehr oder weniger Aufgaben übernehmen. Gerecht ist nicht unbedingt, wenn alle gleich viel machen. Wichtig ist, dass das Gesamtergebnis stimmt und jede:r in seiner Weise seinen Beitrag leistet. Der Torwart einer Fußballmannschaft läuft auch nicht so viel wie ein Außenverteidiger und trainiert auch andere Dinge.
- Klappt die Verteilung von Aufgaben und Verantwortung über längere Zeit in einem Team nicht gut, sollten Sie eine Sitzung nur zu diesem Thema anberaumen, um die Problematik grundlegend zu klären. Ggf. kann es sinnvoll sein, das Thema Kooperation als Team-Offsite mit externer Moderation zu organisieren. Sehr wahrscheinlich gibt es grundsätzliche und tiefer liegende Probleme, die einer Klärung bedürfen und mit einem Neustart des Teams verbunden werden können.

4.5 Phase 5: Abschluss gestalten

Jede Sitzung, jeder Workshop, jede moderierte Veranstaltung sollte einen klaren Abschluss haben. Bei Routinesitzungen mag die Abschlussphase kurz sein, bei längeren und außergewöhnlichen Treffen sollte genügend Zeit für eine Reflexion der gemeinsamen Arbeit eingeplant werden.

Die vielleicht zwischenzeitlich hitzigen Diskussionen sind gelaufen. Der Maßnahmenplan steht, was fehlt ist die Rückschau und der Ausblick auf das, was kommt, der Dank und der Abschied. Versäumen Sie diese Phase und zerfranst die Veranstaltung am Ende, sodass einige schon gehen, andere nicht wissen, ob das nun das Ende war oder nicht, entwerten Sie damit die gesamte Veranstaltung. Wenn man gehen kann, wann man will, ist die eigene Anwesenheit offensichtlich belanglos. Dann kann man auch kommen, wann man will – und schon ist konzentriertes thematisches Arbeiten kaum möglich. Ein klarer definierter Einstieg, eine klare definierte Abschlussphase sind inhaltlich und atmosphärisch unverzichtbar, gleich, ob letztere für 3 Minuten oder 33 Minuten angesetzt ist, aber sie sollte die Veranstaltung abrunden und schließen.

4.5.1 Methodeneinsatz in der Abschlussphase

Bei kurzen Veranstaltungen oder Routinesitzungen, bei denen alles gut gelaufen ist, reicht es gewöhnlich, wenn Sie die Abschlussphase einleiten, kurz das Erreichte zusammenfassen und dann mit einem Blitzlicht die Rückmeldung der Beteiligten einholen. Eine Moderation dazu könnte folgendermaßen lauten: »*So, bis auf einen Punkt haben wir alle Fragen klären können, die wir uns vorgenommen haben. Das mit der Stellenbesetzung haben wir hier nicht klären können, aber wir haben das Procedere festgelegt und Frau Wilhelmi wird sich in unserem Sinne darum kümmern. Bevor wir auseinandergehen, möchte ich gerne noch von jedem von Ihnen eine ganz kurze Rückmeldung zu unserer Arbeit heute, zu der Art wie wir gearbeitet haben, wie zufrieden Sie mit dem Verlauf oder dem Ergebnis sind. Auch wenn Sie noch Wünsche oder Vorschläge für die nächste Sitzung haben, wäre das eine gute Gelegenheit, das hier einzubringen. Also, geben Sie bitte noch eine kurze Rückmeldung zu unserer heutigen Sitzung, bevor wir auseinandergehen. Lassen Sie uns links anfangen, Herr Schmidt …*«

Sind die Teilnehmenden zu einer Veranstaltung weit angereist oder ging sie über längere Zeit, wäre ein schnelles und kurzes Ende abrupt und stünde im Missverhältnis zum Rest der Veranstaltung. Planen Sie Zeit für eine Rückschau ein, damit die Inhalte sich verfestigen, das Erlebte verarbeitet und reflektiert werden kann und dem Abschied genügend Raum bleibt. Hier ein paar Tipps, wie Sie die Auswertung und Reflexion in der Abschlussphase gestalten können.[22]

Auswertung und Reflexion in der Abschlussphase gestalten

Revuepassieren der letzten Tage/Stunden: Bei längeren oder mehrtägigen Veranstaltungen können Sie kurz die einzelnen Teile der Veranstaltung wieder »hochladen«. Manchmal geht das anhand der vorhandenen Flipcharts. Man kann aber auch Visu-

22 Weitere Anregungen zur Abschlussgestaltung für unterschiedliche Veranstaltungsformate finden Sie in Beermann-Hagel, Susanne; Schubach, Monika, 3. Auflage 2010; Gilsdorf&Kistner, 7. Auflage 2000.

alisierungen dafür erstellen (z. B. je ein Blatt für einen Baustein der Veranstaltung). So haben alle nicht nur das jeweils Aktuelle präsent, sondern auch die Anfangs- und Zwischenphasen der Veranstaltung.

Auswertung in Kleingruppen: Wenn Sie beim Kennenlernen mit Kleingruppen gearbeitet haben (Paare, 3er oder 4er-Gruppen), ist es interessant, die Menschen in derselben Konstellation zusammenzubringen. Man kann den Austausch in Paaren/Kleingruppen auch nach einem anderen Prinzip vornehmen (z. B. Auftrag, gezielt zu jemandem zu gehen, mit dem man bisher noch wenig bis gar nichts zu tun hatte). Auftrag: »Tauschen Sie sich über Ihre Eindrücke im Laufe der Veranstaltung aus.« Mögliche Fragestellungen: »Was von dem, was ich hier erlebt/erfahren habe, hat mich überrascht/beeindruckt/inspiriert/weitergebracht? Was hat mich ggf. irritiert/gestört/gelangweilt? Welche Themen/Aktivitäten könnte ich mir für ein nächstes Treffen als interessant vorstellen? Zum Thema Gruppenarbeit siehe auch Kapitel 8.3.7).

Transfer in die eigene Praxis: Teil der Abschlussphase kann auch eine Stille-Phase sein, wo jeder für sich überlegt, was er von dem, was in der Veranstaltung gelaufen ist, in den eigenen Alltag integrieren möchte. Der Austausch darüber könnte in Kleingruppen geschehen oder Teil der Abschlussrunde (Blitzlicht) sein, wenn die Gruppe nicht zu groß ist. Möglicher Auftrag für die Einzelarbeit: »*Lassen Sie die Veranstaltung Revue passieren und überlegen Sie, was Sie hier von Kolleg:innen oder unseren Referent:innen erfahren und gelernt haben, was Ihre Sicht auf Ihren Alltag verändert/bereichert hat? Was möchten Sie in Ihre berufliche Praxis integrieren?*« Auftrag für den Austausch oder das Blitzlicht: »*Es kann sein, dass für Sie ganz unterschiedliche Themen und Anregungen wichtig waren. Tauschen Sie sich aus, was Sie in Zukunft in Ihren Arbeitsalltag integrieren wollen*« (Kleingruppe) »*Sagen Sie uns in der Abschlussrunde, was Sie von dem hier Erlebten/Erfahrenen in Ihrer Praxis anwenden wollen/können*« (Blitzlicht). Alle Fragestellungen sollten visualisiert werden!

Punktabfragen zur Auswertung: Manche Moderatoren oder Moderatorinnen fragen die Zufriedenheit einer Veranstaltung mit Punkten ab. Z. B. »*Wie zufrieden sind Sie mit den Ergebnissen/dem Verlauf unserer Veranstaltung?*« Ich halte das nur für sinnvoll, wenn sich danach ein Gespräch anschließt und man über seine Einschätzung reden kann.

Abschiednehmen: In der Auflösungsphase einer Gruppe entsteht manchmal ein Vakuum. Wie soll man sich jetzt verabschieden? Sie können der Gruppe eine Struktur anbieten. Bilden Sie einen Kreis. Gehen Sie als Moderator:in (1) nach links und verabschieden sich von der links neben Ihnen stehenden Person (Nr. 2). Sie können ein paar Worte wechseln. Dann gehen Sie weiter und verabschieden sich von der nächsten Person (3). Dann startet ihre ehemals linke Nachbarin (2) und verabschiedet sich von der links neben ihr stehenden Person (3), während Sie sich von (4) verabschieden. So wandern Sie und nach und nach alle anderen die Reihe ab und stellen sich hinten wieder an, sodass sich am Ende alle noch einmal kurz sprechen und verabschieden konnten.

4.5.2 Protokoll: Die Ergebnisse dokumentieren

In moderierten Sitzungen werden Kernelemente der Arbeit ohnehin visualisiert. Visualisierungen auf Papier kann man als Foto ins Protokoll aufnehmen. Erfolgt die Visualisierung durch PC/Smartboard, liegen sie als Datei vor und können mühelos ins Protokoll integriert werden.

Grundsätzlich müssen Sie entscheiden: Reicht ein Ergebnisprotokoll, das nur stichpunktartig und grob den Verlauf skizziert und im Wesentlichen das Ergebnis dokumentiert? Oder soll neben den Entscheidungen auch der Diskussionsprozess mit den verschiedenen Argumenten und Bedenken dokumentiert werden (Verlaufsprotokoll)?

Gleich ob Sie sich für eine knappe oder ausführlichere Variante entscheiden, sollte aus dem Protokoll immer ersichtlich sein, worum es ging und wie es zu der Entscheidung kam.

Checkliste: Das sollten Sie protokollieren	
Datum, Teilnehmende, Ort, Zeiten, Protokollführer:in	
In Reihenfolge der Bearbeitung die einzelnen Tagesordnungspunkte	
Bei Arbeitsschritten jeweils: Wie lautete die Leitfrage?	
Wo lag ggf. Konfliktpotenzial? Argumentationslinien?	
Wie wurde entschieden?	
Was wurde entschieden?	
Maßnahmen (im Maßnahmenplan als Teil des Protokolls)	
Offen gebliebene Themen/Fragen ggf. zur Übernahme in den Maßnahmenplan	
Vorschläge/Hinweise für die nächste Sitzung	

Wer soll das Protokoll führen? Eine beliebte Frage ist immer, wer denn Protokoll führt. In Gruppen, die gut funktionieren und in denen ohnehin Rechner/Beamer im Einsatz sind, können Sie als Moderator:in simultan zur Sitzung am Laptop protokollieren und die Gruppe zwischendurch checken lassen, »*Passt das so? Können wir das so festhalten?*«. Voraussetzung dafür ist, dass Sie auch am Laptop sitzend genügend Präsenz haben, um die Gruppe zu leiten und dass Sie blind und quasi nebenbei protokollieren können. Ist das nicht der Fall, sollten Sie die Aufgabe delegieren.

Doch auch wenn jemand anderes protokolliert, empfehle ich das simultane Protokollieren während der Veranstaltung. So hat man Gelegenheit nach Beendigung eines Punkts gemeinsam auf das Protokoll zu schauen und den Inhalt durch die Gruppe kritisch prüfen, ggf. ändern und abzusegnen zu lassen. Außerdem ist ein simultan erstelltes Protokoll zeitnah nach der Sitzung verfügbar. Protokolle, die erste Tage/Wochen nach der Veranstaltung zugänglich gemacht werden, helfen bei der Umsetzung des Besprochenen nicht. Auch weiß man mit dem zeitlichen Abstand nicht mehr, ob die eigene Erinnerung trügt oder das Protokoll Sachverhalte falsch wiedergibt.

4.5.3 Arbeitshilfen zur Vorbereitung der Phase 5

Checkliste: Phase 5 »Abschluss« vorbereiten	
Wollen Sie der Gruppe Gelegenheit geben, die Arbeit für sich allein oder in einer Kleingruppe zu reflektieren? Wenn ja, welche Fragestellung und Arbeitsform bieten Sie an?	
In welcher Form möchten Sie der Gruppe Gelegenheit geben, Rückmeldung zur Sitzung und den Ergebnissen zu geben?	
Was sagen Sie zum weiteren Vorgehen/Verlauf?	
Wie gestalten Sie – wenn nötig, z. B. bei einem Workshop – den Abgleich der anfänglichen Erwartungen der Teilnehmenden mit den erzielten Ergebnissen?	
Welche Informationen wollen Sie zum Protokoll geben? Wann und in welcher Form werden die Teilnehmenden es erhalten/können sie es abrufen?	
Wie gestalten Sie den Abschied der Gruppe untereinander bzw. von Ihnen (bei einer längeren Veranstaltung mit angereisten Gästen)?	
Wie viel Zeit planen Sie für den gesamten Abschlussteil der Sitzung ein?	

Empfehlung: Die wichtigsten Methoden für den Abschluss	
Hauptpunkte des Tages Revue passieren lassen & Sicherung der Ergebnisse durch den/die Moderator:in Ausblick auf das Kommende geben Austausch in Paaren und Kleingruppen zur Reflexion und Sicherung von Transfer	
Punktabfragen zur Sichtbarmachung von Feedback zu einzelnen Fragen	
Blitzlicht als Feedback im Plenum	
Abschiedsrituale	

5 Werkzeuge der Moderation

Eine an Thema, Ziel und Gruppe angepasste Konzeption und kluger Methodeneinsatz sind wichtig für erfolgreiche Moderationen. Doch beides wirkt nicht ohne die klärende und vermittelnde Kompetenz der Person, die moderiert. Diese wirkt durch ihr eigenes Verhalten und die interessierte Zugewandtheit allen Teilnehmenden gegenüber als Role Model. Sie wirkt aber auch durch den gezielten und differenzierten Einsatz von Werkzeugen, die nicht an eine bestimmte Methode gebunden sind, sondern zur Grundausstattung von Moderator:innen gehören, z.B. der Umgang mit Sprache, bestimmte Formen des Fragens und Intervenierens oder die Art für Regeln zu sorgen und diese durchzusetzen.

5.1 Fragen – alle wichtigen Techniken

Charakteristisch für die Moderationsmethode ist, dass das Wissen, die Erfahrung und die Ideen aller Beteiligter für die Lösungsfindung genutzt werden. Auf dem Hintergrund dieser Informationen können Lösungen und Ideen entwickelt werden, die 100% an die Situation, die Organisation und die Betroffenen angepasst sind. So ist die Gefahr, dass Entscheidendes übersehen wird, deutlich geringer. Die Chance, dass das Geplante umgesetzt wird und funktioniert, ist hingegen deutlich größer als bei Top-down-Entscheidungen. Das Schwierige und Herausfordernde für die Moderation ist, an das Wissen, die wahren Meinungen und Erfahrungen der Betroffenen, heranzukommen. Neben atmosphärischen und gruppendynamischen Faktoren ist dabei die Fragetechnik entscheidend. Sie ist ein Schlüsselelement bei jeder Form von Moderation.

Man sollte denken, dass Fragen zu stellen nicht der Übung bedarf. Selbst Dreijährige beherrschen dies schon so gut, dass sie ihre Eltern damit in den Wahnsinn treiben können. Die Ansprüche an die Fragetechnik in der Moderation sind allerdings deutlich höher als im Alltag. Sie sollten als Moderator:in wissen, was Sie fragen, wie Sie fragen und warum Sie diese Form der Frage genutzt haben. Fragen wirken stark steuernd. Kleinigkeiten verändern ihren Charakter und ihre Wirkung. Es geht in der Moderation um den professionellen und bewussten Umgang mit diesem Instrument. Dafür ist es hilfreich, verschiedene Fragetypen und ihre Einsatzmöglichkeiten zu kennen, um sie gezielt einsetzen zu können.

5.1.1 Verschiedene Fragetypen – verschiedene Wirkung

Als Erstes unterscheiden wir im Deutschen zwei grobe Kategorien von Fragen, nämlich offene und geschlossene Fragen.

Geschlossene Fragen

Geschlossene Fragen sind Fragen, die lediglich mit Ja oder Nein zu beantworten sind; man nennt sie auch Entscheidungs- oder E-Fragen. Sie können z. B. so formuliert sein:

- Sind Sie die Nachfolgerin von Herrn Schmidt?
- Haben Sie bereits Kontakt mit der Außenhandelskammer in Shanghai aufgenommen?
- Ist der Entwurf mit Ihrem Chef abgesprochen?
- Haben Sie Erfahrung in der Metall-Branche?

Offene Fragen

Offene Fragen nennt man auch W-Fragen, weil sie meist mit einem der W-Frage-Worte beginnen (Wer, wie, was, wieso, weshalb, warum). Sie lassen den Befragten mehr Spielraum zu antworten. Die Antworten fallen in der Regel informativer aus als bei Ja-Nein-Fragen. Die Fragen können folgendermaßen formuliert sein:

- Welche Karrieremöglichkeiten bietet Ihnen Ihr Unternehmen?
- Was hält Ihre Chefin von diesem Entwurf?
- Wie schätzen Sie seine Erfahrungen und Kontakte in der Metallbranche ein?
- Warum hat die Außenhandelskammer in Shanghai Ihnen von diesem Partner abgeraten?

Es gibt aber auch offene bzw. W-Fragen, die lediglich eine knappe Information erfragen und den anderen nicht ermuntern, viel zu reden: Wie viel Uhr ist es? Was kostet dieses Gerät? Wo ist der Treffpunkt?

Sowohl offene als auch geschlossene Fragen lassen sich weiter differenzieren. Die Untertypen haben unterschiedliche Zielrichtungen und Wirkungsweisen. Deshalb werden sie in der Moderation verschieden eingesetzt, bzw. zeitweise auch bewusst gemieden. Hier eine Übersicht.

5.1.2 Geschlossene Fragen

Wenn Sie jemanden beauftragen, sein Gegenüber zu interviewen, würde diese Person sehr wahrscheinlich überwiegend geschlossene Fragen nutzen, obwohl der Informationsgewinn oft nicht sonderlich groß ist. Viele Erwachsene bevorzugen – wahrscheinlich unbewusst – den geschlossenen Fragetypus. In der Moderation arbeiten wir hingegen vorwiegend mit offenen Fragen. Geschlossene Fragen nutzt man in der Moderation eher sparsam und wenn, dann sehr gezielt. Von den unten aufgelisteten geschlossenen Fragen ist vor allem die Bestätigungsfrage ein wichtiges Instrument in der Moderation. Viele haben dieses nicht in ihrem Repertoire an Gesprächstechniken. Doch lohnt es sich für angehende Moderator:innen, Bestätigungsfragen gezielt zu üben.

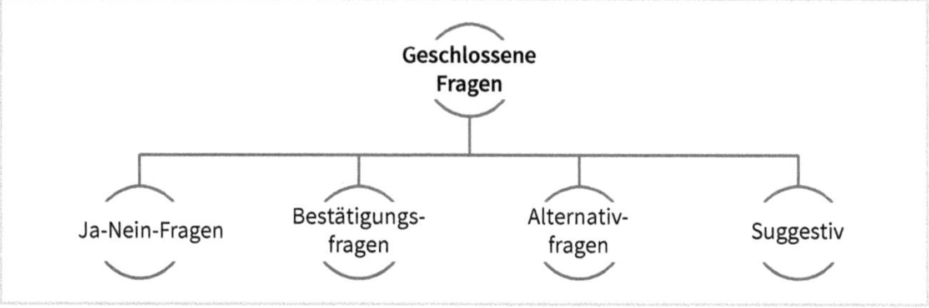

Abb. 15: Geschlossene Fragen

Ja-Nein-Fragen

Mit Ja-Nein-Fragen können Sie kurz und knapp eine Information abfragen. Sie sehen an den folgenden Beispielen, dass dieser Fragetypus nicht geeignet ist, viel von jemandem zu erfahren. Wortkarge oder nicht kooperative Menschen werden auf eine geschlossene Frage immer so knapp wie möglich antworten. Deshalb brauchen wir sie in der Moderation tatsächlich nur, um eine bestimmte Information präzise abzufragen. Die Technik ist wenig geeignet, um in einen vertieften Dialog einzusteigen, es sei denn, man möchte polarisieren, z. B. mit einer Ja-Nein-Frage zur Diskussionseröffnung: »*Sollen wir wieder Grenzkontrollen an den EU-Grenzen einführen?*«. In der Moderation von Gruppen und Gremien geht es jedoch zumeist um das Finden von Gemeinsamkeiten und Lösungen, weniger um Polarisierung. Entsprechend selten nutzen wir polarisierende Fragestellungen. Alternativ zur polarisierenden Ja-Nein-Frage und zudem typischer für einen moderierten Lösungsprozess wäre die Formulierung einer offenen Frage, die mehr als zwei Lösungsmöglichkeiten zulässt, z. B. »*Wie können wir die Zuwanderung von Flüchtlingen an den EU-Außengrenzen regulieren?*« Typische Ja-Nein-Fragen in der Moderation sind:

- Ist Ihr Betrieb zertifiziert?
- Haben Sie früher bereits mal mit einer externen Moderatorin gearbeitet?
- Sind sie vorab informiert worden?
- Sind Sie mit diesem Vorgehen einverstanden?

Alternativfragen

Mit Alternativfragen geben Sie zwei Möglichkeiten vor. Sie schränken damit den Freiraum der Entscheidungsmöglichkeiten deutlich ein. Tee oder Kaffee? Das schließt Kakao, Bier oder Bionade aus. Bei der Diskussion inhaltlicher Fragen kann diese Reduktion ein Zwischenschritt sein. Aus der Fülle von Vorschlägen wählen Sie zwei Favoriten aus, die genauer geprüft werden und zur Grundlage einer Entscheidung werden.

Bei Themen, die die Organisation der Arbeit im Meeting betreffen, zum Beispiel die banale Frage, ob man jetzt oder später Pause machen will, sollten Sie als Moderator:in Alternativfragen möglichst meiden. Wenn Sie Pech haben wird die Gruppe die nächsten fünf Minuten nur über diese Pausenfrage diskutieren und vielleicht noch nicht einmal zu einer Einigung kommen. Alternative für Sie in einer solchen Situation: Statt zu fragen und zwei Möglichkeiten anzubieten, schlagen Sie einen Weg vor. Statt: »*Wollen Sie lieber jetzt Pause machen oder später?*« sagen Sie: »*Ich schlage vor, wir machen jetzt eine kurze Pause und bearbeiten dann frisch gestärkt um 14.15 den Punkt X.*« Sie kommen auf diese Weise schneller zu einer Klärung organisatorischer Fragen und können sich mit der Gruppe auf die inhaltlich wesentlichen Fragen konzentrieren. Typische Alternativfragen in der Moderation sind:

- Wollen Sie hier im Raum bleiben oder nach draußen wechseln?
- Genügt Ihnen das Protokoll als Fotoprotokoll oder soll unser Praktikant das noch einmal abtippen?
- Möchten Sie externe Hilfe in Anspruch nehmen oder denken Sie, Ihre Abteilung kann das aus eigener Kraft stemmen?

Suggestivfragen

Suggestivfragen legen eine bestimmte Antwort nahe. Sie sind so gestellt, dass dem anderen fast nur diese Antwort übrig bleibt. Wenn Sie sicher sind, dass der andere dies so sieht, können Sie sie guten Gewissens benutzen. Als Manipulationsmittel, latente Drohung oder Unterstellung genutzt, verschlechtern sie die Beziehung und das Gesprächsklimas. In der klassischen Moderation werden möglichst keine Suggestiv-Fragen genutzt. Sie gefährden mir ihrem Manipulationspotenzial die Beziehung zur Gruppe bzw. zu Einzelnen. Glaubwürdigkeit und Fairness sind aber wichtiges Kapital für Sie in der Moderatorenrolle. Das sollten Sie nicht durch suggestive Techniken leichtfertig aufs Spiel setzen. Beispiele für Suggestivfragen sind:

- Sie wollen doch sicherlich auch, dass man Ihr Logo auf Anhieb wiedererkennt, nicht wahr?
  Kommentar: Der gefragten Person wird eine bestimmte Antwort nahegelegt; das nennt man suggestiv.
- Wollen Sie etwa die Frauenquote einführen?
  Kommentar: Das Wörtchen »etwa« hat drohenden Charakter. Bei dieser Frage will der Frager ein Nein hören oder eine Korrektur des vorher Gesagten.
- Finden Sie nicht, dass Sie bisher ziemlich unprofessionell gearbeitet haben?
  Kommentar: Diese Frage erwartet eine Bestätigung oder Verteidigung als Antwort, hat verletzenden Charakter und beinhaltet eine Unterstellung. Sie ist sicher dem weiteren Verlauf des Gesprächs eher abträglich.

Bestätigungsfragen

Bestätigungsfragen sind eine Form von Paraphrase (siehe Kapitel 5.2). Mit dieser Fragetechnik können Sie überprüfen, ob Sie den Sachverhalt oder die Anliegen einer Person oder Gruppe richtig verstanden haben. Im Gegensatz zur Suggestivfrage erwartet man nicht eine bestimmte Antwort. Ja oder Nein – beides ist möglich. Typische Bestätigungsfragen oder Paraphrasierungen in einer Moderation lauten:

- Habe ich Sie richtig verstanden? Unter diesen Bedingungen plädieren Sie für eine Abschaffung der Prämie?
- O.k., Sie erwarten also eher nicht, dass er sich wieder meldet?
- Das hört sich für mich so an, als käme ein Kauf für Sie eher nicht infrage?
- Sandra schlägt vor, die Karte zum Cluster Controlling zu ordnen. Passt das für Sie?

Es gibt außer der Informationsfrage (siehe Kapitel 5.1.3) kaum einen Fragetypus, den man in der Moderation so häufig braucht wie die Bestätigungsfrage. Sie ist das Mittel schlechthin, um bei der Gruppe oder Einzelnen Einverständnis abzufragen. Das Einverständnis bei verschiedenen Zwischenschritten ist nötig, um später breit getragene, konsensbasierte Entscheidungen treffen zu können. Mit der Bestätigungsfrage prüfen Sie, ob Sie einen Sachverhalt, ein Gefühl, einen Vorschlag, eine Tendenz in der Gruppe o. ä. richtig erfasst haben. Nur wenn Sie als Moderator:in die Gruppe, die Einzelnen und den Prozess verstehen, können Sie angemessen moderieren. Dieses Verständnis überprüfen Sie mit Bestätigungsfragen. Sie brauchen diese aber auch, um zu prüfen oder sicherzustellen, dass ein Vorschlag bzw. Vorgehen das Einverständnis der Gruppe erhält, z. B. auch bei der Bearbeitung von Karten bei Karten-Abfragen oder der Visualisierung bzw. Protokollierung von Sachverhalten.

Das Wort Bestätigung schließt ein Nein als Möglichkeit mit ein. Es steht der Gruppe oder Einzelnen frei, die Frage zu verneinen und zu sagen, »*Ich würde die Karte nicht zu Controlling hängen. Für mich ist die Dokumentation ein eigener Punkt.*«

Mit Bestätigungsfragen zwingen Sie die Gruppe oder Einzelne, zu einem Punkt Stellung zu beziehen und zu klären, ob sie zustimmen können oder nicht. Oft reicht bei Zustimmung nonverbale Kommunikation, also Blickkontakt und Nicken, um Einvernehmen herzustellen. Kritische Blicke, Kopfschütteln, reserviertes Nicht-Reagieren oder andere Zeichen von Missbilligung können Sie als Nein werten. Fragen Sie dann nach: »*Sie scheinen nicht ganz einverstanden oder zumindest nicht zufrieden zu sein, Frau Erdogu, was denken Sie? Was schlagen Sie vor?*«

5.1.3 Offene Fragen

Offene Fragen sind das Hauptwerkzeug in der Moderation. Kaum eine Moderationsmethode kommt ohne die Formulierung einer oder mehrerer offener Fragen aus. Mit dieser Technik entlocken wir den Teilnehmenden Meinungsäußerungen, Vorschläge, Ideen, Erfahrungen, Problemformulierungen, Alternativen, Argumente, Erläuterungen etc.

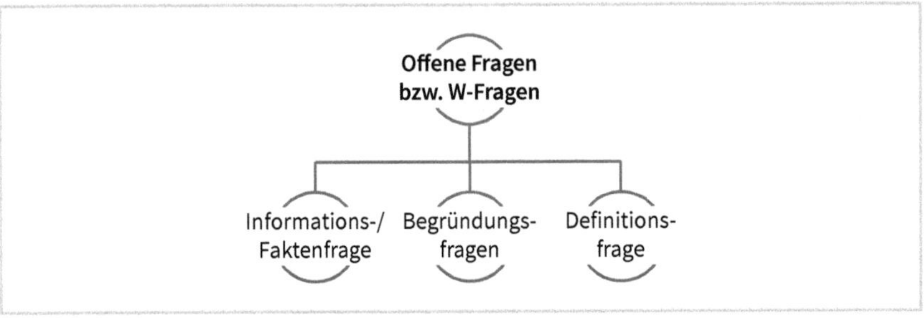

Abb. 16: Offene Fragen

Informations- oder Faktenfrage

Informationsfragen sind ein Standardinstrument in der Moderation. Die meisten visuellen Abfragen (Karten-/Ein-Punkt- und Zurufabfragen, Mindmap etc.) werden mit einer Informationsfrage eingeleitet. Viele Dialoge zwischen Moderator:in und Teilnehmenden werden durch eine Informationsfrage initiiert. Sie fragen damit ab, was andere wissen, wie sie etwas einschätzen, was sie wollen, was sie vorschlagen, kritisch sehen oder befürworten etc. Mit Informationsfragen erkunden Sie die unterschiedlichen Perspektiven der Beteiligten. Für die Moderation typische Formulierungen der Informations- und Faktenfrage sind:

- Welche Erfahrungen haben Sie mit der Einführung des Produkts X gemacht?
- Wie schätzen Sie unsere Chancen auf dem chinesischen Markt ein?
- Wo sehen Sie Vor-, wo Nachteile bei dieser Lösung?
- Wie zufrieden sind Sie mit der jetzigen Raumaufteilung?
- Was müssen wir bei der Umsetzung des Plans berücksichtigen?
- Was hältst du/haltet ihr davon?

Begründungsfrage

Hier fragen Sie nach Gründen, Argumenten. Sie wollen Antwort auf die Fragen »Wieso?«, »Weshalb?«, »Warum?«. Mit diesem Fragetypus können Sie testen, wie fundiert Behauptungen und Vorschläge sind. Sie können Sachverhalte auf ihre Plausibilität hin überprüfen und verstehen, wie Ihr Gegenüber zu seiner Sichtweise gekommen ist. Als Moderator:in nutzen Sie Begründungsfragen immer, wenn Menschen etwas behaupten ohne Argumente dazu zu liefern. In solchen Fällen sollten Sie gezielt nachfragen. Tun Sie dies nicht kritisch, sondern freundlich, interessiert, um Verstehen bemüht, möglichst, bevor andere Personen ins Contra gehen. Für eine sachorientierte Auseinandersetzung ist es wichtig, die Motive und Argumente der Beteiligten zu verstehen. Deshalb lassen wir in der Moderation Behauptungen nicht einfach ohne Begründungen stehen, sondern versuchen mit Begründungsfragen Motive und Argumente für alle deutlich werden zu lassen. Typische Formulierungen für die Begründungsfrage in der Moderation sind:

- Sie schlagen vor, die Einrichtung sollte für die Betreuung der Patienten eine Freizeitpädagogin einstellen. Warum eine Freizeitpädagogin? (Begründungsfrage), alternativ:
  Was versprechen Sie sich von der Einstellung einer Pädagogin? (Informationsfrage)
- Wieso halten Sie Herrn Schulz für nicht geeignet für diese Aufgabe?
- Welche Gründe sprechen Ihres Erachtens für diesen Vorschlag?
- Frau Schmidt, Sie meinten, das könnte in Ihrem Fachbereich problematisch werden. Warum? (Begründungsfrage), alternativ:
  Was befürchten Sie genau? (Informationsfrage)

Weil vertieftes Nachfragen leicht als Zweifel oder Kritik verstanden werden kann, ist wichtig, dass Sie auf Ihren Tonfall und Ihre Mimik achten. Es sollten keine Schärfe und keine Zweifel hör- oder sichtbar sein. Allein Interesse zu verstehen sollte Ihre Motivation des Fragens sein und möglichst auch als solche wahrgenommen werden.

Verständnis- oder Definitionsfrage
Häufig werden in Gesprächen Begriffe verwendet, bei denen wir davon ausgehen, dass alle das Gleiche darunter verstehen. Nicht immer ist dies der Fall. Manche Menschen drücken sich extra etwas schwammig aus, weil sie mit ihrer Aussage vage bleiben möchten. Auch wenn Personen Fachworte benutzen, bei denen Sie davon ausgehen können, dass nicht alle Anwesenden verstehen, was damit gemeint ist, ist die Definitionsfrage das Mittel der Wahl. Gleich ob jemand aus taktischen Gründen absichtlich oder unbeabsichtigt unklar bleibt, sollten Sie als Moderator:in gezielt nachfragen und so eine gemeinsame Basis des Verstehens absichern. Typische Formulierungen für die Definitionsfrage sind:
- Was heißt für Sie zu teuer? Wann würden Sie sagen, ja, das ist angemessen?
- Was bedeutet »Wechsel der Vergünstigungsart«?
- Sie sprachen von Motivationslack. Wie kann ich mir das konkret vorstellen?
- Ich verstehe nicht ganz, was mit »selektive Authentizität« gemeint ist … (Aussage als Alternative zur Frage, aber mit ähnlichem Effekt, nämlich der Bitte um weitere Erläuterung)

5.1.4 Die Feinheiten der Moderations-Fragetechnik

Fragen haben potenziell einen prüfenden, kontrollierenden, für den Befragten stressenden Charakter. Man kennt sie von Prüfungen, Gerichten, vorwurfsvollen Gesprächen (« *Warum hat Du denn nicht* …«). Im Alltag ist der Fragende häufig in der hierarchisch höheren Position. Fragen haben auch deshalb etwas Bedrohliches, weil der Befragte sich gegebenenfalls als Unwissender in einem Thema outen muss. Wollen Sie als Moderator:in die Meinung und das Wissen der Beteiligten herausfinden, müssen Sie den stressenden Faktor von Fragen möglichst gering halten. Dies bedingt eine grundsätzlich andere Haltung gegenüber den Befragten. Im Folgenden ein paar Hinweise, was Sie tun können, um den Stress für die Befragten zu verringern und Ihre Moderationstechnik zu professionalisieren:

Neugierige/interessierte Haltung einnehmen: Öffnen Sie sich für die Sichtweise der/des Anderen und versuchen Sie, sich möglichst wertungsfrei und interessiert mit deren Sicht des Themas auseinanderzusetzen. Konzentrieren Sie sich in dem Moment ganz auf die befragte Person.

Nehmen Sie Blickkontakt auf: Wohlwollender Blickkontakt gibt Befragten Sicherheit. Es hilft ihnen, sich zu sammeln, sich zu trauen, zu sagen, was sie denken. Oppositionelle und aufgebrachte Personen kann diese nonverbale Form der Zuwendung durch den Moderator besänftigen und kooperativer machen.

Fragen Sie nach, wenn Sie etwas nicht verstehen: Sie möchten Ihr Gegenüber verstehen, damit sein Wissen mit in den Arbeitsprozess einfließen kann. Fragen Sie nach, wenn Sie etwas nicht verstanden haben, aber so, dass Ihr Gegenüber sich durch Formulierung und Tonfall der Frage möglichst nicht angegriffen fühlt. Solch ein »sanftes« Nachfragen können Sie z.B. folgendermaßen formulieren: »*Sie sagten, Sie möchten mit der Umsetzung noch etwas warten. Mir ist noch nicht ganz klar geworden, warum Sie für eine Verzögerung plädieren?*«

»**Polstern**« **Sie Fragen:** Oft haben Fragen einen aufdringlichen Charakter. Wenn Sie Fragen ein bis zwei Sätze voranstellen, können diese als Polster wirken. Sie nehmen der Frage die Spitze. Geeignet dafür sind kurze Paraphrasen (siehe Kapitel 5.2), das Einbringen einer Information oder eines Verständnis signalisierenden Satzes. Wie das gelingen kann, zeigen die folgenden drei Beispiele.

Paraphrase als Polster: »*Sie haben eben erwähnt, dass er sich die ganze Zeit nicht gemeldet hat. Was denken Sie, warum hat er das nicht getan?*«

Information als Polster: »*In der Zeitung war ja in letzter Zeit viel zur Quote von Frauen in Aufsichtsräten zu lesen. Wie sieht denn der Frauenanteil in Führungspositionen in Ihrem Unternehmen aus?*«

Verständnis signalisierender Satz als Polster: »*Ich verstehe Ihre grundsätzlichen Bedenken in Bezug auf die Quote. Was wäre denn Ihr Ansatz? Was würden Sie vorschlagen, um Männern wie Frauen gleiche Möglichkeiten für Karriere im Unternehmen einzuräumen?*« (Wichtig: Verständnis heißt nicht Zustimmung, sondern lediglich, dass man die Argumentation verstehen kann.)

Senden Sie Zuhörsignale: Wenn Sie jemandem intensiv zuhören, nicken Sie vermutlich unwillkürlich. Manche fühlen sich als Moderator:in gestresst – gerade auch, wenn das Gesagte ihnen problematisch erscheint – und vergessen in dieser Anspannung Zuhörsignale zu zeigen. Gewöhnen Sie sich an, den Sprechenden aufmerksam zuzuhören und entsprechende Zuhörsignale durch Blickkontakt, »hm«-Geräusche und Nicken zu geben. Nicken bedeutet nicht, dass Sie mit dem Inhalt einverstanden sind. Es signalisiert nur, »Ich höre zu, ich bemühe mich um Verstehen, ich arbeite an dem, was Sie mir präsentieren«. Diese Signale geben den Sprechenden Sicherheit und ermutigen sie, das zu sagen, was sie denken. Bei aufgebrachten und aggressiven Menschen wirkt eine zugewandte, aufmerksame Zuhörtechnik häufig deeskalierend.

Versachlichen Sie zu emotionale oder aggressive Beiträge: Gerade in konfliktbeladenen Situationen treffen manche Teilnehmende nicht den rechten Ton. Statt sie zu reglementieren, können Sie Druck aus der Situation nehmen, indem Sie ruhig, sachlich und verständnisvoll paraphrasieren und dann die Frage anschließen.

Teilnehmender Herr Schmidt mit lauter Stimme und erbost: *»Das ist doch absoluter Quatsch, das haben wir schon 1000mal probiert und nie hat es geklappt. Dafür gebe ich meine Leute nicht her.«*

Versachlichende Paraphrase in Kombination mit einer Informationsfrage: *»O.k., Herr Schmidt, Sie halten das nicht für sinnvoll, weil Sie bereits Erfahrungen mit einem solchen Vorgehen gesammelt haben. Und in der Vergangenheit hat das mehrere Male nicht funktioniert. Was genau wurde damals gemacht und was hat nicht geklappt?«*

Werten Sie nicht: Wenn jemand auf eine Frage antwortet, neigt man dazu, etwas zu erwidern, z.B. »Super«, »tolle Idee«, »na ja, ich bin mir nicht sicher, ob das so passt«, »interessant«. Egal, was Sie sagen, Sie beziehen damit Position, ermutigen oder zeigen Distanz oder Skepsis. Deshalb gilt generell für Moderator:innen: Beiträge werden nicht bewertet. Wenn Sie den Reflex verspüren, etwas von sich zu geben, sagen Sie freundlich »hm«, »ja« oder »Okay«. Dies sind Signale, die ausdrücken, dass man den Inhalt aufgenommen hat. Vermeiden Sie Wertungen jeglicher Art, auch positive.

Beherrschen Sie Ihren Gesichtsausdruck: Manchen Moderator:innen sieht man an, wie sie einen Beitrag finden. Entweder vereist ihr Gesicht, weil ihnen der Beitrag nicht gefällt oder sie angegriffen werden. In anderen Fällen wirken sie euphorisiert, weil die Person sagt, was sie sich heimlich erhofft haben. Dies ist dann ebenfalls eine Wertung mit nonverbalen Mitteln. Bleiben Sie interessiert, zugewandt, aber gleichmütig, unabhängig davon, ob Ihnen der Beitrag gefällt oder nicht, ob jemand zu Ihnen nett oder weniger nett ist. Ihre Autorität als Moderator:in und Ihre Lösungskompetenz in Zusammenarbeit mit der Gruppe lebt von Ihrer Neutralität.

5.1.5 Arbeitsfragen

Fragen sind ein methodisches Mittel, um einen Arbeitsprozess in Gang zu bringen. In Verbindung mit Moderationsmethoden wie Karten- oder Zurufabfragen nennt man sie auch Arbeitsfragen. Damit solche Fragen funktionieren, hilft es, bestimmte Regeln zu beachten, die im Folgenden vorgestellt werden.

Wie Sie eine Arbeitsfrage bauen

Regel 1: Formulieren Sie einfach: Komplizierte Fragen steuern nicht und landen im Nirwana. Die folgenden Formulierungsbeispiele zeigen Ihnen, wie es nicht so gut ist, und wie Sie es besser machen:

Ungünstig: »*Wie können wir die Zusammenarbeit in unserer Abteilung unter Berücksichtigung der anstehenden Fusionierung und damit verbundenen Strukturreform verbessern?*«

Besser: Kurze mündliche Einführung (anwärmen): »*Fusionierung und Strukturreform werden unsere Arbeit verändern. Wir können diese Zeit der Veränderung nutzen, um Dinge so zu ändern, dass unsere Arbeitsbedingungen sich noch verbessern…*« Visualisierte Arbeitsfrage: »*Was können wir tun, um unsere Zusammenarbeit zu verbessern?*«

Regel 2: Visualisieren Sie Fragen: Visualisierte Fragen leiten stärker – alle sehen Schwarz auf Weiß vor sich, worauf er/sie antworten soll. Das fokussiert die Gruppe auf das Thema und bringt bessere Ergebnisse. Die Visualisierung erleichtert Ihnen als Moderator:in auch das Zurücklenken aufs Thema, wenn die Gruppe abschweift.

Regel 3: Formulieren Sie offene Fragen: Wollen Sie »Stoff«, müssen Sie offene Fragen, in der Regel Informationsfragen nutzen. Es folgt ein nicht so gelungenes Beispiel und eines, das zeigt, wie es besser geht:

Ungünstig: »*Fanden Sie das Meeting gut oder schlecht?*« (sehr einengende E-Frage)

Besser: »*Wie zufrieden sind Sie mit Verlauf und Ergebnis unseres Meetings?*«

Regel 4: Adressieren Sie Fragen persönlich: Wenn Sie Fragen persönlich formulieren, bekommen Sie subjektive Antworten statt pauschaler Weisheiten mit Allgemeingültigkeitsanspruch. Auch wenn Sie die Frage nicht persönlich formulieren, sollte auf alle Fälle die Einführung in die Frage persönlich sein, also »*Ich möchte gerne von Ihnen wissen, was Ihnen einfällt zu folgender Frage …Wie schätzen Sie … ein?*«

Abstrakt: »*Was kann man tun, um das Produkt XY besser auf dem Markt zu platzieren?*«

Persönlich: »*Welche Ideen haben Sie, um das Produkt XY besser auf dem Markt zu platzieren?*«

Persönlich formulierte Fragen sollen persönliche Statements herauslocken: z. B. »*Ich könnte mir vorstellen, dass wir …*«, »*Ich halte für wichtig, dass …*« »*Meiner Meinung nach wäre es am besten, wir …*« Diese persönliche Formulierung markiert, dass das ihre subjektive Sichtweise ist. Formulieren Sie hingegen Ihre Frage allgemein oder abstrakt, ist die Gefahr groß, dass Sie allgemeine und vereinnahmende Aussagen als Antwort bekommen, z. B. »*Wir müssen …*«, »*Es ist doch völlig klar, dass man …*«, »*Jeder weiß doch, dass …*«, »*Man muss …*«. So formulierte Antworten verkünden Wahrheiten mit dem Anspruch, dass sie für alle gelten. Diskussionen, die so geführt werden, eskalieren schnell und entmutigen weniger dominant auftretende Personen. Für den Meinungsbildungsprozess ist es immer besser, wenn die Beteiligten ihre Meinung und Sichtweise als das darstellen, was sie ist, nämlich ihre persönliche Perspektive und keine allgemein gültige Wahrheit. Deshalb gewöhnen Sie sich an, Arbeitsfragen in der Regel persönlich zu formulieren.

Regel 5: Wählen Sie das passende Format: Der Inhalt Ihrer Frage muss passgenau sein. Ist die Fragestellung zu weit oder zu allgemein, kriegen Sie zu allgemeine und wenig spezifische Antworten. Fragen Sie zu eng oder zu speziell, bekommen Sie nur eine halbe oder gar keine Antwort.

Zu allgemein formuliert: »*Was können wir tun um das Unternehmen voran zu bringen?*«

Zu eng formuliert: »*Was können wir tun, um unsere Umsatzzahlen im Segment X zu erhöhen, ohne zusätzliche Investitionen vorzunehmen oder die Vertriebsstruktur grundsätzlich zu ändern?*«

Sind so viele Einschränkungen mit der Frage verknüpft, muss das Gehirn passen. Fragen müssen möglichst barrierefrei sein, damit sie unmittelbar Ideen und Antworten auslösen können.

Regel 6: Fragen Sie zielorientiert: Überlegen Sie sich in der Vorbereitung in Gedanken, wie die Beteiligten vermutlich auf Ihre Frage antworten werden. Prüfen sie, ob Sie Ihr Ziel damit erreichen. Wenn nicht, formulieren Sie die Frage so, dass Sie die Inhalte bekommen, die Sie für die Bearbeitung des Themas brauchen.

Regel 7: Bauen Sie Brücken zu den Befragten: Fragen haben immer auch etwas Aufdringliches. Man dringt in den persönlichen Bereich der anderen ein und fordert sie auf, etwas Preis zu geben. Um Fragen die Aufdringlichkeit zu nehmen und ihren Hintergrund transparent zu machen, hat es sich bewährt, Fragen einzuführen, bzw. »anzuwärmen«. Dies betrifft sowohl Arbeitsfragen für die ganze Gruppe als auch Nachfragen an Einzelne. Wichtig ist auch hier, dass Sie die Adressaten persönlich ansprechen.

Wie Sie den nächsten Arbeitsschritt anmoderieren und die Frage einführen können, zeigt Ihnen das nächste Formulierungsbeispiel: »*Wir haben im ersten Schritt bereits viele Vorschläge und Ideen gesammelt. Nicht alle Vorschläge werden wir weiter verfolgen können, deshalb möchte ich jetzt im nächsten Schritt mit Ihnen drei Favoriten heraussuchen. Die Frage lautet* (visualisiert)*: Welche dieser Ideen halten Sie für unser Ziel besonders geeignet?*«

Regel 8: »Anwärmen« von Fragen: Oft erfolgt das Ansprechen Einzelner mit einer Frage spontan. Wie Sie das tun, um es der Person einfach zu machen, zu antworten, hängt vom Persönlichkeitstyp und der Situation ab, in der sich der Einzelne und die Gruppe befinden. Bei schüchternen und introvertierteren Personen sollten Sie der Frage immer ein bis zwei Sätze vorausschicken, damit sie einen Anknüpfungspunkt finden und sich etwas sammeln können, bevor sie antworten. Aber auch anderen Menschen hilft das »Anwärmen« einer Frage, um zu verstehen, warum Sie fragen.

Eine einzelne Person behutsam fragen: »*Frau Müller, Sie haben eben gesagt, Sie sehen die Übernahme von Herrn Schill eher skeptisch. Wo sind Ihre Bedenken?*« Oder:

»*Herr Schmidt, das klingt, als sähen Sie dem ganz optimistisch entgegen. Andere wirken da noch etwas zurückhaltender. Was gibt Ihnen diese Zuversicht?*«

Eine Gruppe nicht zu konfrontierend fragen: »*Lassen Sie uns sorgfältig sein und alle Eventualitäten mitbedenken. Wo viel Licht ist, gibt es meist auch Schatten. Wo könnten eventuell auch Nachteile sein, wenn wir uns dafür entscheiden? Was denken Sie?*«

Übersicht: Typische Arbeitsfragen für verschiedene Phasen der Moderation:	
Phase	**Arbeitsfrage**
Eingangsrunde	Was ist Ihnen hier und heute besonders wichtig?
Themensammlung	Welche Themen sollten wir Ihrer Ansicht nach heute bearbeiten?
Gewichtungsverfahren	Welches Thema ist für Ihren Arbeitsbereich besonders relevant?
Leitfrage für Karten- oder Zurufabfrage	Vermehrte Kundenbeschwerden – Welche Gründe könnte dies haben?
Sammlung auf Zuruf oder auf Karten sowie Gewichtung mit Punkten	Auf welche Leistungen könnten wir Ihrer Ansicht nach am ehesten verzichten?

Übersicht: Typische Arbeitsfragen für verschiedene Phasen der Moderation:	
Phase	**Arbeitsfrage**
Karten- oder Zurufabfrage	Welche Ideen haben sie zur Optimierung unseres Produkts XY?
Frage für Blitzlicht	Wo stehen Sie in Bezug auf unser Thema im Moment?
Abschluss Punktabfrage	Wie zufrieden sind Sie mit dem Ergebnis unserer Arbeit?
Abschluss-Blitzlicht*	Unsere Arbeit hier und heute – Wie zufrieden sind Sie mit unserer Zusammenarbeit und unseren Ergebnissen?
* Beispiele siehe Kapitel 4.1.5, 4.1.6 und 4.1.7.	

5.2 Paraphrasieren – Aussagen pointieren und zusammenfassen

Treffen lebendige, diskussionsfreudige Gruppen auf komplexe Themen, ist es eine Kunst, den Überblick zu behalten und die verschiedenen Diskussionsfäden wieder zusammenzubringen. Damit es Ihnen und der Gruppe leichter fällt, den Überblick zu behalten bzw. den berühmten roten Faden wiederzufinden, sollten Sie regelmäßig den Stand der Dinge in Ihren Worten zusammenfassen. Eine Zusammenfassung ist in der Regel eine Vereinfachung. Details fallen unter den Tisch, aber die großen Linien sind erkennbar, wie auf einer Karte, in der nicht alle Straßen- oder Ortsnamen aufgeführt werden, sondern nur die Namen der entscheidenden Routen und Orte. Eine solche Karte gibt eine Groborientierung und hilft, die Richtung zu erkennen. Welche Punkte dabei sichtbar gemacht werden sollten, hängt von der Aufgabe und dem Ziel einer Gruppe ab. Motorradfahrer brauchen eine andere Karte als Fahrradfahrerinnen oder Wanderer, wenn sie sich orientieren wollen. Gleiches gilt für die Orientierung in moderierten Veranstaltungen.

In einem Diskussions- und Lösungsfindungsprozess sind Sie als Moderator:in mit Ihren zusammenfassenden Beiträgen die immer wieder Orientierung gebende »Karte«. Welche Punkte Sie dabei herausstreichen und benennen, hängt davon ab, welche Aspekte wichtig für die Zielerreichung sind. Als Moderator:in sollten Sie wissen, wie tief Sie in welchen Aspekt einsteigen, welche Sie besser weglassen, was unbedingt noch geklärt werden sollte, bevor Sie auf die Zielgerade kommen. Ihre pointierenden und fokussierenden Zwischen-Zusammenfassungen helfen dabei.

5.2.1 Paraphrase-Technik

Paraphrase bezeichnet eine Gesprächstechnik, die man auch in Moderationen vielfältig einsetzen kann. Mit einer Paraphrase fassen Sie mit Ihren eigenen Worten zusammen, was Sie verstanden haben. Das können Beiträge einzelner Teilnehmender sein (1), das kann die Essenz eines Dialogs sein (2) oder auch die Zusammenfassung von Informationen oder Fragen eines Diskussionsabschnitts (3).

Paraphrase des Beitrags eines Teilnehmenden (1). Herr Schmidt: »*Wissen Sie, das macht doch alles keinen Sinn. Wir haben das schon zigmal probiert, hunderte Stunden mit solchen Diskussionen verbracht, nie ist was bei rausgekommen. Reine Zeitverschwendung.*«

Moderator:in: »*O.k. Sie haben bereits in Ihrer Abteilung schon viele Versuche unternommen, das Verfahren umzustellen. Und obwohl Sie viel Zeit und Mühe investiert haben, hatten Sie damit keinen Erfolg.*« Wenn er nickt, können Sie mit einer offenen Frage weiterarbeiten, z. B. »*Was genau haben Sie damals unternommen, was nicht funktioniert hat?*« Es kann aber auch sein, dass er nach der Paraphrase noch weiterredet und von sich aus Details ergänzt.

Paraphrase als Zusammenfassung eines Dialogs (2): »*Lassen Sie mich kurz zusammenfassen: Sie sind sich einig, dass Sie mit der Firma Lex nicht mehr weiter kooperieren wollen. Noch nicht klar ist das Vorgehen. Herr Schmidt, Sie schlagen vor, die jetzigen Projekte noch bis zum Ende mit der Firma abzuwickeln und die Zwischenzeit zu nutzen, neue Partner zu finden. Und Sie Frau Noll würden die Kooperation am liebsten sofort beenden, nach dem Motto Lieber ein Ende mit Schrecken als ein Schrecken ohne Ende.*«

Zusammenfassung von Informationen oder Fragen eines Diskussionsabschnitts (3): »*Dann haben wir ja die Verantwortlichkeiten geklärt: Herr Schmidt, Sie übernehmen die Projektleitung. Und Frau Noll, Sie stehen als Projektpatin zur Verfügung. Bleibt die Frage der Terminierung.*« Nach der Paraphrase könnte jetzt nahtlos ein Vorschlag zum weiteren Vorgehen folgen, z. B. »*Lassen Sie uns …*«

Wirkungsweise einer Paraphrase
Die Paraphrase hat mehr Funktionen und Wirkmöglichkeiten als die reine Wiedergabe und Zusammenfassung von Inhalten. Die wichtigsten Wirkungsweisen der Paraphrase können Sie anhand der folgenden Liste nachvollziehen.

Signal: Ich als Moderator:in setze mich mit Ihren Inhalten sachlich und neutral auseinander. Wenn Sie Beiträge von Teilnehmenden paraphrasieren, hat Ihr Gegenüber nicht das Gefühl, gegen eine Wand zu reden. Eine Paraphrase ist immer auch eine Form der Wertschätzung und des Respekts. Paraphrasen wirken deshalb beziehungsstabilisierend und -verbessernd.

Check: Habe ich richtig verstanden? Wenn Sie zusammenfassen, können Sie an der Reaktion sehen, ob Sie den anderen/die Tendenz der Gruppe richtig erfasst haben.

»Ja«, »Ja, genau«, »Richtig«, Kopfnicken etc. sind Reaktionen, die Ihre Paraphrase bestätigen. Es kann auch ein »Nein« oder »Ja, aber« kommen. Daraufhin werden die anderen Ihre Darstellung korrigieren. Mit der Paraphrase haben Sie folglich ein Korrekturinstrument für Ihr eigenes Verstehen. Allerdings müssen Sie nach einer Paraphrase immer kurz innehalten, um Bestätigung oder Korrektur abzuwarten.

Check für das Gegenüber: Wurde ich richtig verstanden? An Ihrer Paraphrase kann Ihr Gegenüber erkennen, wie seine Worte angekommen sind. Passt das so? Muss sie korrigieren? Möchte er noch etwas ergänzen? Meistens wird ergänzt, um das Gesagte noch zu bestärken oder genauer darzustellen. Gerade in konträren Diskussionen ist es wichtig, dass Sie die Beteiligten, deren Hintergründe und Argumente wirklich verstehen.

Kompliziertes einfach machen! Wenn beispielsweise IT-ler, Kaufleute, Juristen und Marketing-Expertinnen aufeinandertreffen, können Sie nicht davon ausgehen, dass sie immer die gleiche Sprache sprechen und sich verstehen. Paraphrasen können helfen, Fach-Kauderwelsch in allgemeinverständliche Sprache zu übersetzen und so das Verstehen für die ganze Gruppe zu ermöglichen. Paraphrasieren Sie in solchen Fällen das, was Sie verstanden haben, in einfacher Sprache. War es nicht korrekt, muss der Betroffene es richtig darstellen. Sie dienen mit ihren Paraphrasen in spezifischen Fachdiskussionen als Übersetzungshilfe für die Gruppe.

Schutz vor Wiederholung: Manche Menschen neigen dazu, alles mehrfach zu sagen, weil sie sonst das Gefühl haben, nicht durchzukommen. Mit einer Paraphrase, in der Sie differenziert formulieren, was der andere Ihnen vermitteln wollte, machen Sie dem Gegenüber indirekt deutlich: »Ich habe das verstanden. Du musst das jetzt nicht noch zehn Mal wiederholen.« Das wirkt in vielen Fällen beruhigend.

Fokussierung: Wenn jemand viel geredet hat, können Sie in der Paraphrase den Fokus auch auf nur einen der vielen genannten Punkte legen und dadurch dieses Thema pointieren. Dieses Vorgehen hat dann eine steuernde Wirkung. Beispiel: »*Sie hatten mehrere Aspekte genannt* (ggf. kurz nennen). *Ich möchte einen Punkt herausgreifen. Sie hatten gesagt, eine Abfindung fänden Sie in dem Fall unangemessen, weil …*«

Botschaft und/oder Gefühl zwischen den Zeilen aufdecken: Manche Menschen deuten Dinge in Worten nur an. Aber kombiniert mit ihren körpersprachlichen Signalen ergibt sich daraus trotzdem eine Botschaft, die Sie dann paraphrasieren können.

Herr Schmidt: »*Das hört sich ja alles schön an, was Sie da sagen und ist auch sicher gut gemeint. Aber, na ja, also bei uns … Ich weiß nicht!*«

Moderator:in: »*Das klingt skeptisch. Warum sollte das bei Ihnen nicht funktionieren?*«

Zeit gewinnen: In Moderationen kommt man immer wieder in schwierige Situationen, wo man noch nicht genau weiß, wie man weitermachen soll. Eine Paraphrase des vorher Gesagten oder eine Zwischenzusammenfassung ist dann ein geeignetes Mittel, Tempo aus einer Situation herauszunehmen, um Zeit für die Analyse zu bekommen. Auch wenn Sie angegriffen werden, ist eine interessierte, sachliche Paraphrase als erste Reaktion besser als Konter oder Verteidigung.

Entemotionalisieren und deeskalieren: Mit Paraphrasen können Sie emotionalen Druck aus hitzigen Redebeiträgen nehmen, indem Sie die eigentliche Aussage in Ihren Worten sachlich wiedergeben und die im erregten Ton ausgedrückte Emotion ruhig benennen. Dazu im Folgenden ein Beispiel.

Herr Schmidt (erregt): »*Jetzt reicht's aber wirklich. Erst jubeln sie uns da so ein Scheißkonzept unter, zwingen uns, diesen Mist zu machen und wenn's dann nicht klappt, sollen wir auch noch Schuld gewesen sein.*«

Mögliche Paraphrase (in ruhigem, zugewandten Ton): »*Hm, man hat Sie also gezwungen, Maßnahmen durchzuführen, die Sie von Anfang an als falsch angesehen haben und das haben Sie seinerzeit auch gesagt; und jetzt fühlen Sie sich zu Unrecht angegriffen, wenn man Sie für das Scheitern verantwortlich macht.*« In der Regel wird der Betroffene daraufhin mehr Details geben, aber ruhiger werden, weil er merkt, dass er nicht Vollgas geben muss, um mit seiner Empörung Gehör zu finden. Diese Technik können Sie auch bei Streit unter Mitgliedern der Gruppe nutzen, um den Dissens sachlich und ruhig zu klären.

Überleitung in eine offene Frage oder andere Folgetechnik: Wenn man auf den Beitrag einer Person direkt mit seinen eigenen Gedanken und Erläuterungen antwortet oder eine Frage stellt, ist das Gegenüber sich häufig nicht sicher, ob das eigene Anliegen überhaupt angekommen ist. Eine kurze Paraphrase zur Einleitung und dann eine hinterher geschobene Frage zerstreuen diese Zweifel.

Tipp

Nutzen Sie die vielfältigen Einsatzmöglichkeiten der Paraphrasierung. Richtig angewandt, ist sie ist ein äußerst effektives Mittel zur Klärung und Zusammenfassung von Inhalten, zur Stabilisierung von Beziehungen und zur Deeskalation von Konflikten.

5.2.2 Paraphrase in der Anwendung

Die Paraphrase ist eine Gesprächstechnik, die viele nicht in ihrem Standardrepertoire haben. Es lohnt sich, den Umgang mit dieser Technik zu üben, um sie in Moderationssituationen souverän einsetzen zu können. Folgende Tipps werden Ihnen helfen, die Technik nutzbringend anzuwenden:

- Versuchen Sie, möglichst »natürlich« zu bleiben. Formulieren Sie mit ganz normalen, umgangssprachlichen Worten und sprechen Sie in einem unaufgeregten, möglichst normalen Tonfall. Idealerweise erkennt man die Technik gar nicht als Technik, weil es so normal klingt.
- Verzichten Sie weitestgehend auf Floskeln wie »*Wenn ich Sie richtig verstanden habe …*« oder »*Ich habe verstanden, dass …*« Solche Formulierungen leiten zwar Paraphrasen ein, wirken aber gestelzt und künstlich. Außerdem senden sie für empfindliche Ohren die Botschaft mit, man habe sich nicht verständlich ausgedrückt und das wäre der Grund für die Paraphrase.
- Übernehmen Sie nicht die Erregung und Emotionalität desjenigen, der redet bzw. die Aufregung der Gruppe in einer hitzigen Diskussion. Bleiben Sie ruhig, gelassen, sachlich, zugewandt und interessiert in Ihrer Haltung. Ihre Ruhe und Sachlichkeit soll sich auf die Gruppe übertragen, nicht umgekehrt.
- Sie können die Paraphrase eines emotionalen Beitrags auch ergänzen, indem Sie Verständnis äußern, wenn es für Sie stimmig ist. Beispiel: »*Er hat fest zu gesagt zu kommen, ist dann aber nicht erschienen, hat aber auch nicht abgesagt. Und das ärgert Sie. Ja, das kann ich gut verstehen.*«
- Versuchen Sie nicht »perfekt« zu paraphrasieren. Sie können sich nicht alles merken, nicht alles mitkriegen. Die Zwischenzusammenfassung einer längeren Diskussion kann nicht vollständig und allumfassend sein. Fassen Sie das zusammen, was Sie erinnern und was Sie für sinnvoll halten. Sollte Wesentliches fehlen, wird die Gruppe das ergänzen.
- Gestehen Sie sich zu, auszuwählen. Wenn einer Sie mit Infos überschüttet, wählen Sie die für die Themenbearbeitung wesentlichen Aspekte aus und lassen den Rest fallen. Sollte es essenziell wichtig sein, wird der/die Betroffene sich melden.
- Häufig reicht als Paraphrase auch ein Halbsatz, oder ein Ausdruck, um Verstehen zu signalisieren. Beispiel: »*Ach so, das war alles auf Englisch.*« oder »*Ja, seltsam!*«
- Nutzen Sie Paraphrase gerade auch bei Personen, die zu verstehen Ihnen schwerfällt, die sehr anders denken oder agieren als Sie selbst, die Ihnen ggf. nicht sympathisch sind oder Ihnen gegenüber feindselig auftreten. Es ist ein die Beziehung aufbauendes und stabilisierendes Mittel.
- Wenn die Person/Gruppe redet, hören Sie nur zu. Versuchen Sie nicht schon zwischendurch zu überlegen, wie Sie das im Anschluss zusammenfassen. Das führt zu einer Überforderung. Wenn Sie zuhören, hören Sie nur zu. Wenn Sie zusammenfassen, greifen Sie auf das zurück, was Sie erinnern können. Stress und der Drang zur Perfektion machen Moderatoren nicht besser, sondern schlechter.

5.3 Steuern und intervenieren – mit wirksamen Worten

Da Sie als Moderator:in vor allem strukturierende und steuernde Aufgaben haben, bleibt es nicht aus, dass Sie an der ein oder anderen Stelle in einen laufenden Prozess eingreifen, also intervenieren müssen. Es gibt unterschiedlichste Interventionsanlässe. Wann Sie noch abwarten, wann Sie eingreifen hängt von Ihrer Einschätzung der Situation ab. Dabei spielen Ihre Gefühle, Ihre Wahrnehmung und Ihre Analyse der Gesamtsituation eine wichtige Rolle. Haben Sie als Moderator:in ein bestimmtes Gefühl, handelt es sich für Sie um eine Information aus Ihrem reichhaltigen Erfahrungsschatz. Es lohnt sich, dem Gefühl nachzugehen und zu überprüfen, auf welchen Reiz es reagiert und was Sie für eine Information daraus für die aktuelle Situation ziehen können (siehe dazu auch Kapitel 3.5.1). Gute Moderator:innen nehmen ihre Gefühle ernst und schalten ihren Verstand zur Analyse der Situation hinzu.

Beispiel

Bei der Moderation von Gruppen hat man oft zuerst ein Gefühl, z. B. (1) »Irgendetwas stimmt da nicht. Sie wirken so verschlossen.« Oder (2) »Er sagt nicht, was er wirklich denkt.« Oder (3) »So wirklich interessieren tut sie das Thema nicht.« Oder (4) »Sie reden über X, aber ich habe den Eindruck, es geht um was ganz anderes …«. Sie können diese Gefühle zu diesem Zeitpunkt nicht unbedingt belegen. Aber Ihre unbewusst abgespeicherte Erfahrung führt zu diesem zunächst vagen Gefühl. Jetzt können Sie Ihren Verstand einschalten und die Situation genauer beobachten und überprüfen, ob Ihr Gefühl Sie auf den richtigen Punkt aufmerksam gemacht hat. Wenn Sie etwas mehr Gewissheit haben, können sie daraus methodische Konsequenzen ziehen oder eine Intervention machen. Z. B. in Fall 1 und 2 mehr mit anonymen Techniken wie Punkt- und Karten-Abfrage arbeiten, die größere Offenheit auch bei Tabu-Themen ermöglichen. Bei 3 und 4 können Sie Ihren Eindruck offen ansprechen und mit einem Blitzlicht verbinden: »Ich habe den Eindruck, das Thema interessiert Sie nicht so wirklich. Ich möchte mir kurz einen Eindruck davon verschaffen, wie Sie zu der Sache stehen. Ich möchte in einem Blitzlicht ganz kurz von jedem von Ihnen hören, wie Sie zum Thema stehen. Bitte Frau Müller …«

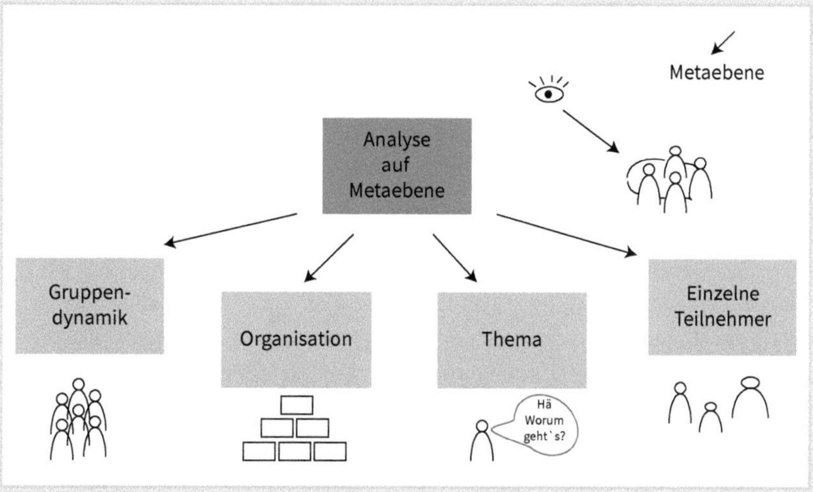

Abb. 17: Intervenieren – Analyse auf der Metaebene

Interventionen können auf verschiedenen Eben nötig sein: Das Verhalten der Gruppe oder der Gruppenmitglieder untereinander, Organisation der Arbeit im Meeting, Bearbeitung des Themas oder Verhalten Einzelner. Bevor Sie in der Moderatorenrolle intervenieren, empfiehlt es sich, die Situation in strukturierter Weise zu betrachten. Häufig merkt man, dass etwas nicht in Ordnung ist, lässt es aber zu lange laufen – vielleicht aus Angst, mit der Intervention jemandem zu nahe zu treten. Oft ist aber auch der Grund, dass man nicht weiß, wie eine wirksame Intervention[23] in der Situation aussehen könnte. Gewöhnen Sie sich folgende Schritte im Denken an:

- Wahrnehmen, was gerade ist und »unangenehme« Befunde zulassen. Da ist etwas »nicht in Ordnung«.
- Analyse auf der Meta-Ebene – Auf welcher Ebene stimmt etwas nicht? Woran könnte es liegen?
- Entscheiden: (Noch) so weiterlaufen lassen oder intervenieren?
- Wenn intervenieren, in welcher Form?
- Entscheiden und intervenieren.

Ziel einer Intervention ist es, den Arbeitsprozess zu verbessern. Es geht also nicht um Kritik, Tadel, Besserwisserei, sondern um Hilfen im Umgang miteinander, mit dem Thema und in Hinblick auf das Organisatorische. Im Folgenden nun Beispiele für steuernde Interventionen auf verschiedenen Ebenen.

23 Ein lesbares Büchlein zu wirksamen Interventionen ist Manfred Priors Band MiniMax-Interventionen: Prior, 8. Auflage 2009.

5.3.1 Arbeitsprozess: Organisatorisch intervenieren

Da die Gruppe das Privileg hat, sich auf den Inhalt zu konzentrieren, ist es Ihre Aufgabe, das Organisatorische im Blick zu haben. Das betrifft die zeitliche Planung, aber auch Pausen, Raumfragen etc.

Intervention 1: Die Zeit ist weit fortgeschritten
Können Sie die ursprünglich geplante zeitliche Regelung nicht einhalten, weil ein Thema kontroverser oder komplexer war, als zunächst vermutet, müssen Sie möglichst in Phase 3 der Moderation, also der Phase Themenbearbeitung, intervenieren. Es wäre ein Fehler, alles weiterlaufen zu lassen, um dann am Ende festzustellen, dass die Zeit nicht mehr reicht für die Phasen 4, Maßnahmenplanung, und Phase 5, Abschluss. Sie sollten dafür sorgen, dass für alle Phasen Zeit zur Verfügung steht. Kommt es zu Engpässen, sollten Sie in der Bearbeitungsphase einsparen und klären, wo und wann Sie diese Punkte nacharbeiten. So können Sie Ihre Intervention formulieren: *»Die Problematik ist doch recht komplex. Ich denke nicht, dass wir es heute schaffen werden, alle offenen Fragen befriedigend zu klären. Lassen Sie uns jetzt festlegen, welche Punkte wir heute noch bearbeiten und welche Fragen wir bei einer anderen Sitzung oder auch in einem anderen Forum besprechen. Vielleicht muss nicht bei allen Fragen die ganze Gruppe beteiligt sein. Machen Sie bitte Vorschläge, welche Punkte wir Ihrer Ansicht nach in der gegebenen Zeit hier und heute unbedingt noch behandeln sollen.«*

Intervention 2: Unterbrechung einschieben
Manchmal sind bestimmte Pausen mit dem Tagungshaus abgesprochen, manchmal sind sie sinnvoll, um die Raucher:innen bei Laune zu halten, manchmal ist es für Sie als Moderator:in wichtig, eine Auszeit zu haben oder das Thema könnte eine Unterbrechung gut gebrauchen. So können Sie Ihre Intervention formulieren:

»Ich möchte gern an dieser Stelle eine kurze Unterbrechung unserer Arbeit machen. Wir machen jetzt 10 Minuten Pause.«

»Ich möchte Ihnen ungern den Kaffee und dies Snacks des Hauses vorenthalten. Wir machen jetzt die vereinbarte Frühstückspause.«

»Ich denke, es ist mal wieder Zeit für etwas frische Luft und unsere rauchenden Kollegen sind sicherlich auch nicht böse, wenn sie ein paar Minuten draußen haben.«

»Wir haben uns bereits intensiv zum Thema X ausgetauscht. Ich denke, ein bisschen Abstand tut gut, bevor wir die zwei Lösungsmöglichkeiten genauer anschauen, die jetzt in die engere Wahl gekommen sind. Lassen sie uns 10 Minuten Pause machen.«

Intervention 3: Vertagung eines Themas erscheint angebracht
Wenn sie erkennen, dass die Voraussetzungen für die Bearbeitung eines Themenkomplexes nicht gegeben sind (wichtige Personen oder Informationen fehlen, Zeit reicht nicht, Vorarbeiten sind nötig), ist es nötig, rechtzeitig zu intervenieren. Andernfalls sitzt die Gruppe ihre Zeit ab, ohne dass ein anständiges Ergebnis erarbeitet werden kann. So können Sie Ihre Intervention formulieren: »*Wenn ich Sie richtig verstanden haben, brauchen wir für die Lösung des Problems X erst Informationen aus dem Labor, bzw. die Ergebnisse der laufenden Materialtests. Ich schlage vor, dass wir das Thema vertagen, bis uns diese Daten vorliegen. Lassen Sie uns jetzt absprechen, was wir hier und heute noch tun können, bzw. was wir berücksichtigen müssen, um die Frage beim nächsten Meeting vernünftig zum Abschluss bringen können. Der Maßnahmenplan hängt dort. Also was fällt Ihnen ein? Was sollten wir hier noch klären oder in den Maßnahmenplan aufnehmen?*«

5.3.2 Gruppenprozess: Auf Gruppenebene intervenieren

Es gibt weniges, was so viele Überraschungen bereithält, wie die Interaktion von Menschen in Gruppen. Menschen können sich gegenseitig inspirieren, beflügeln, mit guter Laune und Ideen anstecken. Sie können sich aber auch gegenseitig lähmen, bekämpfen oder ausbremsen. Gute Ergebnisse werden vorwiegend von gut kooperierenden Gruppen erarbeitet. Deshalb sollten Sie als Moderator:in ein ernstes Interesse daran haben, dass sich alle Beteiligten in der Gruppe einbringen und wohl fühlen können. Das schließt Streit und Konflikte nicht aus. Im Gegenteil. Ohne das Austragen von Konflikten, wird es keine für alle Seiten gute Lösung geben können. Es geht vielmehr darum, Unstimmigkeiten und Konflikte in einer guten Weise auszutragen und zu einem allgemein akzeptierten Ergebnis zu bringen. Das zu ermöglichen, ist auch Ihre Aufgabe als Moderator:in.

Haben Sie den Eindruck, die Dynamik der Gruppe erschwert oder verhindert die Arbeit am Thema, sollten Sie intervenieren. Anlässe dafür sind so vielfältig wie Gruppen und ihre Mitglieder. Im Folgenden gehe ich auf die häufigsten Situationen ein, bei denen eine Intervention wichtig ist.

Intervention 4: Einzelne ignorieren die Sicht der anderen Partei
In engagierten Diskussionen passiert es, dass einzelne Personen sehr damit beschäftigt sind, ihren eigenen Standpunkt zu erläutern, ohne auf das einzugehen, was andere sagen. Wenn Sie so etwas beobachten, ist es sinnvoll zu intervenieren. Eine einvernehmliche Lösung wird es nur geben, wenn die verschiedenen Parteien aufeinander eingehen. So können Sie Ihre Intervention formulieren: »*Mir fällt auf, dass Sie sehr engagiert Ihre Standpunkte vertreten, aber wenig auf die Argumente der anderen eingehen. Ich möchte sie bitten, wirklich aufmerksam zuzuhören, auch dann, wenn an-*

dere die Dinge anders sehen als Sie. Genauso aufmerksam werden wir uns auch mit Ihrer Sicht der Dinge befassen. Ich bin mir sicher, dass wir eine Lösung finden können, die beide Seiten gut tragen können, wenn wir konsequent nach Schnittmengen suchen und die verschiedenen Lösungsvorschläge optimieren.«

Methodisch sinnvoll könnte in einem solchen Fall auch die Visualisierung von Standpunkten und Argumenten sein. Die Visualisierung zwingt zur Konzentration und Auseinandersetzung mit der Perspektive der anderen und verhindert Monologe und Wiederholungen.

Intervention 5: Dominante Teilnehmende »einfangen«

Wenn Sie mit Gruppen arbeiten, werden Sie immer wieder die gleiche Beobachtung machen: Einige Personen sind sehr aktiv, andere halten sich sehr zurück oder reden im Plenum gar nicht. Das kann am unterschiedlichen Temperament und Selbstbewusstsein der Persönlichkeiten liegen. Aber auch die hierarchische Position oder das unterschiedlich ausgeprägte Interesse am Thema kann Grund dafür sein, dass manche sich mehr und andere sich wenig oder gar nicht einbringen. Da Sie als Moderator:in dafür verantwortlich sind, dass alle die Chance bekommen, zum Thema und zur Lösung beizutragen, müssen Sie zu aktive bzw. dominierende Personen etwas bremsen, möglichst ohne sie zu verletzen oder zu demotivieren. So können Sie Ihre Intervention formulieren: »*So, einige von Ihnen haben bei dem Thema ja echt Feuer gefangen. Ich möchte jetzt aber erst einmal denjenigen Raum geben, die bisher noch nicht zu Wort gekommen sind, damit auch ihre Vorstellungen und Erfahrungen in das Ergebnis einfließen können. Vielleicht können Sie selbst auch ein bisschen darauf achten, dass alle zu Wort kommen und ihre Sicht der Dinge darstellen können.«*

Methodisch sinnvoll könnte es an dieser Stelle auch sein, die Diskussion stärker zu strukturieren, z. B. eine bestimmte Reihenfolge der Beiträge festzulegen (erst Marketing, dann IT, dann Controlling oder ein Blitzlicht mit fester Reihenfolge). Oder Sie visualisieren die Thesen und sammeln gemeinsam Pro- und Contra-Argumente. Das bremst dominant auftretende Personen und gibt ruhigeren Personen mehr Beteiligungsmöglichkeit.

Intervention 6: Die Gruppe wirkt insgesamt passiv

Das passiert immer wieder mal. Dafür kann es unterschiedlichste Gründe geben: Erschöpfung, Desinteresse am Thema, versteckte Konflikte in der Gruppe oder im Unternehmen, Nicht-Akzeptanz der Moderation etc. In der Regel hilft es nicht, dass der/die Moderator:in versucht, die Passivität der Gruppe durch noch mehr eigene Energie, Aktivität oder Unterhaltung ins Gegenteil zu wenden. Eine Gruppe als Ganzes ist immer stärker als ein Einzelner. Wichtiger ist es, die Ursachen herauszufinden und dann zu überlegen, wie die Arbeit sinnvoll weitergehen kann. Das Mittel der Wahl in solch unübersichtlichen Situationen ist das Blitzlicht (siehe Kapitel 8.3.2). So können

Sie Ihre Intervention formulieren: »*Mir fällt auf, dass Sie sehr zurückhaltend sind. Ich weiß nicht genau, woran das liegt. Deswegen möchte ich mich kurz orientieren und von jedem von Ihnen wissen, wo Sie im Moment stehen. Also ein kurzes Blitzlicht: Was macht Sie so zurückhaltend. Fangen wir links an. Bitte Frau Noll …*«

Wenn Sie schon eine begründete Ahnung haben, woran es liegen könnte, können Sie auch diese zum Thema der Intervention machen. In diesem Fall können Sie Ihre Intervention folgendermaßen formulieren: »*Ich erlebe Sie als sehr zurückhaltend. Es wirkt so auf mich, als würde Sie das Thema nicht wirklich interessieren. Wie sieht's aus? Ich hätte gerne von jedem von Ihnen eine kurze Rückmeldung …*« (Blitzlicht).

5.3.3 Thema: Inhaltlich intervenieren

Viele Themen, die in beruflichen und gesellschaftlichen Kontexten diskutiert werden, sind überaus komplex. Es passiert leicht, dass die Gruppe den Überblick oder sich in Details verliert und dabei wichtige Aspekte außer Acht lässt. Die Interventionen des Moderators sollen helfen, konzentriert und strukturiert zu einem Thema zu arbeiten. Sie müssen sich also immer wieder zwischendurch eine analytische Auszeit nehmen und überlegen: Wo stehen wir jetzt? Was wurde bereits geklärt? Was fehlt noch? Wo gibt es Gemeinsamkeiten? Wo Differenzen? Was kann der nächste Schritt sein? Wie nah oder weit sind wir vom Ziel entfernt? Basierend auf Ihrer Einschätzung steuern Sie die inhaltliche Arbeit der Gruppe, indem Sie Diskussionen zusammenfassen, Vorschläge zum weiteren Vorgehen machen, einzelne Punkte fokussieren etc. Lesen Sie im Folgenden typische Beispiele, die eine thematische Intervention nötig machen.

Intervention 7: Thema zu umfassend für den Zeitrahmen
Als Moderator:in sind Sie verantwortlich für den Zeitrahmen und die Möglichkeit, Ziele zu erreichen. Wenn Sie erkennen, dass das große Ziel so nicht erreichbar ist, müssen Sie die Aufgabe auf mehrere Teilziele runterbrechen und das Thema mit der Gruppe entsprechend neu strukturieren. Diese Intervention könnten Sie folgendermaßen formulieren: »*Nach unserer Themensammlung und der Bearbeitung von Punkt 1, erscheint mir die ganze Sache doch so komplex, dass wir sie in einer Sitzung nicht erschöpfend behandeln können. Ich möchte jetzt mit Ihnen zusammen überlegen, welche Punkte wir hier und heute sinnvollerweise besprechen oder auch lösen können und was wir mit den anderen Punkten machen, die wir hier heute nicht endgültig lösen können. Schauen Sie noch einmal auf unsere Themensammlung und machen Sie Vorschläge für eine sinnvolle Aufteilung des Themas unter den beiden Titeln »hier und heute« und »andere Bearbeitung«.*«

Intervention 8: Thema fokussieren und lenken
Als Moderator:in werden Sie sehr aufmerksam zuhören, was die Gruppe bespricht und wo sie mit der Diskussion steht. Ab und an sollten Sie die Diskussion zusammenfassen

und den Ist-Zustand der Diskussion auf den Punkt bringen. Je nachdem lenken Sie das Thema dann in eine Richtung, die bisher »unterbelichtet« war oder greifen einen Aspekt heraus, um den Fokus darauf zu richten. Ihre Intervention können Sie z. B. auf diese Art und Weise formulieren: »*So, lassen Sie mich mal zusammenfassen. Wir haben bisher die Vorteile der Anschaffung einer neuen Maschine diskutiert. Dabei waren Sie sich in vielen Punkten weitgehend einig. Lassen Sie uns in einem weiteren Schritt nun schauen, welche Probleme mit dem Ankauf verbunden sein könnten. Bevor wir eine Entscheidung über eine so weitreichende Investition treffen, halte ich es für sinnvoll, wirklich alle Aspekte zu prüfen.*«

Intervention 9: Gemeinsamkeiten herausarbeiten

Manchmal verlieren die Beteiligten den Überblick, wie viel sie bereits geklärt haben, bzw. in welchen Bereichen sie bereits übereinstimmen, weil sie sich zu sehr auf das Strittige fokussieren. Die Moderatorin kann da durch eine gezielte Intervention konstruktiv wirken: »*Ich möchte an dieser Stelle zusammenfassen, wo ich bereits Übereinstimmung sehe: Sie favorisieren alle eine Neuanschaffung. Sie sind sich auch einig, dass in erster Linie ein Modell infrage kommt, das … Die Frage, die wir noch klären müssen, ist …*«

Intervention 10: Wenn die Gruppe abschweift

Es ist völlig normal, dass der Gruppe in hitzigen Diskussionen der Überblick verloren geht, und sie aus den Augen verliert, wie relevant oder nebensächlich eine gerade diskutierte Frage ist. Sie beißt sich an einem Nebenthema oder an Details fest, schweift auf andere Themen ab, und der rote Faden geht verloren. Klar ist, dass Sie in solchen Fällen intervenieren müssen, um die Diskussion wieder auf das eigentliche Ziel auszurichten. Im Folgenden drei Beispiele, wie Sie in solchen Situationen vorgehen können: »*Wir haben jetzt sehr ausführlich einzelne Werte der Laborergebnisse diskutiert. Ich möchte gerne zurück zu unserer Ausgangsfrage kommen, nämlich …*« (Leitfrage wiederholen oder andere offene Frage als Impuls geben, um vorwärts zu kommen)

»*Ich merke, das Thema ist sehr komplex. Es gibt Diskussionsbedarf auf ganz vielen Ebenen. Ich möchte mit Ihnen jetzt erst einmal die Rahmendaten klären, bevor wir in die Details einsteigen …*« (Dann Vorschlag zum weiteren Vorgehen)

»*Herr Schmidt, Sie sprechen die Frage der Finanzierung an. Ich möchte an dieser Stelle erst die Frage der Zuständigkeiten zu Ende klären. Die Finanzierung ist aber natürlich auch wichtig. Ich nehme den Punkt in den Themenspeicher auf, dann können wir uns diese Frage nachher noch mal genauer anschauen.*« (Fragen- und Themenspeicher siehe Kapitel 8.3.9)

5.3.4 Personen: Auf persönlicher Ebene intervenieren

Oft sind es einzelne Personen, die dem Moderator oder der Gruppe das Leben schwer machen. Nicht immer ist ihnen bewusst, dass sie mit ihrem Verhalten andere stören oder beeinträchtigen. Manchmal machen sie es absichtlich, um andere einzuschüchtern und ihre Interessen durchzudrücken. Egal, was dahintersteckt: Wenn einzelne Teilnehmende die gemeinsame Arbeit durch ihr Verhalten beeinträchtigen, müssen Sie intervenieren. Dabei geht es nicht darum, sie zu tadeln. Ihr Ziel als Moderator:in ist es allein, das die anderen oder die Arbeit beeinträchtigende Verhalten zu stoppen. Manchmal müssen Sie die Person dafür im Plenum ansprechen, z. B. wenn sie sich respektlos gegenüber anderen verhält. Manchmal ist es jedoch effektiver und auch für den Betroffenen schonender, wenn dies in einer Pause geschieht. Sie sind als Moderator:in dafür verantwortlich, was in dieser Gruppe geschieht. Ihre Aufgabe ist es auch, Einzelne oder die Gruppe zu schützen.

Intervention 11: Eine Person redet viel und häufig
Viel-Redner können eine Gruppe belasten. Manche schalten schon ab, sobald einer das Wort erhebt, weil sie wissen, das wird wieder sehr, sehr lange dauern. Zum Schutz der Person, die gerne viel und/oder lange redet sowie zum Schutz der Gruppe sollten Sie in solchen Fällen intervenieren. In der Gruppe könnten Sie Ihre Intervention auf diese Weise formulieren: »*Herr Meier, ich merke, das Thema ist Ihnen sehr wichtig. Grundsätzlich plädieren Sie für … (kurze Paraphrase, damit er merkt, dass seine Botschaft angekommen ist.). Das habe ich verstanden. Jetzt muss ich als Moderatorin erst einmal dafür sorgen, dass auch die Sichtweisen der anderen hier zur Sprache kommen, damit ich ein Gesamtbild von der Sache bekomme. Deswegen möchte ich jetzt erst einmal die anderen hören.*« (Dann abwenden und das Wort jemand anderem erteilen).

In Gruppen, in denen dies häufiger passiert, könnten Sie auch eine Regel vereinbaren, die lautet »Fass Dich kurz!«

Wenn jemand nicht nur bei einem Thema, sondern grundsätzlich viel redet, könnten Sie ihn in der Pause darauf ansprechen. Das ließe sich folgendermaßen formulieren: »*Herr Schmidt, mir ist aufgefallen, dass Sie sich immer sehr aktiv einbringen. Das hilft mir zu verstehen, wo Sie stehen und was Sie denken. Ich habe aber den Eindruck, dass andere sich dann sehr zurückhalten, wenn Sie so aktiv sind. Vielleicht kommen sie auch einfach nicht dazwischen. Vielleicht können Sie einfach ein bisschen mit darauf achten, dass die anderen auch zu Wort kommen und Sie da nicht zu viel Raum einnehmen. Ihre Sicht der Dinge wird auf alle Fälle auch Gehör finden. Das ist ja mein Job, da den Überblick zu behalten, dafür bin ich da.*«

Wenn Sie wegen eines störenden Verhaltens intervenieren, bleiben Sie in den ersten ein bis zwei Vorfällen der Person gegenüber wohlwollend und freundlich. Härter werden können Sie jederzeit. Z. B. »*Herr Müller, ich habe Sie mehrmals gebeten, Frau Noll ausreden zu lassen. Ich bestehe darauf. Jetzt hat Frau Noll das Wort und nur sie.*« Ggf. ergänzen: »*Wenn es Ihnen nicht möglich ist, den anderen zuzuhören, brechen wir die Diskussion hier ab und klären das auf anderer Ebene.*« Sie müssen dann die Sitzung aber auch konsequent abbrechen, wenn er sich nicht daran hält.

Intervention 12: Eine Person signalisiert nonverbal Unzufriedenheit
Wenn eine Person in der Gruppe das Gesicht verzieht, grinst, seufzt oder stöhnt, abwinkende Handbewegungen oder sonst etwas in diese Richtung macht, werte ich das als kommunikativen Beitrag, auch wenn er nur nonverbal ist. Diese Gesten haben Einfluss auf das Geschehen, deshalb sollten Sie reagieren. Auf solche nonverbalen Äußerungen können Sie beispielsweise sagen: »*Frau Noll, Sie schütteln den Kopf. So ganz zufrieden scheinen Sie mit dem Vorschlag nicht zu sein …*«

»*Herr Schmidt, Sie stöhnen. Versuchen Sie doch mal Worte für Ihr Gefühl oder Ihre Gedanken zu finden.*«

»*Herr Teiner, ich verstehe Ihre Geste so, dass Sie anderer Meinung als Frau Santos sind. Differenzen in der Meinung sind für unsere Diskussion wichtig. Bitte sagen Sie, was Sie denken, wo Sie übereinstimmen, was Sie ggf. anders sehen.*«

Intervention 13: Wenn sich ein Alpha-Typ in den Vordergrund drängt
Als Moderator:in jemanden in die Schranken zu weisen, der hierarchisch über einem steht, ist schwierig und – je nach Unternehmenskultur und Charakter des Vorgesetzten – auch riskant. Dies ist der Grund, warum man für Settings, in denen viele Alpha-Typen aufeinandertreffen, z. B. bei Strategietagungen, die Moderation gerne an Externe vergibt. Diese sind nicht nur inhaltlich unabhängig, sondern auch innerhalb der Organisation nicht erpressbar oder zu bestrafen. In der Moderatorenrolle können Sie es trotzdem nicht zulassen, dass Alpha-Typen das Geschehen dominieren. Sie müssen einen Weg finden, eine geordnete Diskussion von Inhalten zu ermöglichen, auch wenn Sie nur bedingt die Möglichkeit haben, die Alpha-Typen zu reglementieren. Wichtig sind hier auch körpersprachliche Signale, die dem Anderen deutlich machen, dass Sie die Leitung haben (siehe Kapitel 5.6.2). Bei inhaltlichen Fragen intervenieren Sie genauso wie bei anderen Personen auch, vom Stil höflich, freundlich, zugewandt, warm, aber auch bestimmt und begründet. Die Macht von Alpha-Typen durch egalisierende Methoden (siehe Kapitel 8.1) und/oder durch Interventionen einzudämmen, ist auch wichtig, um einem typischen Denkfehler entgegenzuwirken, dem sogenannten Authority Bias. Danach wird in der Hierarchie höher gestellten unbewusst mehr Kompetenz und Wahrhaftigkeit unterstellt als anderen: »Na ja, wenn er das so sieht, wird da schon was dran sein.« Rolf Dobelli empfiehlt Autoritäten gegenüber Respektlosigkeit, um nicht in diese Falle zu tappen.[24]

24 Dobelli, 2014, S. 37 f.

Wenn es hart auf hart kommt, müssen Sie entscheiden, ob Sie den Konflikt austragen wollen und können oder der Globe (siehe Kapitel 3.3.1.4) Ihres Unternehmens ein Nachgeben erfordert, wenn Sie Ihren Job nicht riskieren wollen. Diese Entscheidung kann Ihnen keiner abnehmen. Wenn Ihnen ein Alpha-Typ allerdings mehrmals das Heft aus der Hand genommen hat, müssen Sie überlegen, ob es zukünftig noch sinnvoll ist, dass Sie die Moderation übernehmen. Das könnten Sie im Gespräch mit Ihren Vorgesetzten und/oder dem Alpha-Typen klären. Ohne respektierte Autorität können Sie nicht moderieren. Lesen Sie im Folgenden zwei Beispiele für eine Intervention – zur besseren Verständlichkeit als Dialog formuliert.

Alpha-Typ: »*Ach, lassen wir das. Das ist nicht so wichtig. Lassen Sie uns über die Finanzierung sprechen.*«

Moderator:in (freundlich und bestimmt): »*Ja, die Finanzierung ist ein wichtiges Thema, für das wir uns genügend Zeit nehmen müssen. Bevor wir da tiefer einsteigen, möchte ich allerdings erst klären, … Das ist für meine Arbeit wichtig, weil …*«

Alpha-Typ: »*Das ist keine Option für uns, das machen wir nicht.*«

Moderator:in: »*Bevor wir eine endgültige Entscheidung in der Frage treffen, möchte ich noch die Kollegen von der IT und der Personalabteilung um ihre Einschätzung bitten. Sie haben bereits Erfahrungen mit einem ähnlichen Projekt gemacht. Mich würde interessieren, was sie dazu zu sagen haben.*«

Manche Alphas merken gar nicht, dass sie das Geschehen dominieren und beabsichtigen dies auch gar nicht. In einem persönlichen Gespräch in der Pause kann man sie meist dazu bringen, mit etwas mehr Feingefühl zu agieren. Eine Intervention könnten Sie in einem vertraulichen Gespräch mit dem Alpha-Typen auf diese Weise formulieren: »*Frau Schmidt, ich habe den Eindruck, dass die anderen sich nicht mehr trauen zu sagen, was sie denken, wenn Sie mit Ihrer Meinung sehr früh und sehr bestimmt in den Ring steigen. Schließlich sind Sie ja eine Autorität und haben viel Erfahrung. Das schüchtert manche ein. Ich fände es für unsere Arbeit geschickter, wenn wir erst die anderen ihre Sicht der Dinge darstellen lassen und Sie sich später einklinken. Schließlich brauchen wir die Leute ja mit ihrer wirklichen Meinung, damit später die Umsetzung auch klappt.*«

5.3.5 Wirkungsvoll intervenieren – zehn Tipps

Es ist Ihre Aufgabe als Moderator:in zu intervenieren. Dass die Intervention die gewünschte Wirkung hat, hängt von Ihrer Haltung, Ihrem Stil, Ihrer Wortwahl und dem Tonfall ab. Hier ein paar Hinweise für wirksame Interventionen:

- Beschreiben Sie kurz und neutral, d.h. ohne negative oder abwertende Worte, was Sie beobachten.
- Sagen Sie dabei »Ich«, wenn Sie etwas skizzieren oder vorschlagen wollen: »Mir ist aufgefallen«, »Ich möchte ...«. Vermeiden Sie allgemeine Formulierungen wie: »Man sollte ...« oder »Es ist ...« Stehen Sie zu Ihrer Einschätzung und Ihrem Vorschlag.
- Versuchen Sie, den Ist-Zustand möglichst kurz und verständlich zu beschreiben. Nutzen Sie dafür kurze Sätze und eine einfache Sprache.
- Machen Sie deutlich, warum Sie etwas vorschlagen oder fordern.
- Sprechen Sie die Gruppe bzw. die Personen direkt an (Sie, Ihnen, Ihr, Euch). Bleiben Sie den Angesprochenen gegenüber zugewandt und im Tonfall warm und freundlich, auch wenn der Inhalt eingrenzend oder reglementierend sein sollte (siehe. auch Regel 10).
- In manchen Fällen ist es sinnvoll, die Intervention mit einem methodischen Vorschlag zu verbinden, z.B. Blitzlicht (siehe Kapitel 8.3.2). Dies müssen Sie dann entschlossen anmoderieren, z.B. »*Herr Müller, bitte beginnen Sie.*«
- Vermeiden Sie eine Aussage oder ein Verhalten zu interpretieren (»*Sie haben offensichtlich kein Interesse ...*«). Wenn überhaupt, nutzen Sie ein »vielleicht« oder den Konjunktiv »*Ich könnte mir vorstellen, dass es für Sie ...*« .
- Machen Sie nur ein methodisches Angebot, keine Alternativfrage, sagen Sie: »*Ich schlage vor, wir machen eine Pause.« und nicht: »Sollen wir jetzt oder später eine Pause machen oder brauchen Sie gar keine?*«
- Vermeiden Sie beim Formulieren Ihrer Intervention persönliche Angriffe, Verletzungen, Belehrungen, Moralisieren etc. Erwachsene werden ungern belehrt, erzogen oder beleidigt. Es reicht, wenn Sie als Moderator:in ein schädigendes Verhalten stoppen.
- Sorgen Sie dafür, dass die Einzelnen möglichst immer ihr Gesicht wahren können. Bleiben Sie »in der Sache hart (im Sinne von klar und entschlossen), zu den Menschen weich.« So lautet eine Harvard-Verhandlungsregel, die auch in der Moderation als Orientierung dienen kann.[25]

5.4 Braucht eine Gruppe Regeln?

Es gibt fast keinen Bereich im gesellschaftlichen Zusammenleben, der nicht geregelt ist. In vielen Gruppen gibt es jedoch keine offen verhandelten Regeln. Das heißt aber noch lange nicht, dass es keine Regeln und Normen in diesen Gruppen gibt. Meistens haben sich in länger miteinander arbeitenden Gruppen in einem ungesteuerten Prozess informelle Regeln gebildet.

25 Fisher, Ury, & Patton, 13. Auflage 1995, S. 33. Siehe auch Fragen über den Umgang mit Menschen, S. 216 ff.

Informelle Regeln

Wer neu in ein Kollegium kommt, wundert sich manchmal, wie dort miteinander umgegangen wird. Gerade dann, wenn am vorigen Arbeitsplatz ganz anders miteinander geredet oder kooperiert wurde. Einige auf informellem Weg entstandene Regeln können aber die konstruktive Arbeit behindern. Deshalb ist es für die Moderation immer hilfreich, diese zu entdecken und ggf. neue Formen des Miteinanders einzuführen. Versteckte Regeln in Gruppen können zum Beispiel sein:

- Hier sagt man lieber nicht offen seine Meinung, um ja keinen zu verletzen.
- Wer am massivsten und lautesten auftritt, setzt sich durch.
- Zuspätkommen und früher Gehen ist nicht so schlimm. Das machen alle.
- To-do-Listen sind eine Kann-Bestimmung. Wenn ich's nicht mache, passiert nicht groß was.
- Öde Zeiten im Meeting kann man sich auch mit seinem Smartphone oder Aktenstudium vertreiben.
- Wenn man sich zu sehr engagiert, steht man gleich als Streber da. Besser ist Zurückhaltung, um es sich mit den Kolleg:innen nicht zu verderben.
- Äußerlich sind wir immer nett zueinander. Was mich stört oder ärgert, sage ich nur in privatem Kreis.

Moderieren Sie eine Gruppe, in der solche unausgesprochenen Regeln wirken, sollten Sie Ihre Beobachtung thematisieren und einen Vorschlag machen, wie Sie das Miteinanderarbeiten gerne gestalten würden. Damit das eine gewisse Verbindlichkeit erhält, ist es hilfreich, mit der Gruppe entsprechende Vereinbarungen treffen, z. B. »*Ich bitte Sie, offen zu sagen, wenn Sie etwas nicht gut finden, etwas Sie ärgert oder stört.*«

Als externe Moderatorin führe ich in mir unbekannten Gruppen zu Beginn keinen Regelkatalog ein. Wer lässt sich schon gerne unter Generalverdacht stellen und vorsorglich mit Verhaltensmaßregeln gängeln? Erst wenn ich feststelle, die Arbeitsweise der Gruppe könnte durch das Einführen der ein oder anderen Vereinbarung verbessert werden, mache ich einen entsprechenden Vorschlag. Das Einzige, was ich von Anfang an klarstelle, hat unmittelbar mit der Moderationsmethode und der Moderatorenrolle zu tun.

5.4.1 Diese Vereinbarungen sind hilfreich für die Moderation

Jede:r ist für den Erfolg (mit-)verantwortlich

Viele Menschen sind aus klassischen Situationen ihres Lebens gewöhnt, dass der Mensch vorne für alles verantwortlich ist. Entsprechend kann man sich einklinken oder auch nicht, mitmachen oder auch nicht, sich raushalten und nachher drüber meckern – man selbst ist ja nicht verantwortlich und hat auch keinen Einfluss. In der Moderation ist das grundsätzlich anders und sollte auch von Anfang an klargestellt werden. Der/die Moderator:in ist nur partiell verantwortlich – vor allem für die Struktur und die Methoden (siehe Kapitel 2 »Rolle des/der Moderators:in«). Die Anwesenden werden eingeladen, weil sie zur Problembearbeitung und Lösungsfindung gebraucht werden. Jeder ist gebeten und aufgefordert, seinen Teil an Verantwortung dafür zu tragen.

Störungen nehmen sich Vorrang

Diese Regel wurde aus der TZI-Arbeit mit Gruppen (siehe Kapitel 3.3.1) übernommen und hat sich in vielen professionellen Arbeitsprozessen mit Gruppen bewährt. Sie bedeutet: Wenn eine Person merkt, dass sie durch etwas so stark gestört oder beeinträchtigt wird, dass sie daran gehindert wird, konzentriert am Thema zu arbeiten, soll sie das kurz mitteilen. Störungen können unterschiedliche Ursache haben, wie z. B. Ärger, Desinteresse, Erschöpfung, Wunsch nach Pause, Vorbehalte, ein wichtiges Anliegen etc. Werden diese Störungen unter der Decke gehalten, wirken sie dennoch störend, weil die Betroffenen sich seltsam verhalten. Das hat Auswirkungen auf die Gruppe und beeinträchtigt die Konzentration und Motivation aller. Oft kann durch geringe Maßnahmen oder kurze Klärung Abhilfe und Besserung geschaffen werden. Manchmal hilft auch allein das Aussprechen, den Druck zu mindern. Für Sie als Moderator:in ist es hilfreich, zu wissen, was los ist, statt mutmaßen zu müssen, warum jemand sich »komisch« verhält.[26]

5.4.2 Sechs Regeln als Kommunikationshilfe

Neben Regeln, die Sie mit Ihrer Gruppe aufgrund einer bestimmten Situation vereinbaren (z. B. zum Umgang mit Smartphones o. Ä.), gibt es andere Regeln, die Sie je nach Bedarf einführen und mit der Gruppe vereinbaren können. Sie betreffen vor allem die Kommunikationskultur einer Gruppe.

Regel 1: Sprich per »ich« und nicht per »man«.[27] Diese Regel erleichtert den Austausch miteinander. Letztlich kann jede:r nur seine eigene Sichtweise, seine eigene Erfahrung und seine eigenen Wünsche formulieren. Konsequenterweise sollte man das auch sprachlich kenntlich machen. Sagen Sie also statt: »*Wir sollten …*«, »*Das Beste ist …*«, »*Es muss doch jedem klar sein, dass …*«, »*Das kann man doch nicht verantworten …*«

26 Zum Umgang mit Störungen empfehle ich den Aufsatz von Matthias Kroeger »Das sogenannte Störungspostulat« (Kroeger, 2015).

27 Diese Kommunikationshilfe stammt aus dem gruppenpädagogischen Verfahren Themenzentrierte Interaktion (TZI) von Ruth Cohn. Zum System der TZI und zu den Hilfsregeln siehe: Schneider-Landolf, Spielmann, Zitterbarth, 2009, S. 67 und 195 ff.

Besser: »*Ich fände am besten, wenn …*«, »*Ich schlage vor …*«, »*Ich habe die Befürchtung, dass …, wenn …*«, »*Das möchte ich nicht verantworten …*« bzw. »*Ich denke nicht, dass wir das verantworten können.*«

Regel 2: Fasse Dich kurz! Viel Unmut entsteht dadurch, dass einzelne Akteure gerne lang und ausführlich reden. Die Redezeit für alle zusammen ist jedoch begrenzt. Wenn Einzelne regelmäßig viel Zeit in Anspruch nehmen, kommen andere zu kurz. Außerdem geht bei langen Redebeiträgen viel Information verloren, weil viele nicht mehr genau hinhören. Beim Abschlussfeedback einer Sitzung (siehe Kapitel 4.5) kann man im Nachhinein gelegentlich reflektieren, wie gut die Umsetzung dieser Vereinbarung bereits gelungen ist. Das hilft bei der Weiterentwicklung der Fähigkeit, sich tatsächlich in seinen Aussagen auf das Wesentliche zu beschränken und evtl. noch sorgfältiger auszuwählen.

Regel 3: Es spricht immer nur eine:r zur gleichen Zeit! In temperamentvollen Gruppen und im Eifer des Gefechts gelingt das nicht immer. Doch statt eine Rednerliste einzuführen, ist es für die Kommunikationskultur einer Gruppe besser, sich anzugewöhnen, gemeinsam darauf zu achten, dass nur eine:r redet. Wenn andere gelernt haben, sich kurz zu fassen, wird das auch besser gelingen.

Regel 4: Sprich für Dich und nicht für andere. Keine:r hat es gern, wenn andere erklären, was man evtl. gemeint, gefühlt oder beabsichtigt hat. Die Kommunikation in der Gruppe wird klarer und authentischer, wenn jede:r davon redet, was er/sie selbst gesehen, gedacht, empfunden hat, will, meint oder denkt. Statt über einen anderen zu reden, wäre die bessere Lösung nachzufragen, z. B. »*Hanna, habe ich Dich richtig verstanden, Du tendierst eher dazu …*«

Regel 5: Sprich zu den Anwesenden, nicht über sie. Diese Regel knüpft an der anderen an. Versuchen Sie in der von Ihnen moderierten Gruppe eine Kultur zu entwickeln, in der die Betroffenen miteinander sprechen, gerade auch dann, wenn ein Konflikt zwischen ihnen besteht. Intervenieren Sie, wenn jemand zu Ihnen oder der Gruppe über Anwesende redet, z. B. »*Ich glaube, das betrifft Herrn Müller direkt. Sagen Sie's doch bitte ihm selbst.*«: Ein Satz wie »*Wenn Herr Müller meint, er hat es nicht nötig, uns zu informieren …*« wird die Spannung zwischen den Personen eher erhöhen.

Besser: »*Herr Müller, das hört sich für mich so an, als hielten Sie es nicht für nötig, uns zu informieren …*«

Regel 6: Begründen Sie Ihre Fragen.[28] Manche nutzen Fragen, um nichts von sich selbst zeigen zu müssen oder andere in die Enge zu treiben. Es hat sich bewährt, die Person zu bitten, kurz ihr Anliegen oder ihr Interesse hinter der Frage zu erläutern. Ohne Erläuterung haben Fragen oft einen bedrohlichen oder vorwurfsvollen Charakter wie im folgenden Beispiel: »*Frau Schäfer, wie konnten Sie denn dem Kunden X diese Auskunft geben?*«

Besser ist es, den Hintergrund der Frage deutlich zu machen: »*Frau Schäfer, es wundert mich, dass Sie dem Kunden X diese Auskunft gegeben haben. Ich dachte … Warum haben Sie das gemacht?*«

5.4.3 Essentials: Was es bei Regeln zu beachten gilt

- Regeln sollen Hilfen sein – nicht terrorisieren.
- Regeln sollen helfen, die Kommunikation zu verbessern und Verständigung zu ermöglichen. Intervenieren Sie, wenn nötig, aber nicht bei jeder Kleinigkeit.
- Bei einvernehmlich vereinbarten Regeln achtet die Gruppe oft selbst darauf, dass Regeln auch eingehalten werden. Überlegen Sie, wann und wie oft Sie als Moderator:in intervenieren. Der Inhalt steht im Mittelpunkt. Interventionen sind nur dann sinnvoll, wenn eine Regelverletzung negativen Einfluss auf den gerade laufenden Prozess hat oder Störungen sich häufen. Gerade das per »Ich« reden fällt vielen Teilnehmenden zu Beginn schwer. Es wäre nicht gut, sie in einem solchen Fall dauernd zu reglementieren.
- Regeln müssen mit der Gruppe vereinbart werden, sonst sind sie für die Betroffenen nicht verbindlich. Also diskutieren Sie Regelvorschläge und treffen Sie eine entsprechende Vereinbarung.
- Die Verinnerlichung einer besseren Kommunikationskultur braucht Zeit. Arbeiten Sie auf eine nachhaltige Entwicklung hin und lassen Sie der Gruppe Zeit zu lernen.

5.5 Visualisieren – Inhalte sichtbar machen und hervorheben

Heutzutage steht in fast jedem Besprechungsraum ein Flipchart mit Papier und Stiften. Trotz der eindrucksvollen Entwicklung technischer Medien wie PC und Smartboard verlieren die manuellen Visualisierungstechniken auf Papier nicht an Bedeutung. Im Gegenteil. Es ist zurzeit sogar ein Comeback zu verzeichnen. Der inflationäre Gebrauch von PowerPoint-Präsentationen in abgedunkelten Räumen hat dazu geführt,

28 Auch dies ist eine der Kommunikationshilfen der Themenzentrierten Interaktion von Ruth Cohn und lautet dort: »Wenn du eine Frage stellst, sage, warum du fragst und was deine Frage für dich bedeutet. Sage dich selbst aus und vermeide das Interview.« Mehr dazu in Schneider-Landolf, Spielmann, Zitterbarth, 2009, S. 195 ff.

dass viele Menschen abschalten und vor sich hindämmern, sobald der Beamer angeht und jemand mit einem gleichförmigen Singsang Folien erklärt. Das spricht nicht generell gegen den Einsatz technischer Medien, auch nicht in der Moderation. Alle visuell wirksamen Medien müssen intelligent genutzt werden, wenn sie anregend und konstruktiv sein sollen.

Aber warum überhaupt Medien nutzen, wenn man Sachverhalte klärt, Ideen und Lösungen sucht? Warum reicht es nicht einfach, die Sachen zu diskutieren, so wie vor zwanzig Jahren und früher, aber auch heute noch in vielen Meetings üblich? Was kann Visualisierung auf Papier oder am Smartboard/PC leisten, was sonst nicht auch ginge?

5.5.1 Was Sie mit Visualisierung bewirken können

Visualisierung ist viel mehr als eine Sichtbarmachung von Inhalten, an denen man gerade arbeitet. Visualisierung dient vor allem auch dazu, die Qualität der thematischen Arbeit zu verbessern, um z. B. eine Diskussion anzuregen oder sie zu strukturieren, um komplexe Themen systematisch zu bearbeiten, Denkfehler zu minimieren, transparente Entscheidungen vorzubereiten oder Ergebnisse festzuhalten. Allerdings werden Sie bei der Nutzung visueller Techniken auch merken, dass sie nicht nur die thematische Arbeit beeinflussen. Die Arbeit mit visuellen Medien hat immer auch Auswirkung auf die Gruppendynamik. In der Moderation nutzen wir gezielt Methoden, die mit Visualisierung verbunden sind, um bestimmte Prozesse in Gruppen zu fördern oder auch zu mindern (siehe Kapitel 8.1 Moderationsmethoden). Im Folgenden finden Sie einen Überblick, welche vielfachen Wirkungen auch einfachste Visualisierungen entfalten können.

Was Visualisierung alles bewirkt

- Jede:r kann sich jederzeit optimal orientieren: Visualisierte Informationen, z. B. auf einem ansprechend gestalteten Chart, informieren kurz, knapp und einladend.
- Inhalte prägen sich ein: Bildhafte Darstellungen prägen sich grundsätzlich besser ein.[29] Visualisierungen auf Papiermedien bleiben hängen, können in der Veranstaltung öfters und länger angeschaut werden.
- Verschiedene Sinne und Emotionen werden angesprochen: Visualisierung nutzt nicht nur Sprache, sondern auch Farben und Symbole, die andere Sinne ansprechen, als das gesprochene Wort. Dies kann anregen, Inhalte vertiefen, ironisieren, zum Lachen bringen, Sachverhalte vorstellbar oder plastisch machen.
- Visualisierung zwingt zur Konzentration auf Wesentliches: Es gibt nicht unendlich Platz, deshalb muss man das Wesentliche herausfiltern.

29 Eine neue experimentelle Studie zum Vergleich von Wort und Bild findet sich bei Kernbach, Eppler, & Bresciani, 2015.

- Visualisierung erleichtert Verstehen durch Veranschaulichung: Die visuelle Darstellung einer Problematik hilft beim Verstehen. Dabei geht es gar nicht um die Perfektion der Darstellung, sondern das Sichtbarmachen von Zusammenhängen und Problempunkten. Eine einfache, aufs Wesentliche reduzierte, gerne auch nicht perfekte Zeichnung ist oft besser als keine.
- Visualisierungen erzeugen Neugier: Man kann Visualisierungen nach und nach sichtbar machen, weiterentwickeln, mit anzuklebenden oder einzuzeichnenden Elementen ergänzen. Es passiert etwas. Das weckt automatisch Aufmerksamkeit und Neugier, was da passiert und wo es hinführt.
- Viel-Redner werden ausgebremst: Die Visualisierung von Argumenten, Ideen und anderen Inhalten verhindert Wiederholung von Wortbeiträgen. Meldet sich jemand zu Wort, muss er/sie einen neuen Aspekt einbringen.
- Gegenseitige Inspiration wird angeregt: Visualisierte Ideen können weiterentwickelt werden. Oft fällt es Menschen leichter, einen Vorschlag zu entwickeln, wenn schon etwas da steht, an dem sich ihr Gehirn »festhalten« kann. Bei visualisierten Arbeiten kommen mehr Ideen und Vorschläge. Es wird mehr auf andere Bezug genommen.
- Zeit zu denken ermöglicht Innovation: Bei Ideensammlungen mit Visualisierung kommt es immer wieder zu Momenten der Stille. Es steht schon einiges da, aber die Oberfläche ist abgegrast. Die Teilnehmenden müssen nachdenken, um Neues zu generieren. In diesen Denkphasen kommen oft ungewöhnliche und wirklich neue Ideen ans Licht. Diese ruhigen Denkphasen gibt es in Diskussionen ohne Visualisierung so gut wie nie. Einer redet immer und sei es die 5. Wiederholung.
- Ruhige und selbstkritische Menschen kommen besser zum Zuge: Bei Methoden mit Visualisierung haben ruhige, introvertierte, selbstunsichere oder selbstkritische Menschen bessere Chancen, ihre Vorschläge einzubringen. Die bei visualisierten Bearbeitungen immer wieder auftretenden Rede- und Denk-Pausen ermutigen sie, doch etwas zu sagen (bevor keiner etwas sagt, was ihnen auch unangenehm ist).
- Fokussierung auf den Inhalt und nach vorn: In freien Diskussionen fechten die Teilnehmenden gerne mal ihre Scharmützel untereinander aus. Dabei bleibt das Thema oft auf der Strecke. Die Fragestellung und das Medium der Visualisierung richtet die Aufmerksamkeit nach vorne zum Moderator und den Inhalten. Das fördert die konzentrierte Arbeit am Thema.
- Ideen und Vorschläge werden von der Person entkoppelt: Auf dem visualisierten Medium werden die Ideen und Inhalte für sich ohne Urhebernachweis notiert, also nicht »Vorschlag Dr. Petry«, oder »Idee Marketing«, sondern einfach nur ein Inhalt. Das versachlicht die Diskussion und entschärft das Lagerdenken. Wird ein Vorschlag nicht aufgegriffen, ist das nicht eine Niederlage für den Vorschlagenden, sondern bestenfalls für die Idee. Das schützt die Egos der Teilnehmenden.
- Visualisierung mindert die Macht von Alpha-Typen: Der Fokus liegt auf der Fragestellung des Mediums und bei der Moderatorin. In der festen Struktur visualisierter Methoden ist es für extravertierte und machtorientierte Personen sehr

viel schwieriger, ihre Vorstellungen auch gegen die der anderen Teilnehmenden durchzusetzen. Visualisierte Auswahlprozesse z. B. mit Punkten geben allen Teilnehmenden die gleichen Chancen.
- Visualisierung ist auch Dokumentation: Anhand der Visualisierungen kann man auch Wochen später nachvollziehen, wie man zu welchem Ergebnis gekommen ist. Nicht realisierte Ideen können später aufgegriffen werden. Nichts geht verloren.

Visualisierung ist also nicht nur ein nettes Beiwerk, Nice-to-have, sondern ein elementares Mittel in der Moderation, um die thematische Arbeit und die Zusammenarbeit der Gruppe zu befördern und zu steuern.

5.5.2 Was wird visualisiert?

Einen Teil der visuellen Hilfsmittel (Charts, Metaplanwände, Smartboards oder Slides auf dem PC) entwickelt man im Vorfeld der Veranstaltung. Diese Vorbereitung kostet etwas Zeit. Bei einer wichtigen und entscheidenden Sitzung ist dies jedoch bestens investierte Zeit. Die Vorbereitung von Visualisierungen zwingt zu geistiger Klarheit, Strukturierung und Formulierung von Fragestellungen. Diese Klarheit hilft später auch bei der Moderation. Mit der Unterstützung von visuellen Elementen vorbereitete Moderatoren treten der Gruppe selbstbewusster und gelassener gegenüber. Je wichtiger und entscheidender die Veranstaltung, desto wichtiger ist es, dass Sie sich die Zeit nehmen, den Termin inhaltlich und visuell vorzubereiten. Wie viel Sie vorbereiten, hängt davon ab, wie viel Zeit Sie investieren wollen und wie viel visuelle Unterstützung für diese Gruppe und dieses Thema angeraten ist. Bei folgenden Elementen ist es hilfreich, wenn sie visuell unterstützt werden. Manche Elemente, wie das Begrüßungschart, werden im Vorfeld vorbereitet, bei anderen wird nur die Fragestellung vorbereitet. Die Füllung mit Inhalten erfolgt simultan in der Arbeit mit der Gruppe.

Was wird visualisiert?
- Begrüßungschart
- Ziele
- Agenda
- Basisinformationen zum Thema
- Leitfragen/Arbeitsfragen
- Zahlen, Verhältnisse, Größen
- Zusammenhänge, Prozesse, Schnittstellen
- Ideen, Vorschläge
- Argumente für oder gegen etwas
- Lösungsoptionen
- Alternativen
- offene Themen und Fragen (Themenspeicher)

- Entscheidungsmöglichkeiten
- methodische Elemente wie Achsen und Fragen bei Ein-Punkt-Abfragen, Felder bei Zwei-Felder- oder Vier-Felder-Tafel etc.
- Ergebnisse
- Maßnahmenplan (was, wer, bis wann, in welcher Form)

Die Visualisierung steht nie nur für sich, sondern unterstützt die Kommunikation der Moderatorin mit der Gruppe. Visualisierung und Worte ergänzen sich.

5.5.3 Welche Techniken und Materialien Sie benötigen

Sie können mit Papiermedien und mit technischen Medien wie PC und Smartboard visualisieren. Auch eine Kombination von beidem ist gut möglich.

In fast jedem Hotel und Tagungszentrum kann man Moderationskoffer mit Moderationsmaterial buchen. Kaum ein Unternehmen, das nicht auch über eine Grundausstattung an Moderationsmaterial verfügt. Allerdings nicht immer sind die Moderationskoffer optimal ausgestattet. Deshalb ist es empfehlenswert, selbst dafür zu sorgen, dass alles Nötige wirklich vorhanden ist und zudem auch funktioniert.

5.5.3.1 Stifte und Marker

Bei vielen Dingen kann man improvisieren, wenn sie vor Ort nicht vorhanden sind. Gute Filzstifte, die schreiben, in der Moderation Marker genannt, sind allerdings ein Muss. Neben Edding hat sich die Firma Neuland[30] auf Moderationsmaterial spezialisiert und bietet nachfüllbare Filzstifte in Dutzenden von Farben und Modellen an. Interessant für die Visualisierung sind u. a. auch verschiedene Grautöne, die sich sehr gut für Schatteneffekte eignen.

Normalerweise brauchen Sie zwei Stärken von Markern: Dickere für Umrandungen, Zeichnungen, Pfeile, Hervorhebungen und Überschriften (Neuland BigOne, Edding 800) und Marker mit normaler Stärke für die Beschriftung von Karten und für normalen Text (Neuland No.One, Edding 01). Neben Ihrem eigenen Stifte-Set sollten Sie ein komplettes Set schwarzer Stifte von gleicher Qualität für die die Teilnehmenden dabei oder vor Ort haben. Wenn Sie Karten-Abfragen durchführen, darf nicht eine Person mit einem blauen dünnen und eine andere mit einem schwarzen dicken Stift schreiben. Das Ergebnis an der Pinnwand würde dadurch unruhig und unübersichtlicher. Zudem wäre auch der persönliche Schutz der Anonymität nicht mehr gewährleistet (siehe Kapitel 8.1, Kriterium für Methodenauswahl »Schutz«).

30

Mit dem normalen Marker schreibt man ca. 2,5 cm hoch. Diese Größe reicht aus, um auch aus 6 bis 8 Metern Entfernung noch lesbar zu sein. Das ist der übliche Abstand, den die Teilnehmenden in einer Gruppe mit max. 20 Personen von den Tafeln haben. Überschriften werden, wie in Printmedien, größer und dicker geschrieben und können durch Farben oder Umrandungen hervorgehoben werden.

Abb. 18: Stifte und Marker

5.5.3.2 Kreiden und Wachsblöcke

Wichtiges können Sie durch farbige Filzstifte markieren. Gut geeignet sind aber auch Pastellkreiden oder Wachsmalblöcke, um Charts oder Karten ansprechender zu gestalten, z. B. durch kleine Zeichnungen. Um keine Unruhe auf dem Chart entstehen zu lassen, sollte die Schrift in Schwarz gehalten sein. Die Aufmerksamkeitslenkung erfolgt dann über die Pastell- oder Wachskreiden. Hier gilt: Nur so viel Farbe wie für die attraktive inhaltliche Präsentation nötig. Zu viel Farbe lenkt vom Inhalt ab!

5.5.3.3 Kartenmaterial

Klassischerweise sind die Karten aus leichtem Karton und werden mit Nadeln oder Kleber an Moderationstafeln oder Flipchart befestigt. Es gibt auch selbstklebendes Material.

Nennen Sie das Kartenmaterial in der Anmoderation »Karten« und nicht »Kärtchen«. Die Verkleinerung hört sich gerade in kritischen Ohren albern an. Bei moderationskritischen Teilnehmenden ist es wichtig, die Arbeitsschritte so seriös wie möglich anzumoderieren. Meiden Sie spielerische oder verniedlichende Ausdrücke (siehe Kapitel 8.2)!

Rechteckige Karten im Maß von 10 × 21 cm (= 1/3 DIN A 4) gehören zur Standardausrüstung. Es gibt sie in verschiedenen Farben. Man nutzt sie für Karten-Abfragen, visualisierte Diskussionen, für die Präsentation inhaltlicher Details, Informationen und Wissen. Wenn Sie mit Gruppen arbeiten, die Vorbehalte gegen Moderation haben, vermeiden Sie den Einsatz von Farben wie Rosa. Auch sollten Sie darauf achten, dass alle Beteiligten bei Karten-Abfragen gleichfarbige Karten bekommen. Dies dient dem Schutz der Teilnehmenden und macht das Ergebnis an der Moderationswand übersichtlicher. Farben haben immer eine Funktion, auch bei der Benutzung von Karten. Nutzen Sie weiße Karten, können die Überschriften auf farbigen Karten notiert sein. Bei Abfragen von Vor- und Nachteilen, Chancen und Risiken mit Karten können Sie zwei verschiedene Farben für die Inhalte nutzen, z. B. Vorteile auf grüne Karten, Nachteile auf rote Karten. Also kein willkürlicher Griff in den Moderationskoffer und bunt gemischte Karten ausgeben!

Runde Karten (Durchmesser 14 und 19,5 cm) sind bei der Unterstrukturierung von Themen und der Präsentation eine ideale Visualisierungsform. Kleine Runde Karten (Durchmesser 9,5 cm), auch Kuller genannt, dienen zur Nummerierung oder Komplettierung einzelner Beiträge mit dem Sympathie-Herz, dem Konflikt-Pfeil bzw. dem Fragezeichen sowie für Namenszuordnungen bei der Gruppeneinteilung.

Ovale Karten in verschiedenen Farben (Breite=21 cm, Höhe=10 cm) können zur Bezeichnung von Achsen verwendet werden, zur Visualisierung von Überschriften bei Clustern, für emotionale Aussagen und als Aufmerksamkeitsmittel (Achtung-Funktion).

Rhombische Karten: Werden hauptsächlich zur inhaltlichen Ergänzung für offene Punkte verwandt. Sie können auch bei der Abbildung von Strukturen und Abhängigkeiten nützlich sein.

Streifen, auch Schlipse genannt (9,5 × 54,5 cm), dienen als Träger für Überschriften und zur Visualisierung von Fragen und Thesen. Auch komplexere Zusammenhänge lassen sich mit ihnen gut darstellen: Zum Beispiel ein Streifen = ein Schritt im Prozess.

Wolken gibt es in zwei Größen (42 × 25 und 62 × 37 cm). Die Standardversion ist weiß mit roter Umrandung. Mittlerweile gibt es auch Anbieter von Moderationsmaterial, die sie in verschiedenen Uni-Versionen verkaufen. Wolken werden zur Visualisierung des Hauptthemas bzw. der Überschrift benutzt. Durch die markante Form und Farbe hat man in kürzester Zeit die Orientierung, wo die Leitfrage, das Leitthema steht. Beachten Sie: In Gruppen, die Vorbehalte gegen Moderation haben, kann die verspielte

Wolkenform Vorbehalte auslösen. In solchen Gruppen empfehle ich neutralere Formen, um die Leitfrage zu markieren, z.B. Schlipse oder eckige Umrandungen mit einem farbigen Filzstift.

Sprechblasen (20 × 11 cm weiß mit roter Umrandung) bieten die Möglichkeit, Kommentare und Zitate z.B. bei Ein-Punkt-Fragen zu visualisieren.

Bewertungspunkte: Selbstklebende Punkte (20 mm Durchmesser) in verschiedenen Farben werden zum Beantworten von Punkt-Fragen, für Bewertungen und Auswahlprozesse gebraucht.

Symbolpunkte: Mit Symbolaufklebern (Blitzen, Sympathieherz, Fragezeichen, Clowns, Smileys etc.) kann man Aussagen anderer auf Flipcharts oder Metaplanwänden kommentieren. Man nutzt sie bei Vernissagen (siehe Kapitel 8.3.19). Mit Blitzen markiert man, dass man anderer Meinung ist, Fragezeichen markieren Erklärungsbedarf, Herzen und Clowns sind naturgemäß Sympathiebekundungen. Solche Klebepunkte sind nicht unbedingt nötig. Die Teilnehmenden können Markierungen auch mit farbigen Stiften vornehmen, die an der entsprechenden Wand hinterlegt sind.

5.5.3.4 Moderationskoffer

Gleich, ob Sie sich einen ausgestatteten Moderationskoffer[31] zulegen oder sich selbst eine Kiste mit Material zusammenstellen, bestimmte Utensilien sollten Sie sicherheitshalber immer dabei haben:

Was Sie dabeihaben sollten

- schwarze Marker in zwei Stärken und 2–3 farbige Marker
- schwarze Marker in Normalstärke für die Teilnehmenden
- rechteckige und anders geformte Karten in mindestens zwei unterschiedlichen Farben
- Wolken/Streifen für Überschriften (fakultativ). Alternative: Hervorhebung durch dicken Marker/andere Farbe vornehmen
- Wachsblöcke/Kreiden (fakultativ)
- Schere
- Klebestift oder Klebespray
- Nadeln zum Anstecken von Karten
- Krepp-Klebeband zum Fixieren von Charts und Karten
- Magnete zum Befestigen an Metallleisten (fakultativ)
- Fotoapparat oder fotofähiges Smartphone zur Dokumentation

31 Über Suchmaschinen im Internet finden Sie neben klassischen Händlern auch Behinderteneinrichtungen, die sich auf die Produktion von Moderationsmaterial spezialisiert haben.

5.5.3.5 Flipcharts und Pinnwände

Flipcharts und beidseitig zu nutzende Pinnwände sind die Träger von Information. Beides gibt es auch in transportabler Form zu kaufen. Flipcharts und Pinnwände werden sowohl von der Moderatorin genutzt als auch bei Gruppenarbeiten von den Teilnehmenden. Achten Sie darauf, dass ausreichend Papier vorhanden ist. Auf die Pinnwände spannt man Pinnwand-Papierbögen, die es in den Farben Beige und Weiß gibt. Wenn Sie befürchten, sich zu verschreiben, gibt es auch Korrekturpads zum Überkleben – so müssen Sie nicht wegen eines kleinen Fehlers ein ganzes Chart wegschmeißen. Für die Flipcharts gibt es perforierte Papierblöcke. Wenn Sie Plakate transportieren oder aufbewahren und mehrmals verwenden möchten, sind Zeichenköcher bzw. Pinnwandköcher mit Tragegurt die beste Möglichkeit, sie zu sichern.

5.5.4 Mit Computer und Smartboard professionell visualisieren

Elektronische Medien sind für die Moderation ebenso wie Flipchart und Pinnwand wichtige Arbeitsinstrumente. Sie lassen sich auf ähnliche Weise zur Strukturierung der Arbeit und zur Dokumentation von Themen einsetzen. Zwar sieht eine Dokumentation in elektronischer Form oft ordentlicher und professioneller aus als eine mit der Hand gezeichnete Visualisierung auf dem Flipchart. Doch aufgrund der vorgegebenen Formen und Formate einer Software, wirken die Präsentationen letztlich auswechselbar und langweilig. Handgeschriebene und -gezeichnete Plakate sind immer Unikate. Mit Software produzierte Ergebnisse sind zwar aus inhaltlicher Sicht ebenfalls Unikate, optisch jedoch eher nicht. Als Moderator:in sehe ich die verschiedenen Medien nicht als Konkurrenten, sondern als sich gegenseitig ergänzende Hilfsmedien an. Im Methodenteil (s. Kapitel 8) finden Sie Hinweise, wie Sie in Präsenz gebräuchliche Moderationsmodethoden in die Online-Welt übertragen können, um einen ähnlichen Effekt zu erreichen.

Vor- und Nachteile von Papiermedien und elektronischen Medien im Präsenzeinsatz	
Papiermedien	**Elektronische Medien**
Vorteile	
flexibel und spontan einsetzbar	gut lesbar
unverwechselbares Layout	unkompliziert korrigierbar
spontane Zeichnungen und Markierungen machen es zu einem lebendigen Medium	gut speicherbar, kann leicht weiterverarbeitet werden
Aktivierung der Teilnehmenden durch Handeln an den Medien (Karten, Punkte etc.)	gute Akzeptanz bei technikaffinen Personen
Abstimmung, Bewertung, Kommentierung im Medium direkt möglich	funktionale Software mit Moderationstools nutzbar
jede:r in der Gruppe kann damit umgehen und ggf. auch selbst einen Part moderieren	Einsatz bei Online-Meetings möglich
unkomplizierte Aufteilung des Materials für Gruppenarbeit möglich-	je nach Bildqualität des Beamers auch in großen Gruppen gut einsetzbar (auch bei Distanzen größer als 8 Meter sichtbar)
Plakate bleiben im Raum sichtbar hängen; Inhalte prägen sich besser ein; Zwischenschritte sind leichter zurückzuverfolgen	
Nachteile	
Moderator:in kann bei Dokumentation per Handschrift in Stress geraten	Gruppen schalten in den »Ruhemodus«, sobald der Beamer angeht
Dokumentation nur als Fotoprotokoll möglich, nicht als Word-Dokument o. ä.	nur die aktuelle Seite ist sichtbar
Schriftbild kann aufgrund von Durchstreichungen etc. unordentlich sein	alles sieht nachher ähnlich aus
bei Einsatz an anderem Ort muss das Material transportiert werden und es wiegt mehr als eine Datei auf einem Stick	wenig Spontanes, Unverwechselbares
	Gefahr, dass Moderator:in hinter dem Rechner nicht genügend präsent ist, zumal wenn die Technikbeherrschung zu viel Aufmerksamkeit fordert

Laptop und Beamer

Laptop und Beamer sind in fast allen Meetings und Tagungen inzwischen zum Standard geworden. Sie lassen sich für die Visualisierung von Inhalten und für simultane Protokolle einsetzen. Ich selbst nutze diese Variante vor allem in Meetings zur simultanen Protokollierung von Inhalten. Die Gruppe sieht, was ich notiere, und kann sofort

Einfluss auf Formulierung und Inhalt nehmen. Dabei wird das Protokoll als Grundlage zur Konsensfindung genutzt.

Diese Variante der Visualisierung können Sie allerdings nur nutzen, wenn Sie als Moderator:in genügend Präsenz haben und nicht hinter Ihrem Rechner verschwinden. Sie müssen den Rechner nebenbei bedienen und nahezu blind schreiben können, damit Ihre Aufmerksamkeit bei der Gruppe und nicht auf dem Bildschirm ist. In sehr streitlustigen, schwierig zu leitenden und sehr große Gruppen ist das eine Überforderung (siehe Kapitel 5.6).

Der Rechner eignet sich auch zum Einsatz von Moderationssoftware, wie z. B. Software mit der Sie Mindmaps oder Prozessanalysen erstellen können. Geeignete Software ist vielfach auch als Freeware erhältlich. Auf einem Firmenlaptop ist aus Sicherheitsgründen in der Regel nur lizenzierte Software gestattet. Die Akzeptanz dieses Mediums bei Gruppen ist manchmal höher als das Papieräquivalent, weil die Technik viele Bearbeitungs- und Erweiterungsmöglichkeiten zulässt. Aber auch hier gilt: Sie müssen die Technik souverän beherrschen, denn die Hauptaufmerksamkeit des Moderators muss bei der Gruppe und ihrer Kommunikation liegen.

Sehr hilfreich ist der Einsatz des Rechners bei Online-Meetings, vorausgesetzt Sie verfügen über die Technik, dass die Teilnehmenden Ihren Bildschirm einsehen und/oder auf Collaboration Tools zurückgreifen können. Wichtig ist, dass die Teilnehmenden mit dieser Technik umgehen können. Oft ist die technische Entwicklung eines Unternehmens fortgeschrittener als die Anwenderkompetenz. Doch gerade wenn die zugeschalteten Teilnehmenden nicht in ihrer Muttersprache verhandeln, ermöglicht die Orientierung über einen gemeinsamen Bildschirm, auf dem die Leitfragen oder Zwischenergebnisse festgehalten werden, besseres Verstehen und eine konzentriertere Diskussion.

Wann und wie Sie Rechner für die Moderation nutzen können

- simultane Protokollierung von Argumenten, Inhalten, Ergebnissen
- Dokumentation von Zurufabfragen (Ideen, Argumente, Probleme, Lösungsvorschläge ...)
- bildhafte Einführung in Themen (Präsentation)
- Darstellung von Informationen (Zahlen, Verhältnisse, Prozesse)
- Nutzung von Moderationssoftware zum Mindmapping o. ä.
- Maßnahmenplan in Tabellenform (Excel und Word)
- Veranschaulichung durch Beispiele mittels Audio- und Video-Dateien
- Medium für Kleingruppen zur Bearbeitung bestimmter Fragen, die Sie z. B. in einer PowerPoint-Datei notiert haben. Die Kleingruppe diskutiert und hält ihre Antworten statt auf einem Flipchart in der vorbereiteten Datei fest. Ergebnisse werden dann im Plenum vorgestellt bzw. mit denen der anderen zusammengeführt.

- Dokumentation von Beiträgen der Teilnehmenden – bei Einsatz der Methode World-Café – an Tischen zu verschiedenen Fragestellungen.

Wichtig ist, dass Sie den Rechner in der Moderation nutzen, um die Gruppe zu aktivieren und nicht, um sie mit Informationen zu erschlagen und in die Passivität zu drängen. Informierende Teile in einer moderierten Sitzung sollten immer kurz und auf das Wesentliche beschränkt sein. Entsprechend briefen Sie auch Personen, dass der Input für die moderierte Veranstaltung kurz, prägnant, das Wesentliche herausarbeitend, anschaulich, lebendig und zielorientiert sein soll. Vermeiden Sie längere, abgedunkelte Passagen in Ihren Veranstaltungen. Der Körper schaltet bei Dunkelheit in einen Ruhemodus, aus dem sie ihn nachher schwer wieder herausbekommen.

Smartboard

Ein Smartboard verfügt über viele Funktionen, die sich in der Moderation nutzen lassen. Die Software bietet verschiedene Strukturen an, die sich zur systematischen Bearbeitung unterschiedlicher Themen eignen, z. B. Zwei- und Vier-Felder-Tafeln sowie Ishikawa-, Matrix- und Prozessbeschreibungstools etc. Die Kombination von Tafel, Stift und Rechner lässt viele verschiedene Arbeitsvarianten zu. Die Ergebnisse lassen sich über den PC gut weiterverarbeiten und speichern. Der Nachteil ist, wie bei der Kombination von Rechner und Beamer auch, dass Sie nur eine Seite auf einmal sehen können, während Sie bei der Arbeit mit Papiermedien die Zwischenergebnisse im Raum aufhängen und zur zwischenzeitlichen Orientierung jederzeit nutzen können. Zudem ist das Smartboard fest installiert und eignet sich so nicht für den parallelen Einsatz in mehreren Kleingruppen. Sie können jedoch stattdessen Laptops für die Dokumentation der Inhalte von Kleingruppen verwenden und die Dateien später auf dem Smartboard weiterverarbeiten. Ist Ihr Arbeitsumfeld mit einem Smartboard ausgestattet, sollten Sie die Chance ergreifen und sich mit der Technik vertraut machen. Beherrschen Sie das Medium sicher, eignet es sich gut zur Unterstützung moderierter Prozesse.

5.5.5 Wie Sie ein Plakat oder eine Seite gestalten

Visualisierung hilft auch dann, wenn Sie Ihre Plakate nicht kunstvoll gestalten. Wenn Sie ein paar Regeln berücksichtigen, verbessert sich die Lesbarkeit und Verständlichkeit Ihrer Papiermedien.

Regel 1: Berücksichtigen Sie die Lesegewohnheit. Orientieren Sie sich an der in unserem Kulturkreis üblichen Leserichtung von links nach rechts und von oben nach unten. Danach muss sich der Aufbau einer Visualisierung auf dem Plakat wie auch die Reihenfolge der Plakate auf mehreren Tafeln richten. Überschriften werden wie in Printmedien besonders hervorgehoben.

Regel 2: Ein Plakat – ein Thema. Die Visualisierungen sollen das Verständnis erleichtern und eine Erinnerungshilfe darstellen. Deshalb ist es sinnvoll, dass ein Plakat ein klar umrissenes Thema hat, z. B. »Themenspeicher«, »Fragen an die Abteilungsleitung«, »Optimierungsvorschläge für XP3«.

Abb. 19: Beispiel für ein gestaltetes Chart

Regel 3: Ein Plakat – eine Überschrift. Die Überschrift ermöglicht schnelle Orientierung, worauf sich die folgende Information bezieht, entsprechend sollte der Titel des Plakats formuliert sein, z. B. »Woran wir noch denken müssen …«, »Ideen für Betriebsausflug«, »Kriterien für unsere Entscheidung«, »Wie zufrieden sind Sie mit X?« Die Überschrift ist farblich vom Rest der Folgeinformation unterschieden, entweder farbig mit Pastell- oder Wachsmalfarben hinterlegt, auf farbigem Papier geschrieben oder mit andersfarbigem Marker direkt aufs Papier geschrieben.

Regel 4: Bilden Sie Schriftblöcke. Schriftblöcke sind vom Auge besser zu erfassen als Fließtexte. Ordnen Sie die Informationen auf dem Plakat entsprechend ihrem Sinn in optischen Blöcken. Zwischen den Blöcken brauchen Sie Leerraum.

Regel 5: Verwenden Sie Symbole und Zeichnungen. Die Nutzung von Symbolen und Zeichnungen kann die Charts optisch aufwerten, hat aber oft auch erklärende oder motivierende Wirkung. Zudem können sich Beteiligte Sachverhalte oft besser merken, wenn sie mit passenden Zeichnungen verbunden sind. Dabei geht es nicht um die Perfektion einer Zeichnung, sondern um den erläuternden, optischen oder motivierenden Mehrwert. Oft erzeugt eine nicht perfekte Zeichnung mehr Aufmerksamkeit und Interesse als die kühle Perfektion einer PowerPoint-Abbildung. Wer sich mehr für die Illustration von Charts interessiert, findet Seminare zum Thema und auch Vorlagen zum Abzeichnen.[32]

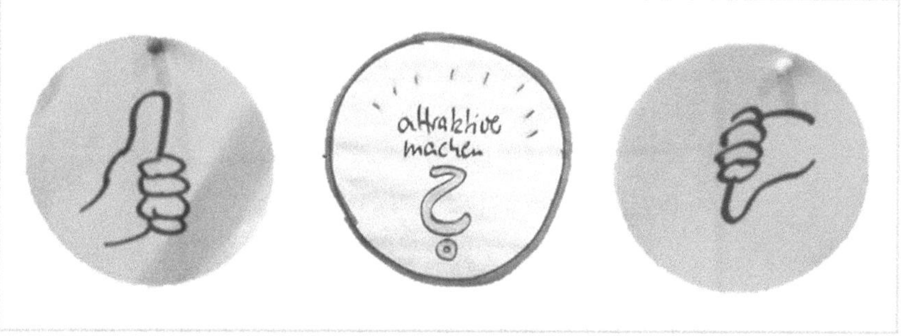

Abb. 20: Einsatz von Symbolen und Zeichnungen

Regel 6: Halten Sie die Marker richtig. Es gibt Marker mit Rundspitze und mit Keilspitze. Nehmen Sie die Stifte mit Keilspitze so in die Hand, dass Sie mit der Kante schreiben können. Der Strich ist dicker und so auf die Entfernung besser lesbar.

Regel 7: Schreiben Sie mit Groß- und Kleinbuchstaben. Verwenden Sie beim Schreiben Groß- und Kleinbuchstaben wie in normalen Texten. Die Großschreibung bei Satzanfang und Substantiven ist das, was unser Auge gewöhnt ist. Viele Menschen erkennen Wörter als Ganzes, wenn sie »normal« geschrieben sind (also nicht nur mit Großbuchstaben). Sie können diesen Effekt auch im unteren Beispiel sehen. Die erste der beiden folgenden Wortgruppe werden Sie Bruchteile schneller erfassen können als die untere, die nur in Großbuchstaben notiert ist: »Einfache Lesbarkeit« versus »ERSCHWERTE LESBARKEIT«.

Regel 8: Halten Sie Ober- und Unterlängen kurz. Die Lesbarkeit der Schrift in Bezug auf ihre Größe hängt im Wesentlichen von der Höhe der Mittellängen (in der Zeichnung 50%) ab. Lange Ober- und Unterlängen machen einen Text nicht lesbarer und bringen Platzprobleme in den benachbarten Zeilen. Diese Art des Schreibens sehen Sie auf allen »Plakaten«, die hier als Beispiele aufgenommen wurden.

32 Empfehlenswert ist der stabile Spiralblock bikablo mit dem Trainerwörterbuch der Bildsprache von Martin Haussmann (Haussmann).

Abb. 21: Ober- und Unterlängen

Regel 9: Schreiben Sie in Druckschrift. Druckschrift ist besser lesbar als Schreibschrift, denn sie ist normierter und für das Auge gewohnter.

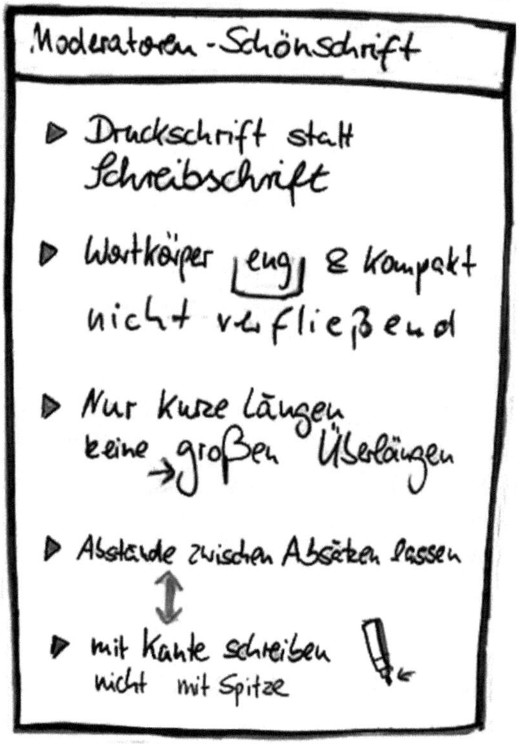

Abb. 22: Tipps für Schönschrift

Regel 10: Optisch nicht »brüllen« oder »nuscheln«. Sie sollten weder zu groß (über 5 cm) noch zu klein (unter 2,5 cm) schreiben. Passen Sie Ihre Schrift der Größe der Gruppe und der Entfernung zu den Teilnehmenden an. Es wird hier von einer Gruppengröße bis zu 20 Teilnehmenden und einer Entfernung von maximal 8 Meter ausgegangen.

Regel 11: Schreiben Sie eng. Das Auge erfasst die einzelnen Wortbilder besser, wenn die Buchsta ben eng aneinandergesetzt werden. Zwischenräume zwischen den Wörtern gliedern die Wahrnehmung einer Aussage.

Regel 12: Eine Karte – ein Gedanke. Die Regeln sind klar und einfach: nur ein Gedanke pro Karte, ausreichend großschreiben, maximal drei Zeilen pro Karte (besser nur zwei). Natürlich gelten auch hier die Regeln zur Stifthaltung, Schreibweise etc.

5.6 Körpersprache

Menschen sind – bei aller zivilisatorischen Entwicklung – eine Art Säugetiere. Wir funktionieren in unseren Basisfunktionen ähnlich wie unsere tierischen Vorfahren. Neben vielen Parallelen in der Funktionsweise der Körper gibt es auch Gemeinsamkeiten auf kommunikativer Ebene. Tiere wie Menschen nutzen körpersprachliche Mittel, um sich zu verständigen. Die Menschen haben ihr Kommunikationssystem durch die Entwicklung von Sprache weiterentwickelt und sehr verfeinert, jedoch ohne die Ausdrucksmittel ihrer körperlichen Ausdrucksmittel verloren zu haben. So verstehen wir andere Menschen notfalls auch ganz ohne Worte, zum Beispiel, wenn es um Gefühle geht.

Es gibt sieben Basisemotionen – Fröhlichkeit, Wut, Ekel, Furcht, Verachtung, Traurigkeit und Überraschung[33] –, die sich in der Mimik eines Menschen widerspiegeln und die von Menschen aller Länder und Kulturen erkannt werden. Dabei ist es egal, ob sie aus einem hochtechnisierten Umfeld kommen oder als Ureinwohner im Amazonas, abgeschieden vom Rest der Welt leben. Alle verstehen die körpersprachlichen Ausdrucksmittel dieser Gefühle auch ohne Worte.

Doch Körpersprache umfasst mehr als die Mimik eines Menschen. Körperhaltung, Körperspannung, Gestik und Rhythmus der Bewegungen, wie viel Raum jemand einnimmt, wie viel Nähe oder Distanz er/sie sucht, die Kopfhaltung, der Blick – dies alles sind Hinweise, die helfen, eine andere Person einzuschätzen und zu verstehen. Weitere nichtsprachliche Mittel der Kommunikation, die uns und anderen wichtige Informationen geben, sind der Klang der Stimme, die Lautstärke, das Sprechtempo, die Betonung und die Sprechmelodie. Die vielfältigen körpersprachlichen Ausdrucksmittel erzeugen zusammen mit den gesprochenen Worten bei unseren Gesprächspartnern einen Gesamteindruck.

33 Ekman, 1975.

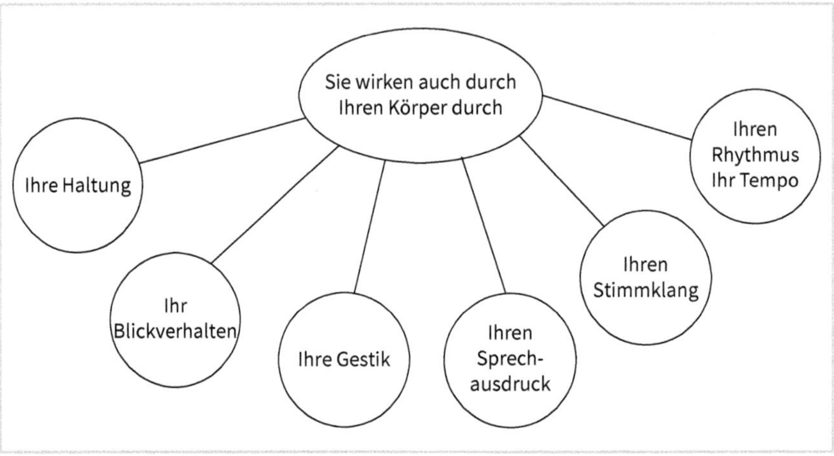

Abb. 23: Körpersprachliche Ausdrucksmittel

Inkongruente Botschaft

Interessant ist: Wenn die Worte etwas anderes ausdrücken als die Körpersprache – man nennt das Inkongruenz –, halten die Menschen die körpersprachlichen Signale für glaubwürdiger. Wie eine Botschaft inkongruent mit dem Ausdruck des Körpers sein kann, zeigt das folgende Beispiel. Die Moderatorin sagt: »*Ich freue mich Sie herzlich begrüßen zu dürfen. Schön, dass Sie so zahlreich erschienen sind. Punkt 1 unserer Tagesordnung heute ist …*« Sie spricht diese Worte schnell und zugleich vernuschelt, schaut die Gruppe nicht an, sondern in ihr Manuskript, ihr Gesichtsausdruck und die Sprechmelodie sind bei Satz eins und Überleitung zur Tagesordnung gleich. Der Übergang von einem Satz zum nächsten ist ohne Pause, obwohl sie inhaltlich ganz Unterschiedliches ausdrücken.

Wenn man bei einer solchen Anmoderation die Gruppe fragen würde, ob die Moderatorin sich tatsächlich freut, die Gruppe zu sehen, würden diese das vermutlich verneinen. Sie hat zwar in Worten ausgedrückt, dass sie sich freut. Die Art, wie sie mit der Gruppe spricht, sendet aber eher die Botschaft: »Ich zieh hier pflichtbewusst mein Ding durch und möchte möglichst schnell die Punkte abhaken.« Der Widerspruch zwischen Worten und Ausdruck muss nicht böse gemeint oder wirklichem Desinteresse geschuldet sein. Oft ist auch Unsicherheit der Grund, dass Moderatoren kühl, distanziert und desinteressiert an den Menschen wirken. Sie wollen es tatsächlich möglichst schnell hinter sich bringen, weil sie sich in der Situation unwohl fühlen. Dieses Sich-unwohl-Fühlen überträgt sich allerdings auf die Gruppe. Der Körper der Moderierenden spricht immer mit und wirkt mit seinen Signalen auf die Teilnehmenden – sowohl im Positiven wie im Negativen.

5.6.1 Der Körper moderiert mit

Körpersprache ist nicht etwas Zusätzliches, was zur eigentlichen sprachlichen Aussage als schmückende Beigabe hinzukommt, sondern ein vollwertiges, eigenes Ausdrucksmittel.[34] Ihre Glaubwürdigkeit, Authentizität und die Wirksamkeit Ihrer Worte hängt folglich auch davon ab, wie Sprache und Körpersprache harmonieren. Da Sie in der Moderatorenrolle die Gruppe in einer gewissen Weise führen, sollten Sie diese Führungsrolle auch körperlich ausstrahlen.

Führen im moderierenden Sinne ist dabei am ehesten vergleichbar mit der Arbeit eines Schiedsrichters beim Fußball, der mitläuft, alles hautnah mitbekommt, und trotzdem eine Sonderrolle einnimmt: Er sorgt für den geordneten Ablauf des Spiels und muss mit beiden Parteien gleichermaßen fair umgehen. Ein guter Schiedsrichter wirkt präsent, strahlt Autorität aus, wirkt deeskalierend, lässt sich weder provozieren noch einschüchtern und scheut sich nicht, klare Entscheidungen zu treffen. Dies alles sieht und spürt man auch ohne große Worte, die bei der Größe eines Fußballfeldes ohnehin von untergeordneter Bedeutung sind. Auch wenn Sie als Moderator:in viele Entscheidungen stärker mit der Gruppe abstimmen müssen als ein Schiedsrichter, gibt es in Bezug auf Körpersprache, Präsenz und Akzeptanz viele Parallelen.

5.6.2 Souveräne Körpersprache in der Moderatorenrolle

Es gibt körpersprachliche Signale, die der Gruppe helfen, sich auf Sie als Moderator:in einzulassen und sich Ihrer Leitung anzuvertrauen. Da eigene Gefühle, Persönlichkeit und Körpersprache eng miteinander verbunden sind, ist es wichtig, dass Sie sich mental auf für Sie herausfordernde Moderationssituationen vorbereiten, damit Ihr Körper Ihnen bei der Bewältigung dieser Aufgabe helfen kann (siehe Kapitel 3.5 »Mental-emotionale Vorbereitung«). Folgende sicht- und spürbaren Faktoren unterstützen Sie in Ihrer Moderatorenrolle.

5.6.2.1 Körperhaltung: Machen Sie sich locker

Ein locker und mühelos aufgerichteter Körper strahlt Sicherheit aus: Keine unnötige Anspannung, kein Sich-kleiner-Machen, ein locker aufgerichteter Kopf, sicherer Stand. Wenn Sie in einem sportlich und gesundheitlich guten Zustand sind und sich wohlfühlen, richtet der Körper sich im Stehen von alleine aufrecht locker ein. Ist die Muskulatur durch vieles Sitzen am PC verkürzt oder verkümmert und haben Sie wenig Gelegenheit, sich körperlich auszupowern oder stehen Sie häufig unter Stress, verändert sich das Körperbild. Die Schultern sind hochgezogen oder hängen nach vorne,

34 Heilmann, Körpersprache – Körperausdruck – Körperzeichen, 2010.

der Kopf ist leicht nach unten gerichtet, die Muskulatur des Körpers ist tendenziell zu stark angespannt. Man sieht und spürt, dass die Person sich da vorn nicht wohl fühlt.

Empfehlungen zur Körperhaltung

- Stehen Sie vor der Gruppe etwa hüftbreit. Maßstab sind die Hüftknochen. Frauen stehen oft zu eng und werden dadurch überspannt und instabil. Manche Männer stehen sehr breit und werden dadurch fester und statischer als nötig.
- Achten Sie darauf, dass die Knie locker und beweglich sind. Zu hohe Spannung in den Beinen wirkt sich auf den Rest der Muskulatur bis hin zum Bauch aus. Dadurch wird die Atmung flacher, was zusätzlichen Stress erzeugt.
- Lassen Sie die Schultern locker fallen, dass der Hals frei und beweglich und der Kopf aufrecht ist. Manche Frauen neigen dazu, den Kopf öfters seitlich schräg zu legen. Das macht sie kleiner und wirkt defensiv. Beim Zuhören mag das o.k. sein, beim Sprechen vor der Gruppe nicht.
- Richten Sie sich möglichst mühelos auf, dass Sie Ihre volle Größe entfalten – so wie Menschen aus Kulturen, die ihre Last auf dem Kopf tragen, groß, würdevoll und entspannt.
- Schauen Sie Richtung Gruppe – nicht nach unten, nicht an die Decke oder ins Leere.
- Erinnern Sie sich an eine Situation, in der Ihr Körper von alleine locker, aufrecht, beweglich und lebendig ist, z. B. nach einer angenehmen körperlichen Anstrengung.
- Lassen Sie den Atem fließen. Das geht nur, wenn die Bauchdecke locker genug ist.
- Arbeiten Sie darauf hin, dass Sie sich körperlich wohl, stark, voller Energie und optimistisch fühlen.
- Wenn Sie sitzend moderieren: Setzen Sie sich so hin, dass der Oberkörper die gleiche Haltung wie im Stehen einnimmt. Das Becken ist also nicht abgeknickt. Am besten geht das, wenn Sie an der Stuhlkante sitzen und beide Füße auf der Erde abstellen.

5.6.2.2 Blick: Lenken Sie Ihre Aufmerksamkeit

In der Moderatorenrolle steuern wir viel über den Blick. Der Blick ist Ihr direktes Kontaktmittel zu den einzelnen Gruppenmitgliedern. Wenn Sie Blickkontakt zur Gruppe oder Einzelnen meiden, wird dies unbewusst entweder als Unsicherheit gewertet oder als Gleichgültigkeit bzw. Arroganz. Beides wäre für Ihre Moderatorenrolle abträglich. Oft meidet man intuitiv den Blickkontakt zu Personen, die man als bedrohlich wahrnimmt oder die einem unsympathisch sind. Indem Sie gezielt auch mit diesen Menschen in entspannter Weise Blickkontakt aufnehmen, verändern Sie den Charakter der Beziehung. Wohlwollender Blickkontakt ist auch ein Akt der Zuwendung und signalisiert Aufmerksamkeit und Akzeptanz. So genutzt, kann er deeskalierend wirken und entspannen.

Mit dem Blick nehmen Sie auch steuernd Einfluss. Wenn Sie sich einer Person zuwenden, ist es ein Signal, dass Sie mit ihr in den Dialog treten wollen. Wenn Sie sich nach einem Dialog abwenden, ist das für die Person und die Gruppe das Signal, dass der Dialog für Sie damit beendet ist und die Aufmerksamkeit woanders hingelenkt wird. Viel-Redner sollten Sie nicht zu oft anschauen, weil sie das unweigerlich als Aufforderung zu sprechen verstehen. Wenn Sie eine Frage an die Gruppe stellen, selbst nicht reden und die Gruppe ebenfalls schweigt, ist Ihr gelassener Blick in die Runde das Signal für die Gruppe »Wir sind dran. Von ihr/ihm wird jetzt nichts kommen.« Werden Sie hingegen nervös, spürt das die Gruppe und kann ihrerseits ruhig abwarten, weil sie ahnen, dass Sie gleich selbst reden und Vorschläge machen werden, um die Ruhe zu überbrücken. Für die Aktivierung einer Gruppe ist es wichtig, dass Sie Pausen verbunden mit Blickkontakt in die Gruppe gelassen aushalten können.

In der Moderation ist Ihr Blickverhalten ein wichtiges Instrument, Beziehungen aufzubauen, zu stabilisieren, Menschen anzusprechen und Prozesse zu steuern und Selbstbewusstsein auszustrahlen.

Empfehlungen zum Blickkontakt

- Sprechen Sie nie zur Gruppe oder zu Einzelnen ohne Blickkontakt aufzunehmen. Sprechen heißt immer in Kontakt gehen!
- Schauen Sie in Ihre Unterlagen oder schreiben Sie am Flipchart von der Gruppe abgewandt, sprechen Sie nicht.
- Sie können nicht mit einer Gruppe Blickkontakt aufnehmen, sondern nur mit Einzelnen. Wechseln Sie die Adressaten, zu denen Sie sprechen, sodass Sie nach und nach mit jeder Person Blickkontakt aufnehmen.
- Wenn es Ihnen schwerfällt, in Blickkontakt mit der Gruppe zu gehen, beginnen Sie mit ein bis zwei Personen, bei denen es leicht geht. Oft sind dies Menschen, die Ihnen vertraut und wohl gesonnen sind oder Menschen, die aufmerksam zuhören und entsprechende Signale geben. Wenn Sie sich sicherer fühlen, nehmen Sie nach und nach auch Kontakt zu den anderen auf.
- Schauen Sie auch zu Personen, die den Kontakt zu Ihnen meiden. Sie sollten von Ihnen die gleiche Aufmerksamkeit bekommen, wie andere, auch wenn die Signale ihrerseits nicht einladend sind.
- Halten Sie auch dann aufmerksamen und zugewandten Blickkontakt, wenn eine Person Sie angreift oder gegenüber anderen oder hinsichtlich des Themas aggressiv oder sehr emotional ist. Sie zeigen damit, dass sie die Konfliktsituation aushalten können und geben Halt.
- Blickkontakt stabilisiert Menschen beim Sprechen. Unterstützen Sie besonders schüchterne, introvertierte, unsichere Menschen, indem Sie sie anschauen, wenn sie sprechen. Der stabile Kontakt zu Ihnen hilft ihnen, zu sagen, was sie denken, auch wenn sie das Sprechen in Gruppen als Stress empfinden.

5.6.2.3 Gestik: Unterstützen Sie Ihre Worte

Gestik hilft Ihre Worte zu unterstreichen und rhythmisiert ihr Sprechen. Gestik, Betonung und Sprechrhythmus sind eng gekoppelt. Menschen mit sparsamer oder keiner Gestik sprechen meist monotoner und ausdrucksärmer als Menschen, deren Gestik einfach fließt. Ist der Körper zu angespannt, verkümmert das gestische Potenzial eines Menschen. Bei Überspannung neigen viele dazu, sich irgendwo festzuhalten oder abzustützen. Die Hände und Arme sind dann blockiert. In solchen Fällen sucht der Körper Ausweichbewegungen, um den Drang nach Bewegung anders auszuleben. Sie rutschen auf dem Stuhl, laufen hin und her, wippen mit den Füßen, spielen am Handgelenk, der Brille oder einem anderen Gegenstand herum oder bewegen den Oberkörper und Kopf stärker als normal. Das sind allerdings alles Bewegungen, die das Sprechen nicht unterstützen, sondern andere eher irritieren. Manche Menschen bemühen sich, extra wenig oder keine Gestik einzusetzen, weil ihnen einmal gesagt wurde, sie »zappelten« rum. Für Nachrichtensprecherinnen im Fernsehen ist eine zurückgenommene Gestik angemessen. Sie sollen als Persönlichkeit hinter der Nachricht zurückstehen. Das ist jedoch eine sehr künstliche Sprechsituation.

Für die Moderation gilt: Je natürlicher Ihr Sprechverhalten, desto ausdrucksstärker und verständlicher ist es. Das Maß und die Form an Gestik, die für Ihre Persönlichkeit in entspannten Redesituationen typisch ist, sollte idealerweise auch in der Moderationssituation zum Ausdruck kommen. Temperamentvolle Personen werden Gestik stärker und ausladender nutzen, ruhigere Personen weniger. Das ist völlig okay. Gestik ist nicht richtig oder falsch, sondern nur stimmig oder nicht. Aber sie gehört zum wirkungsvollen und verständlichen Sprechen ohne Zweifel dazu.

Empfehlungen zur Gestik

- Ihre natürliche Gestik stellt sich von alleine ein, wenn Ihr Körper locker ist (siehe Kapitel 5.6.2.1) und die Hände in Bereitschaftshaltung sind.
- Bereitschaftshaltung heißt im Stehen: die Hände sind auf Höhe der Körpermitte und nicht in irgendeiner Weise fixiert, z. B. hinter dem Rücken, in der Hosentasche, verschränkt oder gefaltete Hände. Auch die Merkel-Raute ist zu statisch und keine natürliche Sprechhaltung.
- Oft kommt man sich seltsam vor, wenn man so mit nix in den Händen vor der Gruppe steht. Alternativ können Sie einen Stift oder Ihre Moderationskarten in eine Hand nehmen. Dann haben Sie die Hände automatisch in der richtigen Höhe und die kleinen, leichten Gegenstände hindern den freien Lauf Ihrer Gestik nicht.
- Im Sitzen am Tisch sollten die Hände locker aufliegen, völlig frei, kein Gewicht auf den Armen ablegen – also nicht nach vorn gebeugt sprechen, nicht die Arme verschränken, unter den Tisch nehmen oder sonst wie fesseln oder einschränken.
- Nehmen Sie Raum ein! Gerade Frauen neigen dazu, sich schmaler und enger zu machen. Sie sind aber die Leitungsperson im Moderationssetting. Nehmen Sie Raum ein, damit man das sieht und spürt!

- Falls jemand Ihnen jemals zurückgemeldet hat, Ihre Gestik sei zu lebendig, das störe ihn, nehmen Sie es hin. Versuchen Sie nicht, es zu ändern und die Gestik bewusst zu steuern. Sie werden nie so sprechen können, dass es jedem gefällt. Genauso könnte er kritisieren, Sie seien zu klein oder zu dunkelhaarig. Sie selbst und andere haben Sie in Ihrer Art sich auszudrücken zu akzeptieren – und Gestik ist ein zentraler Bestandteil des Ausdrucks.

5.6.2.4 Ausdruck: Reden Sie lebendig

Beobachtet man Menschen im Café ungezwungen ins Gespräch vertieft, so hört und sieht man, wie viel Expression und Lebendigkeit sie in ihre Worte legen. Sie geben sich als Person gänzlich hinein in das, was sie sagen, um anderen zu verdeutlichen, was sie denken und wollen. Stehen die gleichen Personen sprechend vor einer Gruppe, passiert es häufig, dass sie zurückgenommener, monotoner, schneller und ausdrucksärmer sprechen. Das Vor-der-Gruppe-Stehen führt bei vielen Menschen zu einer Ausdruckshemmung. Unwillkürlich werden sie ausdrucksärmer und damit weniger verständlich und langweiliger.

In der Moderatorenrolle müssen Sie oft Menschen auch dann erreichen, wenn diese Vorbehalte haben, gar nicht oder wenig motiviert, kritisch oder zweifelnd sind. Sie treffen in der Moderatorenrolle nicht immer auf offene Ohren, Freiwilligkeit und Interesse. Wenn Sie in einer solchen Situation auch noch langweilig, schnell und monoton Text abspulen, wird es noch schwieriger sein, Interesse zu wecken und die Gruppe zu aktivieren. Sie brauchen Ihr ganzes Ausdruckspotenzial, um es Menschen leicht zu machen, Ihnen inhaltlich zu folgen und sich angesprochen zu fühlen. So wie im Café mit Freunden.

Empfehlungen für Ihren Sprechausdruck

- Sprechen Sie möglichst »normal«. Also nicht formeller, gewählter, perfekter als sonst. Das führt meist zu Verkrampfung und Ausdrucksarmut.
- Betonen Sie Worte, die Ihnen wichtig sind. Das erleichtert den Angesprochenen das Verständnis. Wenn Sie kurze Sätze sprechen, lässt es sich leichter betonen als in Bandwurmsätzen. Beispiel: »*Es ist eben nicht so, dass Abiturientinnen einfach ganz von alleine auf dieses Studienangebot aufmerksam werden. Deshalb möchte ich mit Ihnen heute genauer hinschauen: Was können wir tun, um vermehrt junge Frauen für diesen Studiengang zu interessieren? …*«
- Nutzen Sie ab und an rhetorische Fragen. Sie regen zum Mitdenken an und öffnen das Interesse für die Antwort. Die Fragemelodie bringt Abwechslung in die Sprechmelodie: Z. B. »*Vielleicht denken Sie jetzt: »Wofür soll das gut sein?« – Nun, es gibt verschiedene Gründe …*«
- Sprechen Sie die Beteiligten zwischendurch immer wieder direkt an (dialogisches Sprechen). Sie sprechen dann automatisch »normaler«, das heißt lebendiger und packender. Beispiel: »*Sie haben vermutlich schon gehört, dass es in den letzten Wochen Beschwerden gab, dass …*« statt: »*Es gab in den letzten Wochen Beschwerden …*«

- Bauen Sie Passagen wörtlicher Rede ein. Das bringt Abwechslung und Lebendigkeit in die Darstellung. Beispiel: »Letztens kam eine Kundin rein und beschwerte sich: »*Also, das ist ja alles gut und schön mit Ihrer Anleitung, Superlayout, echt prima, aber das funktioniert nicht. Versuchen Sie doch mal …« Na ja, das ist nicht die erste Beschwerde, die kam. Es ist wohl so, dass wir da noch mal dran müssen und schauen, wie man die Anweisung optimieren kann.*«
- Gehen Sie am Ende Ihrer Sätze mit der Stimme runter. Man nennt das »terminale Satzmelodie«. Ihre Aussagen erhalten so mehr Gewicht, als wenn die Stimme am Satzende oben bleibt und unklar ist, ob und wie es weitergeht.
- Trauen Sie sich, expressiver zu sprechen!

5.6.2.5 Stimme: Entwickeln Sie ihren Klang

Die Stimme wirkt unmittelbar auf den Körper eines anderen ein. Man kann sie nur sinnlich wahrnehmen und reagiert entsprechend emotional, wenn man einen Klang als angenehm oder auch unangenehm empfindet. Der eigene Stimmklang ist zum Teil genetisch bedingt, zum Teil abhängig vom Gebrauch. Die Stimme einer einzelnen Person kann in unterschiedlichen Situationen recht unterschiedlich klingen. Außerdem lassen sich Stimmen schulen, sowohl gesanglich als auch sprecherisch. Ein guter Klang lässt sich also trainieren.[35] Bei Menschen, die beruflich viel sprechen müssen, ist ein Stimmtraining auch ein Schutz vor Fehl- oder Überlastung der Stimme.

Bei der Moderation geht es uns in erster Linie darum, in der exponierten Rolle als Moderator:in die Stimme möglichst normal zu nutzen, sodass sie sich bei Stress nicht zum Nachteil verändert. Vielen Frauen ergeht es so, dass die Stimme nach oben rutscht, wenn sie vor einer Gruppe sprechen. Die Stimme wird heller, mädchenhafter, so als ob sie um das Wohlwollen der Angesprochenen buhlen müssten. Müssen sie aber nicht. Hohe Stimmen wirken kindlicher – und das ist nun wirklich nichts, was sie in der Moderationssituation gebrauchen können. Manche Männer werden in der Stresssituation nuscheliger, was den Stimmklang und die Verständlichkeit ebenfalls einschränkt. Leises Sprechen wird meist als Unsicherheit interpretiert. Zu lautes Sprechen hingegen ist oft ein Mittel zum Überspielen der eigenen Unsicherheit. Beides wirkt nicht wirklich souverän. Die Stimme ist das Medium, das den Inhalt transportiert. Sie sollte das Zuhören nicht erschweren oder verhindern.

---

35 Auf der Website der Deutschen Gesellschaft für Sprechwissenschaft und Sprecherziehung (DGSS e. V.) finden Sie mehr Informationen dazu.

Die Stimme hat den wärmsten, vollsten und am besten tragenden Klang in ihrer Mittellage. Hier ein paar Tipps für den Umgang mit Ihrer Stimme, die Sie auch ohne Stimmtraining umsetzen können:[36]

Empfehlungen zum Umgang mit Ihrer Stimme

- Wenn Sie locker und aufrecht stehen oder sitzen und den Kopf nicht neigen (nach oben, unten, seitlich), haben Sie beste Voraussetzungen für einen guten Klang.
- Stimme wird mithilfe von Muskeln gebildet. Sind diese verspannt, leidet der Klang. Sehen Sie zu, dass Bauch, Schulter, Hals, Mund und Kiefer möglichst locker sind.
- Sie können Übungen[37] zur Lockerung und Weitung des Resonanzraums machen, wenn Sie wissen, dass Ihre Stimme eher leise/hoch oder eng ist. Z. B. Wenn Sie allein sind, Zunge mehrmals weit rausstrecken, große Kaubewegungen auch ohne wirklich etwas zu kauen, Gähnen. Die Zunge sollte locker im Mundboden liegen und nicht an den Gaumen gepresst sein. Die Lippen locker aufeinander, nicht gepresst.
- Für Leute, deren Stimme gern nach oben rutscht: Sie kommen besser in die stimmliche Mittellage, wenn Sie von unten starten. Das können Sie gut üben: Stellen Sie sich vor, Sie hören jemandem aufmerksam zu. In solchen Situationen gibt man häufiger Hm-Laute von sich. Diese sind im unteren Stimmbereich. Von dort kann man gut starten. Wenn nun Ihr Telefon klingelt, machen Sie den Mund und Kiefer locker, sagen Sie »hm«, nehmen den Hörer auf und starten Sie aus der Hm-Stimmlage ins Sprechen: »(Hm) Sandhausen Funktionsmöbel, Müller am Apparat ...« Trainieren Sie so im Büro ganz entspannt im Alltag.
- Entspannen Sie Mund-Kiefer-Hals-Muskulatur bewusst, wenn Sie nicht sprechen müssen.
- Für Leise-Sprecher:innen: Stellen Sie sich vor, Sie sprechen zu der am weitesten von Ihnen entfernt sitzenden Person. Stellen Sie sich vor, Sie sprechen die Worte in direkter Linie zu ihr. Ihre Stimme passt sich durch die Vorstellung so besser dem Raum an.
- Wenn Sie sich großen Gruppen und Räumen stimmlich nicht gewachsen fühlen, organisieren Sie Verstärkung durch ein Mikrofon. Sie sollen sich nicht stressen müssen, sondern auf den Inhalt und die Gruppe konzentrieren können.

5.6.2.6 Sprechen: Souveräner Umgang mit Tempo und Pausen

Unsichere Menschen sprechen meist (zu) schnell und verhuscht. Pausen kommen fast nicht vor. Es wirkt so, als wollten sie alles schnell hinter sich bringen. Das erzeugt keinen souveränen Eindruck, sondern verbreitet Hektik, Hetze und Unwohlgefühl. Sprechen Sie zu schnell und wirken gehetzt, senden Sie potenziell Opfersignale aus.

---

36 Sollten Sie häufig Probleme mit der Stimme haben (Räuspern, Heiserkeit, Ermüdung nach einer Zeit des Sprechens, Probleme mit der Lautstärke etc.), holen Sie sich fachkundigen Rat. Mögliche Ansprechpartner: HNO-Mediziner:in mit Schwerpunkt Phoniatrie, Logopädin mit Schwerpunkt Stimme, Sprecherzieher.

37 Eberhart & Hinderer, 2014; Puffer, 2010.

Außerdem geht ein Teil der gesprochenen Information verloren, weil die Angesprochenen so viel Information in so kurzer Zeit nicht verarbeiten und speichern können.

Wollen Sie Menschen mit Ihren Worten erreichen, müssen Sie die Inhalte strukturieren und portionieren. Wann ein inhaltlicher Block anfängt oder aufhört, sollte hörbar sein, damit man das Gesagte in dieser Struktur nachvollziehen und speichern kann. Das Tempo richtet sich nach der Aufnahmefähigkeit der Gruppe. Neue und komplexe Sachverhalte brauchen mehr Zeit, um verarbeitet zu werden, als Routineinformationen. Hier ein paar Hinweise, wie Sprechtempo und Pausen Ihre Rolle und Ihre Verständlichkeit unterstützen.

Empfehlungen zu Tempo und Pausen beim Sprechen

- Gerade zu Beginn einer Veranstaltung muss sich die Gruppe erst einhören und an Sie als Sprecher:in gewöhnen. Starten Sie sprechtechnisch langsam. Verzichten Sie auf ein Feuerwerk von 100 Informationen in 2,5 Minuten.
- Temporeduktion erfolgt vor allem durch Pausen. Sprechen Sie ein bis zwei Sätze am Stück, gehen mit der Sprechmelodie runter (terminale Satzmelodie), machen eine kurze Pause und setzen dann neu an.
- Viele Menschen haben Probleme in der Sprechsituation vor der Gruppe Pausen zu machen. Sie sprechen ohne Punkt und Komma und gehen mit der Satzmelodie am Ende selten runter. Um überhaupt zu Luft zu kommen schieben Sie mitten in die Sätze »Ähms« ein. Die Angesprochenen müssen sich im höchsten Maße konzentrieren, um bei einem solchen Sprechstil die nötige Information rauszuziehen. Also Pausen machen, Stimme runter, lockerlassen und neu ansetzen. Dann verschwinden die Ähms von alleine.
- Ähms wird man nicht los, indem man versucht sie zu unterdrücken, sondern indem man lernt, sprechtaugliche Sätze zu formulieren (also möglichst kurze Sätze ohne zig Nebensätze), die Satzmelodie am Ende runterzubringen und Pausen zu machen.
- In den Sprechpausen können Sie auch gut einmal in Ihr Konzept schauen, falls das nötig sein sollte. Das müssen Sie nicht verschämt tun, sondern mit großer Selbstverständlichkeit. Sie sind gut vorbereitet und arbeiten strukturiert. Da gehört ab und an ein Blick in die eigene Planung dazu. Dabei wird nicht gesprochen!
- Vermeiden Sie, bei Fragen wie aus der Pistole geschossen zu reagieren. Lassen Sie sich Zeit nachzudenken. Ihr Umgang mit Zeit und Tempo, zeigt, ob Sie die Situation souverän gestalten oder Sie von anderen oder außen beherrscht werden.
- Wenn die Zeit knapp wird, werden manche Moderatoren hektisch. Diese Hektik überträgt sich oft auf die Gruppe. Das Problem ist, dass komplexe Denkleistungen in Hektik nicht funktionieren. Man erschwert sich und der Gruppe damit also die Situation. Bleiben Sie gerade auch bei Zeitknappheit ruhig, klar und gelassen. Sie können zügig arbeiten, dürfen aber körpersprachlich keine Anzeichen von Nervosität, Hetze oder Unruhe verbreiten.

6 Umgang mit schwierigen Situationen in der Moderation

6.1 Konflikte in der Gruppe

Dass es in der Arbeit mit Gruppen zu Störungen, Konflikten und Krisen kommt, ist normal. In der Moderatorenrolle sollten Sie sich innerlich darauf einstellen, dass es zu Störungen und Auseinandersetzungen kommt – in manchen Gruppen und bei bestimmten Themen mehr, in anderen weniger (siehe Kapitel 3.5 und 3.6). Sie entstehen immer da, wo Interessen und Ziele nicht miteinander harmonieren, Missverständnisse entstanden sind oder sich alte, nicht geklärte Konflikte bei neuen Themen wieder entzünden. Lassen Sie sich von der Aussicht auf Streit und Konflikt nicht schrecken. Wichtig ist, dass Sie Konflikte möglichst frühzeitig erkennen und sie in angemessener und fairer Weise bearbeiten. Nicht ein Konflikt als solcher ist bedrohlich, sondern es sind destruktive Formen der Konfliktbewältigung, die eine Gruppe und ihre Arbeit gefährden. Auf die Form der Zusammenarbeit, Stil und Atmosphäre des Miteinanders haben Sie als Moderator:in erheblichen Einfluss. Nutzen Sie diesen, um mit der Gruppe funktionale und faire Lösungen für Konflikte zu finden. Sehen Sie es als Ihre Aufgabe an, der Gruppe dabei zu helfen, die strittigen Fragen auf eine konstruktive Weise zu klären. Wenn Sie diese Aufgabe innerlich akzeptieren und sich in der Unterstützerrolle für die Gruppe sehen, wird es leichter und Sie können weitgehend angstfrei und zielgerichtet auf die Lösung von Konflikten mit der Gruppe hinarbeiten.

6.1.1 Konflikte erkennen

Um Konflikte lösen zu können, muss man sie erkennen. Für Moderatoren und Moderatorinnen, die nicht Teil der Gruppe sind, ist dies manchmal gar nicht so einfach, weil Konflikte zunächst häufig verdeckt auftreten, also nicht offen angesprochen oder ausgetragen werden. Meistens lässt sich jedoch aus dem beobachtbaren Verhalten Einzelner oder der ganzen Gruppe schließen, dass etwas nicht in Ordnung ist.

Woran Sie verdeckte Konflikte erkennen können

- Eine oder mehrere Personen haben einen gereizten Tonfall.
- Einzelne/mehrere halten sich sehr zurück oder verweigern die aktive Teilnahme.
- Einzelne/mehrere reagieren harsch und ungeduldig auf andere in der Gruppe.
- Einzelne/mehrere vermeiden offensichtlich den Blickkontakt mit anderen oder wenden sich ab, wenn jemand Bestimmtes spricht.
- Einzelne/mehrere zeigen abwertende mimische Reaktion, wenn jemand anderes redet (Hochziehen der Augenbrauen, Stöhnen, Augenverdrehen, Kopfschütteln, Lächeln/Lachen etc.).

- Beiträge von bestimmten Personen werden ignoriert.
- Es kommt zu subtilen persönlichen Angriffen oder Spitzen gegen andere Teilnehmende.
- Teilnehmende äußern Zweifel am Sinn der Sitzung, wirken frustriert, ängstlich, eisig oder sehr zurückgenommen.

Verdeckte und offene Konflikte

Erst wenn die Spannung steigt und nicht mehr kontrolliert werden kann, tritt der Konflikt offen zu Tage. Wir unterscheiden also verdeckte und offene Konflikte.

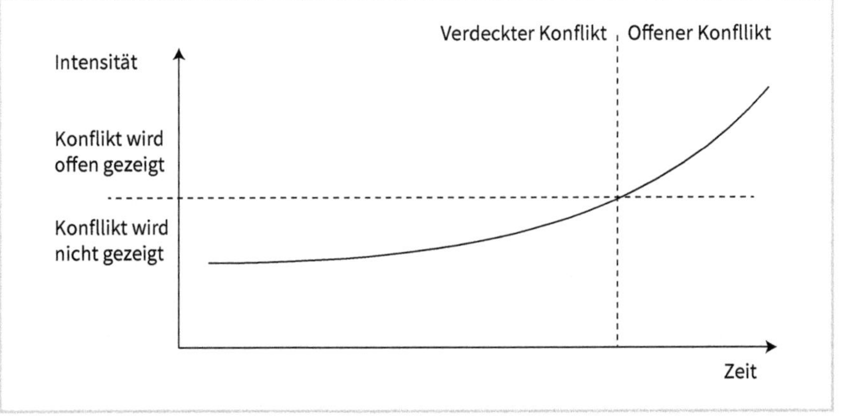

Abb. 24: Vom verdeckten zum offenen Konflikt

Gleich ob es sich um einen verdeckten oder offenen Konflikt handelt – in beiden Fällen werden Sie die Konfliktursache herausfinden müssen, um mit den Betroffenen eine Lösung zu finden. Hier eine kleine Auflistung gängiger Konfliktursachen in Gruppen.

Konfliktursachen – eine Auswahl

- Missverständnisse – man redet aneinander vorbei
- Man hat unterschiedliche Vorstellungen davon, was wichtig/richtig ist und/oder verfolgt unterschiedliche Ziele
- persönliche Frustration – man fühlt sich nicht genügend gehört, beachtet, wertgeschätzt
- unterschiedliche Bedürfnisse – jede:r denkt nur an sich und seine Bedürfnisse, ohne sie mit anderen oder einem übergeordneten Ziel abzustimmen
- ungünstiges Kommunikationsverhalten – man hört sich nicht zu, geht auf das Gegenüber nicht ein, sucht Konfrontation und Sieg statt eine für alle Seiten akzeptable Lösung
- Konflikt beruht auf »alten Geschichten«, die nichts mit dem Meeting zu tun haben, aber eine Einigung bei dem aktuellen Thema erschweren
- mangelnde Wertschätzung im Umgang – herablassender Ton, abfällige Kommentare, negativ eingefärbte Sprache

6.1.2 Konfliktfelder aufdecken

In der moderierten Sitzung versuchen wir, Konfliktfelder möglichst früh aufzudecken. Im frühen Stadium eines Konflikts sind Emotionen der Verärgerung oder Frustration noch nicht so weit fortgeschritten und die Fronten noch nicht verhärtet. Der sachliche Gehalt eines Konflikts lässt sich zu einem frühen Zeitpunkt besser bearbeiten. Generell lassen sich Probleme, die offen liegen, besser bearbeiten und lösen als verdeckt schwelende. Deswegen sind gute Moderatoren und Moderatorinnen sensibel für entsprechende Anzeichen und helfen bei der Aufdeckung von Konflikten, um sie zu bearbeiten und aus dem Weg räumen zu können.

Tipp

Viele nicht geübte Moderatoren und Moderatorinnen haben Angst vor Konflikten in Gruppen und versuchen bewusst oder unbewusst, sie zu ignorieren, runterzuspielen und gute Miene zum bösen Spiel zu machen – vielleicht aus Angst, dass sie der Auseinandersetzung nicht gewachsen sind. Das Zudecken und Herauszögern von Konflikten erschwert aber die Klärung und verhindert eine vernünftige Arbeit an dem anstehenden Sachthema. Deshalb: Handeln Sie früh! Helfen Sie, die strittige Frage aufzudecken und – wenn möglich – zu lösen. Stoßen Sie dabei auf Themen, die nicht in die Gruppe gehören oder von dieser nicht zu lösen sind, klären Sie, wie Sie damit umgehen und wo und mit wem die Klärung erfolgen sollte. Allein das Ansprechen und Aufdecken führt häufig schon zu einer Entspannung und ermöglicht die weitere Arbeit an der anstehenden Aufgabe.

Verdeckte Konflikte aufdecken

Vorrangiges Ziel ist es, einen Konflikt besprechbar und dadurch lösbar zu machen. Dazu muss er an die Oberfläche. Je nachdem, zu welchem Zeitpunkt er auftritt, bieten sich Ihnen dafür unterschiedliche Möglichkeiten.

1. Intervention vor der Sitzung

Sie vermuten verschiedene Interessen schon vor dem Beginn der eigentlichen Sitzung. In dem Fall planen Sie den Einstieg oder die Themensammlung so, dass Gemeinsamkeiten und mögliche Differenzen transparent werden. Methoden: Strukturierte Eingangsrunde, Einpunktabfrage, Abfrage mit der Zwei-Felder-Tafel (die begünstigende und problematische Faktoren gezielt abfragt). Die entsprechenden Techniken werden in Kapitel 8 vorgestellt.

Die folgenden Beispiele können nicht alle möglichen Szenarien abdecken, letztlich müssen sich Fragen bzw. Themen immer auf die spezifische Gruppe und das bearbeitete Ziel beziehen lassen. Die Beispiele können aber eine Anregung sein, wie Sie die Teilnehmenden dazu bringen, etwas von sich zu zeigen. Ist ein Konflikt virulent, wird er sich in einem solchen Freiraum zumindest in Ansätzen schon zeigen.

Beispiel

Ein Abfrage-Punkt in der strukturierten Eingangs- bzw. Vorstellungsrunde könnte sein: »Was mir hier und heute wichtig ist …« oder »Was mich auf die Palme bringt …«, oder »Was mir in der Zusammenarbeit mit anderen/mit der Abteilung/in Bezug auf das Projekt xy wichtig ist …«

Bei Einpunktabfragen: »Wie wichtig ist das Projekt xy für Ihre Abteilung/für Sie?« oder »Wie zufrieden sind Sie mit dem bisherigen Verlauf von xy?« oder »Wie zufrieden sind Sie mit Kooperation in unserem Projekt?«

Bei Themensammlungen z. B. mithilfe der Karten-Abfrage: »Was läuft gut in unserer Zusammenarbeit? Wo sehen Sie Verbesserungsmöglichkeiten?« Die als positiv erlebten Inhalte könnten auf grüne Karten, die anderen auf rote geschrieben werden. Sehr schnell werden Sie auf die neuralgischen Punkte und Differenzen stoßen.

2. Intervention während der Sitzung

Bemerken Sie während der Sitzung, dass etwas »nicht stimmt«, entscheiden Sie intuitiv, wo das Problem verortet sein könnte, und nehmen Sie dann eine entsprechende verbale oder methodische Intervention vor.

Beispiel

Sie bemerken einen gereizten Umgangston. Intervention: »Aus der etwas gereizten Diskussion schließe ich, dass irgendetwas nicht in Ordnung ist. Um zu verstehen, was los ist, möchte ich gern ein kurzes Blitzlicht machen und von jedem von Ihnen hören, wo Sie im Moment in Bezug auf das Thema stehen und was Sie gerade beschäftigt, ggf. ärgert oder nervt. Danach können wir klären, was zu klären ist, und uns wieder dranmachen. Lassen Sie uns auf der linken Seite beginnen. Frau Fischer …«

Sie bemerken eine latente Unzufriedenheit. Intervention: »Wir diskutieren gerade die Planung für das nächste Quartal. Ich weiß nicht genau, was los ist, aber einige von Ihnen wirken momentan recht unzufrieden. Ich hätte gerne eine kurze Rückmeldung, wo Sie gerade stehen und was aus Ihrer Sicht jetzt ansteht.«

Sie bemerken, dass Herr Müller bei einem Vorschlag von Frau Meier die Augen verdreht. Intervention: »Herr Müller, Ihr Blick signalisiert mir, dass Sie das anders sehen. Was denken Sie darüber?«

Die Gruppe ist groß und Sie können nicht recht einschätzen, wer wie »drauf ist«. Intervention: Vor dem Herausgehen in die Pause eine Einpunktabfrage zum Zwischenstand: Wie zufrieden sind Sie mit unserer Zusammenarbeit? (z. B. Tempo, Kommunikationskultur, Moderation). Wie zufrieden sind Sie mit unserer inhaltlichen Arbeit? Nach der Pause können Sie klären, ob bzw. wo Weichen anders gestellt werden müssen.

Mithilfe dieser Interventionen können Sie aus verdeckten offene Konflikte machen, die sich in einem strukturierten und fairen Verfahren bearbeiten lassen.

Sollten dabei Konflikte ganz grundsätzlicher Art auftreten, z. B. wenn der Sinn der gemeinsamen Arbeit grundsätzlich infrage gestellt wird, keine Bereitschaft zur Mitarbeit gegeben ist etc., ist es nicht sinnvoll, einfach so weiterzuarbeiten wie ursprünglich geplant. Das grundsätzliche Problem muss gelöst werden. Unter Umständen kann dies auch eine Vertagung des ursprünglich geplanten Themas nötig machen. Wenn die Grundvoraussetzungen für thematische Arbeit nicht gegeben sind, können Sie als Moderator:in das nicht erzwingen (siehe auch Kapitel 3.6).

Bei der Aufdeckung von Konflikten kann sich aber auch herausstellen, dass dieses Meeting und diese Gruppe nicht der richtige Ort für die Austragung dieses Konflikts sind. Bringen Sie dies deutlich zum Ausdruck und machen Sie einen Vorschlag zum weiteren Vorgehen.

Beispiel: Konfliktklärung vorziehen oder verlagern

Konfliktklärung vorziehen: »Okay, Sie haben also, bevor wir zum Thema X arbeiten, noch ganz grundsätzliche Fragen und Anmerkungen. Ihnen ist noch nicht klar, warum … Das leuchtet mir ein. Lassen Sie uns zunächst den Hintergrund des Projekts X klären und dann besprechen, wie wir weiterarbeiten.«

Konfliktklärung verlagern: »Ich merke, dass Sie in der Frage X grundsätzlichen Klärungsbedarf haben. Das können wir hier in diesem Meeting nicht leisten. Unser Auftrag heute ist … Deswegen schlage ich vor, wir stellen die Frage X zurück und befassen uns nun mit … Ich würde dann gerne nach der Sitzung mit Ihnen kurz beraten, wie wir mit der Frage X weiter verfahren.«

6.1.3 Mit offenen Konflikten moderierend umgehen

Ein offener Konflikt ist meist am Streit erkennbar. Dies erfordert ein entschiedenes und direktes Eingreifen der Moderatorin. Heftige oder emotional aufgeladene Auseinandersetzungen schüchtern nicht direkt Betroffene in der Gruppe ein. Sie ziehen sich zurück und fühlen sich unwohl. Die Streitenden finden ohne vermittelnde Moderation meist nicht zu einer sachorientierten Lösung. In Ihrer Intervention als Moderator:in sollte der Konflikt nicht dramatisiert, sondern als etwas »Normales« dargestellt werden. Tonfall und Formulierung sollten zur Deeskalation beitragen. Auch wenn die Erregung in der Gruppe groß ist, sollte Ihre Stimme möglichst ruhig, mit stärkerer Betonung und bestimmt, doch im Klang eher sanft als scharf sein. Achten Sie auf kurze Sätze, weil diese in aufgeregten Situationen bessere Wirkung entfalten. Ihre Mimik sollte trotz der für die Gruppe stressenden Situation freundlich und zugewandt sein. Dem Stress der Streitenden und der Verunsicherung der Gruppe setzen Sie als Moderator:in verbal wie nonverbal Ihre Ruhe, Klarheit, Freundlichkeit und Lösungsorientierung entgegen.

Beispiel: Unterbrechung als Intervention

Intervention: »Ich gehe mal kurz dazwischen: Ich merke an Ihrem Disput, Sie sind da unterschiedlicher Ansicht. Damit ich verstehe, worum es genau geht … Lassen Sie uns etwas genauer hinschauen und klären: Wo stimmen Sie überein? Wo sind Sie unterschiedlicher Meinung und warum? Ich visualisiere das in Stichworten mit, damit wir Ihre Argumente nachvollziehen können. Frau Schmidt, beginnen Sie bitte. Herr Müller, Sie werde ich gleich ebenfalls dazu befragen: Also wie schätzen Sie xy ein und warum?«

6.1.4 Inhaltliche Konflikte bearbeiten

Bei der Bearbeitung von Konflikten in der Gruppe sind Sie als Moderator:in gefragt. Sorgen Sie dafür, dass die Diskussion über Sie läuft und die Gruppe nicht wüst durcheinanderredet. Konflikte lassen sich besser lösen, wenn die Bearbeitung in einer sicheren Struktur geschieht. Folgendes Vorgehen in moderierten Sitzungen hat sich bewährt:

Bearbeitung von Sachkonflikten

1. Unterbrechen Sie.
   Intervenieren Sie zügig und bestimmt, wenn eine Auseinandersetzung zwischen zwei oder mehr Teilnehmenden heftiger wird und aus Ihrer Sicht nicht mehr konstruktiv verläuft, und sagen Sie kurz etwas Neutrales zum Grund der Unterbrechung (s. Beispiel oben).
2. Sprechen Sie die Konfliktparteien separat nacheinander an.
   Lassen Sie sich von den Beteiligten separat erklären, was Sie zu der strittigen Frage denken.
3. Fragen Sie nach.
   Begnügen Sie sich nicht mit ein paar hingeworfenen Worten, sondern fragen Sie in Ruhe nach, lassen Sie sich Hintergründe und Gründe erläutern (siehe Kapitel 5.1.3 f.).
4. Paraphrasieren Sie.
   Drücken Sie mit Ihren eigenen Worten aus, was Sie verstanden haben. Bemühen Sie sich dabei um eine deeskalierende Ausdrucksweise, die trotzdem die Meinung des anderen möglichst gut abbildet (siehe Kapitel 5.2).
5. Lassen Sie keine Unterbrechung durch andere zu.
   Konzentrieren Sie sich darauf, die Haltung der einzelnen Konfliktparteien zu klären und zu verstehen. Erst die eine, dann die andere. Die Klärung sollte nicht im Dialog der Betroffenen untereinander geschehen, weil dies meist zur weiteren Eskalation führt.
6. Visualisieren Sie wichtige Aspekte/Argumente.
   Liegt der Dissens in der inhaltlichen Arbeit begründet, ist es hilfreich, die verschiedenen Argumente für alle sichtbar festzuhalten (wahlweise Flipchart, Metaplanwand, Laptop, der am Beamer angeschlossen ist). Dies nimmt die Dynamik aus

der Situation, führt zu mehr Transparenz, verhindert Wiederholung von Wortbeiträgen und nötigt die Betroffenen, tatsächlich Argumente für oder gegen etwas zu nennen. Formulieren Sie dafür eine klare Leitfrage, z. B. für eine Zwei-Felder-Tafel: Was spricht aus Ihrer Sicht für diese Lösung? Was könnte problematisch werden, wenn wir uns für diese Lösung entscheiden?

7. Beziehen Sie die Gruppe mit ein.
   Nach der Klärung der einzelnen Sichtweisen können Sie die Gruppe in die inhaltliche Diskussion miteinbeziehen. Gerade wenn Sie mit einer Visualisierung arbeiten, kann der Konflikt zwischen zwei oder mehr Betroffenen gut in eine themenbezogene Diskussion mit der ganzen Gruppe übergeleitet werden. Die visuelle Struktur hilft Ihnen, beim Thema zu bleiben.
8. Verlagern Sie die Diskussion nach vorne zu Ihnen.
   Lassen Sie die Teilnehmenden nicht untereinander diskutieren. Stellen Sie Fragen und lassen Sie sich die Meinungen erläutern. Sie fungieren also solange wie nötig als moderierende Zwischeninstanz.
9. Trennen Sie bei Sachkonflikten Person und Inhalte.
   Benutzen Sie nicht Formulierungen wie: »Der Vorschlag von Herrn Schneider …« oder »Das Marketing will …«, sondern: »Es gibt also für uns bisher zwei Optionen: Zum einen den Vorschlag X … Zum anderen den Vorschlag Y, bei dem …« Durch diese Formulierungen steht die Sache, in diesem Fall der Vorschlag, im Fokus und nicht die Person, die diese Meinung vertritt.
10. Sammeln Sie weitere Vorschläge mit der gesamten Gruppe.
    Wenn die Interessen der Konfliktpartner klarer geworden sind, kann man die Gruppe stärker in die Lösungsfindung einbinden. Lassen Sie weitere Optionen entwickeln. Handeln Sie eine Lösung aus, in der sich möglichst viele aus der Gruppe wiederfinden können, und legen Sie gemeinsam das weitere Vorgehen fest.

Angenommen, wir vergeben den Entwicklungsauftrag an einen externen Partner…	
Was hätte das für uns für Vorteile?	**Was könnte problematisch werden?**
• Unser Tagesgeschäft und laufende Projekte werden nicht beeinträchtigt • Überschaubarer Kostenrahmen • Keine Neueinstellungen für ein zeitlich begrenztes Projekt nötig • Bisherige Urlaubsplanung muss nicht über den Haufen geschmissen werden • … • …	• Ggf. fehlt Know-how, da Firma unsere Software nicht selbst entwickelt hat • Höhere Fehlerquote? • Viele Abstimmungsmeetings notwendig • Ggf. doch intensivere Betreuung nötig, also nicht möglich, Auftrag ganz extern zu vergeben • … • …

Angenommen, wir vergeben den Entwicklungsauftrag an einen externen Partner…	
Nächste Schritte Kontakt mit geeigneten Partner herstellen • Projektleiter:in aus unserem Team finden/ bestimmen & dessen/deren bisherige Aufgaben umschichten • Auftrag definieren und Aufwand abschätzen • Angebote einholen • … • …	**Wie könnten wir die mögliche Schwierigkeiten in den Griff bekommen/abmildern?** Mitarbeiter der Fa. in unseren Räumlichkeiten arbeiten lassen Projektleiter von uns nehmen, Entwickler extern Agiles Projektmanagement mit definierten Sprints zur frühen Korrektur möglicher Fehlentwicklungen • … • …

Abb. 25: Vier-Felder-Tafel zur Bearbeitung verschiedener Lösungswege – für jeden Vorschlag eine eigene Tafel

6.1.5 Persönliche Konflikte bearbeiten

Nicht immer sind die Konflikte thematisch oder inhaltlich begründet. Grund für den Konflikt ist dann vielleicht die Umgangsform oder eine bestimmte Verhaltensweise des/der anderen. Auch da lässt sich eine Lösung besser finden, wenn die Betroffenen aussprechen, was sie ärgert oder nervt. Bei der Lösungsfindung müssen die Argumente nicht unbedingt visualisiert werden. Folgende Reihenfolge hat sich bewährt:

Bearbeitung von persönlichen Konflikten

1. Unterbrechen Sie.
   Intervenieren Sie zügig und bestimmt, wenn eine Auseinandersetzung zwischen zwei oder mehr Teilnehmenden in persönliche Anfeindungen kippt und/oder aus Ihrer Sicht nicht mehr konstruktiv verläuft. Sagen Sie kurz etwas Neutrales zum Grund der Unterbrechung, z. B. »Ich gehe mal kurz dazwischen. Ich merke, es gibt Unstimmigkeiten/Verärgerung/Missverständnisse zwischen Ihnen. Ich möchte das kurz klären, damit wir wieder an unserer eigentlichen Kernfrage weiterarbeiten können.«
2. Lassen Sie die Betroffenen getrennt ihre Sicht vortragen.
   Was ärgert/stört/irritiert/frustriert sie? Lassen Sie sich das separat erklären und fragen Sie nach bzw. paraphrasieren Sie, was Sie verstanden haben (siehe Kapitel 6.1.4 zur Bearbeitung von Sachkonflikten).
3. Lassen Sie die Betroffenen Ihre Wünsche formulieren.
   »Was wünschen Sie sich vom anderen? Was soll er/sie tun, lassen, mehr/weniger machen, damit Sie im weiteren Verlauf der Sitzung wieder gut mitarbeiten können?«
4. In der Ich-Form sprechen lassen.
   Achten Sie darauf, dass die Betroffenen in der Ich-Form sprechen, ihre Sicht, ihr Empfinden auch als solches kenntlich machen. Zum Beispiel nicht: »Herr Müller

hat ein asoziales Kommunikationsverhalten, ihm ist scheißegal, was wir vom Marketing brauchen«, sondern: »Mich regt das auf, wenn ich dauernd unterbrochen werde. Ich möchte ganz einfach, dass Herr Müller mich ausreden lässt und auch mal versucht, sich mit meinen Argumenten auseinanderzusetzen. Wir vom Marketing haben natürlich eine andere Sicht der Dinge, die muss auch berücksichtigt werden.«

5. Vereinbarungen treffen.
   Helfen Sie den Parteien, Vereinbarungen zu treffen, die den Wünschen des anderen entgegenkommen, und fassen Sie die Vereinbarung zusammen. Achten Sie darauf, dass es nicht Gewinner und Verlierer gibt, sondern beide mit möglichst wenig Gesichtsverlust aus der Sache herauskommen.
6. Arbeiten Sie anschließend mit der Gruppe ganz normal am Thema weiter.

Beispiel: Vereinbarung

Moderator:in: »O.k., Herr Müller, Frau Schmidt bittet Sie, sie in Zukunft nicht mehr zu unterbrechen und sich ernsthaft mit ihren Argumenten auseinanderzusetzen. Geht das für Sie o.k.? Und, Frau Schmidt, Herr Müller wünscht sich, dass Sie Ihre Aufmerksamkeit nicht allein auf die »Optik« lenken, sondern sich stärker für die anderen Aspekte öffnen, die bei der Entscheidung noch zu berücksichtigen sind. Ist das damit auch o.k. für Sie?« Nicken/Zustimmung. »O.k., lassen Sie uns mit der gesamten Gruppe in unserer Arbeit weiter gehen … Arbeitsfrage …«

Gerade bei grundsätzlichen oder älteren Konflikten mit Beteiligten kann es vorkommen, dass in dem Rahmen keine Lösung zu finden ist. In einem solchen Fall bitten Sie die Teilnehmenden, zu versuchen, ihren Konflikt in dieser Sitzung soweit möglich außen vor zu lassen und sich auf das Gruppenziel zu konzentrieren. Wenn Sie diese Gruppe regelmäßiger moderieren, sollten Sie allerdings mit den Betroffenen (separat oder gemeinsam, je nachdem, was Sie für besser halten) besprechen, wann und wo und ggf. mit wessen Hilfe sie die grundsätzliche Störung zwischen ihnen bearbeiten können.

6.1.6 Konflikten durch transparente Wege der Entscheidungsfindung vorbeugen

Die Moderationsmethode ist ein gutes Mittel, Konflikte zu bearbeiten und zu lösen. Mehrere Instrumente der Moderationsmethode haben sich als wirksames Mittel erwiesen, Konflikten vorzubeugen bzw. sie einzudämmen.

Neben den genannten Mitteln zur Bearbeitung von Konflikten ist dies vor allem die Transparenz im Vorgehen und bei der Entscheidungsfindung. Indem Sie Informationen und Argumenten visualisieren, sorgen Sie dafür, dass allen Teilnehmenden ähnliche Informationen in übersichtlicher und nachvollziehbarer Form zur Verfügung stehen. Die Arbeitsverfahren ermöglichen, dass alle Beteiligten aktiv Einfluss nehmen können. Transparenz und Beteiligungsmöglichkeit sind sehr wichtige Mittel, um Konflikte bearbeitbar zu machen bzw. ihrer Entstehung vorzubeugen. Sind die Wege zur gemeinsamen Entscheidungsfindung transparent und fair, verändert sich auch die Atmosphäre in der Gruppe – das Miteinander wird konstruktiver und vereinfacht das Finden von Lösungen. In moderierten Sitzungen sollten Entscheidungen, die in der Gruppe gefällt werden können, immer in einem nachvollziehbaren, fairen Verfahren getroffen werden. Bewährt hat sich bei der Gewichtung von Rangfolgen, der Auswahl von Themen oder der Entscheidung zwischen verschiedenen Alternativen das Gewichtungsverfahren mit der Mehrpunktabfrage (siehe Kapitel 4.2.6 und 8.3.13).

Keine Verlierer

Das Kleben von Punkten entpersonalisiert Entscheidungen. Man stimmt nicht für Müller oder gegen Schneider, sondern bewertet Themen. Außerdem ist man durch das Mehrpunktverfahren gezwungen, Zweit- und Dritt-Alternativen zu markieren, also beispielsweise »Mein Favorit ist C, aber wenn das nicht geht, könnte ich mir auch A oder D vorstellen«. Dieses Vorgehen verhindert, dass sich Einzelne zu stark auf einen Weg versteifen. Die Wahrscheinlichkeit, dass etwas ausgewählt wird, auf dem Einzelne gar keinen Punkt hinterlassen haben, ist relativ gering. Auch wenn meine favorisierte Lösung nicht gewählt wurde, bleibt der Trost, dass mein Zweit- oder Drittwunsch berücksichtigt wurde. Das verhindert das Ausklinken aus der weiteren Arbeit – ein Verhalten, das Menschen oft zeigen, wenn sie sich mit ihrer Sicht nicht durchsetzen konnten.

Es ist zudem ein Verfahren, das extrovertierte oder dominante Menschen nicht bevorzugt. Jede:r verfügt über die gleiche Anzahl an Punkten und kann somit die Gesamtentscheidung beeinflussen. Das Ergebnis ist für alle sichtbar, transparent im wahrsten Sinne des Wortes. Die Akzeptanz solcher Entscheidungen ist zumeist höher als in klassischen K.o.-Abstimmungen. Auch hinterlässt es weniger Wunden und Frustration (zum Vorgehen siehe Kapitel 8.3.12).

6.1.7 Essentials bei der Konfliktbearbeitung

Zusammenfassend erfahren Sie hier noch einmal die wesentlichen Aspekte bei der Konfliktbearbeitung aus Moderatorensicht. Sie werden Ihnen helfen, auch in schwierigen Situationen souverän und handlungsfähig zu bleiben, um moderierend wirken zu können:

Das Wesentliche zur Konfliktbearbeitung auf einen Blick

- Normalität
  Sehen Sie Konflikte als etwas Normales an und signalisieren Sie das auch Ihrer Gruppe. Konfliktkontrahenten sehen manchmal keinen Weg, wie man »da rauskommen kann«. Es ist wichtig, dass Sie – auch wenn noch keine Lösung in Sicht ist – das Gefühl vermitteln, dass es Wege für eine Lösung gibt, dass es etwas Mühe kostet, diese aufzuspüren oder zu entwickeln, aber dass es bei Bemühen aller Seiten ohne Frage eine Lösung gibt. Sie verkörpern sozusagen die Gewissheit, dass eine Lösung möglich ist, und leiten den Weg dahin freundlich aber bestimmt an.
- Überparteilichkeit
  Bleiben sie unparteiisch und allen Konfliktparteien zugewandt. Das ist die Voraussetzung dafür, dass Sie erfolgreich vermitteln können.
- Emotionen zulassen
  Gestehen Sie den Parteien eine gewisse Emotionalität zu, ohne sie zu maßregeln (nicht: »Bleiben Sie sachlich«). Zeigen Sie Akzeptanz oder, wenn möglich, auch Verständnis für die Emotionen, die im Laufe des Konflikts auftreten (»Ich kann verstehen, dass Sie sich darüber ärgern …«, »Sie diskutieren sehr engagiert, die Angelegenheit scheint sehr wichtig für Sie zu sein.«).
- Tempo und Dynamik drosseln
  Verlangsamen Sie die Auseinandersetzung. Bleiben Sie ruhig und nehmen Sie Tempo raus, indem Sie nachfragen, visualisieren, paraphrasieren. Ihr Vorbild kann »abfärben« und trägt zur Deeskalation bei.
- Weg von den Streitenden hinein zur Bearbeitung in der Gruppe
  Holen Sie inhaltliche Konflikte weg von den zwei Personen und hinein in die Gruppe (durch Visualisierung, Fragen an die Gruppe, Argumentations- und Lösungsfindung mit der Gruppe zusammen).
- Themen und Personen trennen
  Benennen Sie Vorschläge/Lösungswege nicht nach Personen (Vorschlag Müller/Schmidt), sondern neutral (»Wir haben hier den Vorschlag *Ausbau des bisherigen Systems* zu machen und *Neukauf/Neuinstallation*. Welche weiteren Vorschläge gibt es?« Später dann Bearbeitung mit Vier-Felder-Tafel und in der gesamten Gruppe).
- Als Ich sprechen
  Sorgen Sie dafür, dass die Konfliktbeteiligten möglichst ihre persönliche Sicht in der Ich-Form formulieren.

- Raum und Zuwendung für alle Beteiligten
  Sorgen Sie dafür, dass beide Seiten ungestört Raum für die Darstellung ihrer Sicht, Gefühle und Wünsche bekommen.
- Nachfragen und Verstehenwollen
  Fragen Sie nach, wenn Sie etwas nicht verstehen. Wenn Sie es nicht verstehen, werden auch andere Probleme haben, es nachzuvollziehen.
- Hilfen geben
  Helfen Sie ggf. den Betroffenen, ihre Gedanken, Gefühle, Wünsche zu äußern, wenn sie selbst damit Schwierigkeiten haben.

6.2 Angriffe auf den/die Moderator:in

Dass Moderatoren und Moderatorinnen durch persönlich auf sie gemünzte Beiträge von Gruppenmitgliedern in unangenehme Situationen gebracht werden, kommt gar nicht so selten vor. Es gibt unterschiedlichste Motive, den Moderator anzugreifen. Nicht immer wissen die Handelnden, was sie antreibt. Auch ist nicht alles, was als Angriff rüberkommt, wirklich als Angriff gemeint. Es gibt viele verschiedene Motive, so etwas zu tun. Hier eine Auflistung von Motiven, die häufig zu beobachten sind:

Warum man den/die Moderator:in angreift

- allgemeine Unzufriedenheit mit der Situation, die man an der Person des Moderators stellvertretend auslässt
- Nicht-Akzeptanz des Moderators (nicht vom Fach, andere Abteilung, Externe:r, Hierarchiegefälle, steckt mit der Geschäftsführung unter einer Decke ...)
- Neid, Konkurrenz (Warum der/die und nicht ich?)
- persönliche Abneigung (z. B. aus früheren Begegnungen oder »einfach so«).
- Interesse daran, das Ziel der Veranstaltung zu sabotieren (das kann man gut, indem man den Moderator verunsichert, aus dem Tritt bringt, die Methoden angreift oder sabotiert, sich Verbündete gegen den Moderator sucht etc.)
- allgemein Spaß an (zielloser) Destruktion (Manche ziehen Genuss daraus, andere leiden zu sehen – auch im Business-Kontext)
- sachlich begründete Kritik
- Missverständnisse
- diskriminierende oder respektlose Einstellungen gegenüber Frauen, Jüngeren, oder anderen Personengruppen
- Persönlichkeitsstruktur mit der generellen Neigung, sich gegen irgendeine Form von Leitung aufzulehnen
- Unzufriedenheit damit, dass man in einer klassisch moderierten Sitzung nur wie einer von vielen behandelt wird und sich nicht wie in unterstrukturiert geleiteten Meetings durch Dominanz, Kampf und/oder Einschüchterung größeren Einfluss verschaffen kann

Die Liste ist beliebig verlängerbar. Aus ihr wird ersichtlich, dass in vielen Fällen die Moderatorin nichts Falsches gemacht hat, sondern wegen Befindlichkeiten einer bestimmten Person Ziel des Angriffs wird. Wie bei der Bearbeitung von Konflikten geht es zunächst darum, herauszufinden, was da gerade los ist, wenn man mit einem echten oder vermeintlichen Angriff konfrontiert wird.

6.2.1 Stressmanagement bei Angriffen gegen den/die Moderator:in

Um mit echten oder vermeintlichen Angriffe auf Sie als Moderator:in souverän umgehen zu können, müssen Sie vor allem zunächst dafür sorgen, dass Sie Ihre Gefühle regulieren können. Es ist normal und selbstverständlich, dass man auf direkte oder indirekte Angriffe erschrocken oder schockiert reagiert. Schneller als man denken kann, schüttet der Körper Hormone aus, die dem Angegriffenen helfen sollen, sich zu verteidigen. Dabei kann das Gehirn in der Kürze der Zeit – solche Reaktionen erfolgen in tausendstel Sekunden – nicht wirklich zwischen lebensbedrohlichen und den in Besprechungen üblichen »Business-Angriffen« unterscheiden. Die hormonelle »Unterstützung«, die der Körper in solchen Fällen mobilisiert, aktiviert den Kreislauf und die Muskulatur und ist hilfreich für eine körperliche Auseinandersetzung oder Flucht. Um einen Konflikt innerhalb eines Meetings zu bearbeiten, ist diese emotional-hormonelle Kampf-und-Flucht-Ausstattung des Körpers sehr ungeeignet. Der Körper bietet einem in diesem Zustand nur wenige Handlungsoptionen an.

Unter dem Schreck eines Angriffs reagieren viele Menschen spontan mit einem der drei Muster: Angriff, Verteidigung oder Starre. Alle drei Muster sind nicht geeignet für den Umgang mit Auseinandersetzungen in der Moderation. Deshalb ist es wichtig, dass Sie als Moderator:in in einer solchen Situation darauf hinarbeiten, möglichst schnell wieder emotionale Stabilität zu gewinnen, damit Sie sich dem Vorfall analytisch widmen können. Sie müssen also zunächst sich selbst managen – und das vor Publikum. Das klingt nicht einfach, geht aber. Den Schreckmoment und das, was er auslöst, können Sie nicht vermeiden (es sei denn, Sie sind mental darauf vorbereitet, siehe Kapitel 3.6), den weiteren Verlauf können Sie jedoch sehr wohl steuern. Die folgende Auflistung zeigt Ihnen, was Sie in diesen Momenten aktiv tun können, um Ihre Gefühle zu regulieren, und wie Sie verhindern können, dass sich die mit dem Schrecken verbundene emotional-hormonelle Lage noch intensiviert.

Gefühle bei Angriffen, Provokationen und Einschüchterungen regulieren

- Benennen Sie für sich die Situation, in der Sie sich gerade befinden, möglichst mit neutralen Bezeichnungen, z. B. »Aha, da passiert jetzt was« oder »Interessante Entwicklung« »Oh, es wird jetzt etwas tricky« Mr. Spock von Raumschiff Enterprise nutzte in bedrohlichen Situationen gewöhnlich den Kommentar »Faszinierend.« Die Benennung – natürlich nur in Gedanken – führt zu einer inneren Distanz zum

Geschehen und leitet den Perspektivenwechsel ein: vom Betroffenen zum Beobachter bzw. zum Moderator. So verhindern Sie, dass Ihr automatisches Stress-System ohne Ihr Einverständnis einfach so weiterrattert.

- Geben Sie sich sofort den Befehl: »Bleib locker!« oder »Erst mal langsam!« und entspannen Sie die Muskulatur. Sorgen Sie dafür, dass Sie gut und entspannt sitzen oder stehen (siehe Kapitel 5.6). Um schwierige Situationen in der Moderation zu bewältigen, brauchen Sie Ihren Verstand und Ihr Sprachvermögen. Beides arbeitet unter Stress und mit angespannter Muskulatur nur defizitär. Wenn Sie die Muskulatur lockern, entspannt sich auch der innere Druck. Denken und Sprechen sind wieder besser möglich. Merken Sie sich einfach: Schwierige Situationen in der Moderation können Sie nur in körperlich lockerem Zustand erfolgreich handhaben.
- Versuchen Sie (statt Ärger oder Angst) ein Gefühl der Neugierde und des Interesses zu entwickeln. Neugierde ist ein sehr neutralisierendes und stabilisierendes Gefühl in solchen Situationen. Wenden Sie sich dem (vermeintlichen) Angreifer zu, nehmen Sie Blickkontakt auf, bemühen Sie sich um eine interessierte Haltung und Mimik und versuchen Sie herauszufinden, was da gerade bei ihm »abgeht«.
- Nutzen Sie eine Paraphrase, also formulieren Sie, was Sie von dem verstanden haben, was Ihr Gegenüber gesagt hat, ohne abwertende Formulierungen eins zu eins zu übernehmen (»Der Vorschlag ist Mist« wird zu »Ihnen gefällt der Vorschlag nicht« oder »Sie sind nicht zufrieden mit diesem Vorschlag«. Aus »Sie haben doch keinen blassen Schimmer von dem, was wir da machen« wird »Sie meinen, ich weiß nicht genug über Ihre Arbeit«). Auch wenn Sie nur einen Bruchteil erfasst haben oder Ihre Paraphrase »falsch« ist, ist sie hilfreich in einer Drucksituation.
- Die Paraphrase nutzt Ihnen in der Situation mehrfach: Das Formulieren hilft Ihnen Zugang zu Ihren analytischen Fähigkeiten zu finden (weg von der Überwältigung einer nicht kontrollierten Emotion). Sie fokussieren sich auf den Sachverhalt im Angriff des anderen. Das bringt wiederum Distanz zu dem Geschehen. Eine Distanz, die Sie brauchen, um als Moderator:in professionell agieren zu können. Außerdem gewinnen Sie Zeit, um das Geschehen zu erfassen. Die Paraphrase und ggf. das Nachfragen nimmt Tempo und Dynamik aus dem Geschehen. Sie ermöglicht Ihnen, die Situation zu analysieren und den Sachverhalt zu klären. Außerdem hilft Ihnen diese Technik, die nötige Distanz zu wahren.
- Fragen Sie nach, wenn Ihnen Dinge unklar sind. (»Was genau stört Sie an dem Vorschlag? Was würde passieren, wenn wir das umsetzen?« »Es stimmt, dass ich Ihr Arbeitsfeld nicht so gut kenne. In dem Bereich sind Sie Spezialist. Was denken Sie, ist hier und jetzt wichtig zu wissen, damit wir auf einer fundierten Basis arbeiten?«)
- Versuchen Sie herauszufinden: Worum geht es? Was treibt Ihr Gegenüber an? Welches Problem hat er/sie (ohne das Wort Problem zu benutzen)? Was möchte er/sie?
- Wenn Sie sich ein Bild gemacht haben, entscheiden Sie, wie Sie aus der Moderatorenrolle heraus Stellung beziehen wollen. Diese Intervention ist dann bewusst gesteuert und kein automatisierter Reflex auf eine von Ihrem Gehirn zunächst als bedrohlich charakterisierte Situation.

- Verharren Sie nicht zu lange in der Klärung mit einer einzelnen Person. Nach Ihrem Statement gehen Sie aus dem Blickkontakt, wechseln über zur Ansprache der Gruppe und arbeiten weiter zum Thema. Bedenken Sie, dass es nur eine Person ist und 5, 10, 15 oder mehr gekommen sind, um in dieser Gruppe zum eigentlichen Thema zu arbeiten.

6.2.2 Auf Angriffe reagieren

Gehen wir davon aus, dass Sie den ersten Schreck überwunden haben. Sie haben für Lockerheit Ihrer Muskulatur und Zuwendung zum Gegenüber gesorgt. Sie haben den vermeintlichen Angriff irgendwie paraphrasiert und eine Pause gelassen, damit das Gegenüber reden kann. Vielleicht haben Sie eine oder zwei offene Fragen hinterhergeschoben, um herauszufinden, was beim Gegenüber los ist, was es meint oder will.

Irgendwann müssen Sie aber auch etwas Klärendes sagen. Sie können zustimmen, entkräften, teilweise zustimmen, teilweise widersprechen, ganz widersprechen, Verständnis zeigen. Irgendwann ist auch eine Intervention zum weiteren Vorgehen nötig. Sie beenden den Disput. Warten Sie nicht darauf, dass der/die andere das übernimmt. Sie moderieren!

Im Folgenden finden Sie einige Beispiele für die Reaktion auf Angriffe, nachdem Sie paraphrasiert und nachgefragt haben – um Zeit zu gewinnen, um besser zu verstehen, um zu überlegen, was Sie sagen möchten.

Beispiele: Auf Angriffe reagieren

- Allgemeine Unzufriedenheit mit der Situation
  »Es tut mir leid, dass Sie im Vorfeld so wenig eingebunden wurden und deshalb mit der jetzigen Planung nicht wirklich zufrieden sind. Sie sind allerdings als Experte für das Gelingen des Projekts wichtig. Ich denke, dass uns Ihre Vorerfahrungen nutzen werden, um bei der Umsetzung mögliche Gefahren entschärfen zu können und gute Lösungen zu finden.« (Dies eine Reaktion auf die zugrunde liegende Unzufriedenheit, nicht auf den Angriff auf die Moderatorin.)
- Nicht-Akzeptanz des Moderators (fachlich, Hierarchie o. Ä.)
  »Meine Aufgabe heute hier ist es, Sie dabei zu unterstützen, auf der Basis Ihrer Expertise gute Lösungen zu entwickeln. Ich bin für Organisation und Leitung des Meetings zuständig, Sie für die fachliche Tiefe und Korrektheit. Deshalb meine Frage an Sie (an die Gruppe gerichtet) ...« (Die Frage bezieht sich auf das übergeordnete Thema. Gegebenenfalls können Sie auch den persönlichen Punkt aufgreifen, z. B.: »Stimmt, ich bin Wirtschaftspsychologin und nicht Ingenieurin. Deswegen haben wir hier im Meeting auch unterschiedliche Funktionen ... Ich ... Sie ...«)

- Neid, Konkurrenz (Warum der/die und nicht ich?)
  Gerade wenn Sie Ihren Job gut machen oder attraktiv/beneidenswert sind (andere mögen/akzeptieren Sie, Sie können etwas sehr gut, sind jung und/oder gut aussehend, haben früh einen Karrieresprung gemacht etc.), kann das bei anderen Minderwertigkeitskomplexe auslösen, die sie zu aggressivem Verhalten antreiben (eher unbewusst). Dagegen können Sie wenig machen. Sie merken es daran, dass es oft wenig Sachargumente für den Angriff gibt. Lassen Sie sich nicht provozieren, bleiben Sie bei Ihrem kooperativen Verhalten. Vermeiden Sie, weitere Konkurrenz zu schüren. Binden Sie die Person auch in der Folge des Meetings weiter ein. Beispiel: »Frau Fischer, Sie haben ja die meiste Erfahrung im China-Geschäft hier in dieser Runde. Wie schätzen Sie die ... ein?«
- Persönliche Abneigung
  Manchmal kennt man sich aus anderen Zusammenhängen und war sich dort schon nicht sympathisch. Ich denke, das muss man akzeptieren. Sie mögen auch nicht jede:n. Versuchen Sie, auf Angriffe deeskalierend zu reagieren und kein großes Ding daraus zu machen. Sie sind hier als Moderator:in tätig und nicht, um eine persönliche Fehde auszutragen. Fragen Sie nach der Sache. (Was könnten Sie sich vorstellen? Was genau stört Sie? Was spricht aus Ihrer Sicht dafür/dagegen?) Wenn auf der Sachebene wenig kommt – was häufig der Fall ist –, machen Sie einfach eine abschließende Paraphrase, um anschließend mit der Gruppe weiterzuarbeiten. (»Mmh, Sie sehen das eher kritisch. Sie sind da eher skeptisch. Okay. – Blickwechsel zur Gruppe – Ich möchte noch mal zu unserer Ausgangsfrage zurückkommen ...«
- Interesse eines Teilnehmenden, das Ziel der Veranstaltung zu sabotieren (das kann man gut, indem man den Moderator verunsichert, aus dem Tritt bringt, die Methoden angreift oder sabotiert, sich Verbündete gegen den Moderator sucht etc.)
  Hilfreich ist schon das Signal Ihrerseits, dass Sie sich unter Kontrolle haben, also dem Gegenüber nicht den Gefallen tun, aus dem Tritt zu kommen, sondern klar agieren. Wenn es um einen Angriff auf die Methode geht (»Lassen wir doch den Quatsch mit den Karten, wir können doch ...«), sagen Sie bestimmt-freundlich mit Blickkontakt zum Kritiker: »Es gibt sicherlich verschiedene Wege, wie man diese Problematik bearbeiten kann. Ich möchte in diesem Fall mit Karten arbeiten, weil ...« (gute Gründe finden Sie in den Kapiteln 8.3.9 und 8.3.10). Wenden Sie anschließend den Blick ab, in Richtung Gruppe und machen Sie einfach weiter: »Also, Sie bekommen jeweils 3 Karten und einen Edding ...«
- Allgemein Spaß an Destruktion (Manche ziehen Genuss daraus, andere leiden zu sehen – auch im Business-Kontext.)
  Hier können Sie ähnlich reagieren wie oben im Sabotage-Fall.
- Sachlich begründete Kritik
  Paraphrase und Fragen helfen Ihnen, das Anliegen des Gegenübers zu erfassen und adäquat darauf einzugehen. Sie weisen es nicht spontan von sich, nehmen alles zurück oder greifen ziellos an, sondern setzen sich mit der Kritik auseinander und können eine passgenaue Antwort (je nach Sachlage) entwickeln. Zum Beispiel: »Es stimmt, die Sichtweise des Marketings kam bisher etwas zu kurz. Danke, dass Sie darauf hinweisen. Im Ergebnis sollten sich alle Beteiligten wiederfinden können, die Produktentwicklung, der Vertrieb und natürlich auch Sie und Ihre Marketing-Kolleginnen.«

- Missverständnisse
  Hier können Sie ähnlich wie auf sachlich begründete Kritik reagieren. Paraphrase, Fragen, Zuwendung helfen bei der Klärung und Entspannung der Situation.
- Diskriminierende oder respektlose Einstellungen gegenüber Frauen, Jüngeren oder anderen Personengruppen
  Sie können sich auf den Sachanteil des Angriffs konzentrieren, wenn es denn einen gibt. Sie können sich aber auch oder zusätzlich von dem Angriff abgrenzen, z. B.: »Herr Schmidt, ich habe herausgehört, dass Sie Frauen in technischen Fragen für weniger kompetent halten. Darauf möchte ich an dieser Stelle nicht weiter eingehen. Ich bin in dieser Firma wegen meiner Expertise und Erfahrung in Sachen X eingestellt worden und deswegen leite ich auch dieses Projekt. Sie sind der Experte für Y und in dieser Funktion möchte ich gerne von Ihnen wissen ... überleiten zu Fach/Sachthema ...«
- Generelle Neigung, sich gegen irgendeine Form von Leitung aufzulehnen
  Diese »Angreifer« werden gelegentlich auch als Querulanten bezeichnet. Wenn man sie zu autoritär behandelt, reizt man sie dadurch nur noch mehr. Wenn man sie gewähren lässt, mischen sie den ganzen Laden auf. Sie werden sie nicht ändern, müssen nur sehen, dass Sie ihren Bemerkungen und Klagen nicht zu viel Raum geben. »Ich merke, Herr Fischer, Sie sind mit dem Prozedere nicht ganz einverstanden. Es ist allerdings unser Auftrag hier ... und deshalb möchte ich jetzt mit Ihnen zusammen ... Frau Menzel, vielleicht können Sie zunächst erklären, wie ...«
- Unzufriedenheit damit, dass man im Rahmen einer klassischen Moderation nur wie einer von vielen behandelt wird und sich nicht durch Dominanz, Kampf und/oder Einschüchterung mehr Einfluss verschaffen kann
  Diese Leute werden vor allem Ihr Vorgehen und Ihre Methoden angreifen. Reagieren Sie ähnlich wie im Sabotage-Fall, der weiter oben erläutert wird.

Vermeiden Sie, andere in den Konflikt hineinzuziehen. »Wie sehen die anderen das?« Wenn Sie Pech haben, findet Ihr Gegenüber Verbündete, die auch Lust haben, das Treffen zu sabotieren, kein Interesse am Thema haben, Lust haben, Sie ein wenig zu ärgern. Angriffe auf Sie sollten Sie möglichst selbst klären und dieser Klärung zeitlich nicht übermäßig Raum geben. Nach der Klärung müssen Sie unbedingt zügig weiter im Thema arbeiten. Ihre Funktion ist, das Treffen zu moderieren, der Aufgabe und der Gruppe zu dienen und nicht, sich in Einzelgefechten zu verlieren oder Ihre Eitelkeit oder ggf. Verletztheit zu pflegen. Je normaler solche Situationen für Sie sind – und sie sind normal, so häufig wie sie vorkommen – desto souveräner, verbindlicher und klarer können Sie in solchen Situationen agieren.

6.3 Umgang mit herausfordernden Persönlichkeiten

Einzelne Teilnehmende können eine starke Wirkung auf die Gruppe und den Arbeitsverlauf haben. Es reicht, dass ein Einzelner sich offensichtlich nicht beteiligt, mit seinem Smartphone spielt, in Unterlagen blättert und auch sonst keine Gelegenheit auslässt, demonstrativ deutlich zu machen, dass er/sie an dem verhandelten Thema nicht interessiert ist. Von einem solchen Verhalten werden wahrscheinlich nicht nur Sie in Ihrer Moderationsarbeit gestört sein, sondern auch andere, die an einer effektiven Arbeit in der Sitzung interessiert sind. Unterschiedliche Persönlichkeitstypen können es Ihnen bzw. der Gruppe mit ihrem Auftreten sehr erschweren, zielorientiert zu arbeiten. Bestimmten Typen begegnet man dabei immer wieder. Im Folgenden nun eine Auflistung und ein paar Hinweise, worauf Sie achten sollten, wenn Sie als Moderator:in mit diesem Verhalten konfrontiert werden. Wenn Sie intervenieren, sollten Sie dies freundlich-bestimmt tun und stets mit dem Bemühen, dem Gegenüber möglichst wenig Gesichtsverlust zuzufügen. Beachten Sie bei allen Interventionen auch die Hinweise in Kapitel 5.3.

6.3.1 Der Nebenbeschäftigte

Im Fall des oben skizzierten Smartphone-Spielers ist es zwingend nötig, dass Sie intervenieren. Handeln Sie nicht, heißt das für die ganze Gruppe »Das ist hier erlaubt«. Sprechen Sie den Betroffenen direkt an.

Teil 1 der Intervention: »Herr Kaiser, es sieht so aus, als sind Sie mit anderen Dingen beschäftigt als unserer Arbeit hier.« Teil 2: »Was können wir tun, um Sie wieder mit in die Arbeit einzubeziehen?« oder »Wenn Sie etwas Wichtiges zu erledigen haben, möchte ich Sie bitten, das draußen zu tun. Ich möchte gern konzentriert zum Thema arbeiten und da stört es mich – und vielleicht auch andere – wenn parallel andere Sachen laufen«. Oder: »Wir haben Sie eingeladen, weil es uns wichtig ist, die Expertise Ihrer Abteilung dabei zu haben. Ich fände gut, wenn Sie es einrichten könnten, sich wieder in unsere Diskussion einzuklinken. Ich denke, wenn wir konzentriert arbeiten, kommen wir auch zügig durch. Ist das o.k. für Sie?« (Wenn er etwas Wichtiges erledigen muss, soll er das draußen machen, wenn etwas am Thema/der Einladung nicht stimmt, müsste das an dieser Stelle geklärt werden.)

6.3.2 Der Alpha-Typ – »Ich bin hier der Boss!«

In fach- und abteilungsübergreifenden Gruppen gibt es in der Regel Teilnehmende verschiedener hierarchischer Ebenen. Das muss kein Problem sein, wenn der/die hierarchisch Höherstehende akzeptiert, dass es in moderierten Sitzungen keine Privilegien für Einzelne gibt. Alle haben gleiches Rede- und Frage-Recht, alle können und dürfen beitragen; der/die Moderierende ist allen gegenüber gleichermaßen verpflichtet. Manchmal kommen »Alphas« damit nicht zurecht und versuchen, den Arbeitsprozess zu dominieren. Entweder, indem sie den Moderierenden ins Handwerk pfuschen, Methoden vorschlagen/ablehnen oder indem sie Gruppenteilnehmenden das Wort abschneiden, werten, ungefragt Entscheidungen treffen, sich also unangemessen dominant verhalten. Sie haben ihre Rolle in der moderierten Sitzung nicht gefunden bzw. kommen mit der Situation, Gleicher unter Gleichen zu sein, nicht klar. Manche haben auch tatsächlich das Selbstbild, dass sie selbst alles am besten wissen und können. Solche Fälle sind in der Tat für einen Moderator eine Herausforderung. Vor allem dann, wenn das »Alphatier« auch ihm selbst vorgesetzt ist. Was tun?

- Regeln einer moderierten Sitzung zu Beginn erläutern
  Wenn Sie schon vorher wissen, dass ein Mensch mit Alpha-Gehabe dabei sein wird, ist es wichtig, im Einstieg auf die Besonderheiten und Regeln einer moderierten Sitzung explizit hinzuweisen (»Jede Meinung zählt« etc.). Sie können sich dann später bei Interventionen darauf berufen.
- Den/die eigene:n Chef:in vor der Sitzung »briefen«
  Ist der Alpha-Typ ihr Vorgesetzter, ist es wichtig, ihm/ihr vorher zu erläutern, warum es thematisch wichtig ist, sich in die Gruppe einzufügen. Ohne sein Einverständnis zu diesem Vorgehen können Sie nicht sinnvoll moderieren. Vorgesetzte, die dominieren wollen, können Sie, als »Untergebener«, nicht daran hindern. Sie können nur im Vorfeld versuchen, Überzeugungsarbeit zu leisten und Einvernehmen im Vorgehen suchen.
- Intervenieren wie bei anderen Teilnehmenden auch
  Ist es nicht Ihr:e Vorgesetzte:r und sind Sie mit der Moderation beauftragt, können Sie so intervenieren, wie bei anderen Teilnehmenden auch, die sich nicht an Regeln halten. Achten Sie dabei bitte sehr darauf, dass die Betroffenen ihr Gesicht wahren können. Oft werden externe Moderatoren und Moderatorinnen eingesetzt, weil diese durch ihre Unabhängigkeit am ehesten die Autorität haben, einem Alpha freundlich, aber bestimmt zu widerstehen (siehe auch Kapitel 5.3.4 Intervention 11 und 13).
- Pausengespräch unter vier Augen
  Hilfreich ist häufig auch ein kleines Gespräch in der Pause, in dem Sie den Alpha bitten, sich etwas zurückzuhalten, damit die anderen sich ungehemmter äußern können.
- Lassen Sie sich nicht einschüchtern
  Haben Sie selbst Angst vor der Situation, ist es für den/die andere einladend, Ihnen in die Parade zu fahren, vielleicht sogar mit der Absicht, Ihnen, die vielleicht unsicher wirkt, zu helfen. Also bleiben Sie souverän, auch wenn ein Alpha vor Ihnen sitzt.
- Bleiben Sie klar, bestimmt und freundlich
  Manche Alphas merken gar nicht, dass sie dominieren und Regeln verletzen. Bleiben Sie gelassen und zugewandt, wenn Sie intervenieren. Sie wollen sich nicht mit dieser Person anlegen, sondern nur Ihre Moderationsarbeit anständig machen.
- Begründen Sie Ihr Vorgehen
  Erläutern Sie beim Einführen des nächsten Schritts immer kurz den Sinn. Transparenz erleichtert Menschen, die selbst gewohnt sind zu führen, sich auf das Verfahren einzulassen.

- Auswahl von passenden Methoden
  Bevorzugen Sie Methoden, die Dominanz erschweren (z. B. Karten- oder Punktabfragen, Blitzlicht, Gruppenarbeit etc.). Stärker dominieren können Einzelne bei freien Diskussionen und Zurufabfragen.

6.3.3 Der Schweigsame – »Besser nichts sagen«

Es gibt verschiedene Gründe zu schweigen. Mangel an Interesse, Unsicherheit in dieser Gruppe, allgemeine Unsicherheit, introvertierte Persönlichkeit, Unzufriedenheit oder Verärgerung … Grollende und Desinteressierte sollten Sie dazu bringen, Ihren Unmut zu äußern. Blitzlicht und Punktabfragen können dabei hilfreich sein. Je nachdem, worin der Ärger begründet ist, lässt sich Abhilfe finden. Wenn nicht, können Sie die Person explizit einladen, an anderen Stellen ihre Sicht der Dinge einzubringen. Was tun, wenn Schüchternheit oder Introvertiertheit die vermutete Ursache ist?

Schüchterne oder introvertierte Teilnehmende
Die Schüchternen oder Introvertierten locken Sie nicht damit aus der Reserve, dass Sie sie direkt ansprechen, z. B.: »Frau Maier, Sie haben ja noch gar nichts gesagt.« Der Schreck wird riesig sein und die Angst, unverhofft angesprochen zu werden, die allgemeine Angst vorm Sprechen in der Gruppe noch vergrößern. Es ist methodisch sinnvoll, so zu planen, dass in einer moderierten Sitzung zu einem frühen Zeitpunkt alle schon einmal sprechen mussten/konnten (z. B. mit einer strukturierten Eingangsrunde, einem Eingangsblitzlicht o. Ä.). Hat sich jemand schon einmal beteiligt, ohne dass »etwas Schlimmes« passiert ist, sinkt die Angst. Je länger jemand nichts gesagt hat, desto größer ist die Hürde, sich zu beteiligen, weil man dann, wenn man etwas sagt, noch mehr Aufmerksamkeit bekommt. Und gerade das fürchten Schüchterne nun einmal. Alle egalisierenden Methoden, also Methoden, bei denen vorgesehen ist, dass jede:r etwas beiträgt, helfen zurückhaltenden und schüchternen Menschen, sich zu beteiligen (z. B. Karten-Abfragen, Blitzlicht, Arbeit in Kleingruppen mit Visualisierungsaufgaben). Sie werden es vielleicht nicht genießen, aber auf diese Weise gehen ihre Gedanken, Ideen und Einschätzungen der Gruppe nicht verloren. Es trägt zur Qualität der Ergebnisse in der Regel erheblich bei, wenn es nicht nur von den extrovertierten Persönlichkeiten erarbeitet wurde und die anderen sich still ihren Teil gedacht haben.

Sie können zurückhaltende Personen auch gezielt ansprechen. Allerdings müssen Sie dann die Frage ausführlich genug anmoderieren, damit der/die Angesprochene nicht erschreckt und einen sicheren Rahmen für seine Antwort hat. Bauen Sie für den Angesprochenen eine Brücke.

Beispiel: Introvertierte/Schüchterne ansprechen

»Frau Maier, Sie haben ja bei Ihrem letzten Projekt schon mehr mit den chinesischen Kollegen zu tun gehabt. Ich glaube, Sie waren sogar selbst einmal in Shanghai in unserem Tochterwerk. Wie würden Sie ... einschätzen?«

»Herr Schmidt, Sie haben ja im letzten Quartal eine Zusammenstellung aller wichtigen Parameter für uns gemacht. In dem Rahmen haben Sie ja auch ... Sie kennen also die Datenlage ziemlich gut. Was meinen Sie ...?«

6.3.4 Der Alleswisser – »Seht ihr, wie toll ich bin!«

Alleswisser stehen aus Gründen, die nicht unbedingt mit der Gruppe oder dem Thema zu tun haben müssen, unter dem Druck zu zeigen, wie toll sie sind. Oft haben sie ein Selbstwertproblem. Wenn Sie ihnen dosiert Raum geben, signalisieren Sie ihnen Wertschätzung und Anerkennung, weisen Sie sie jedoch auch darauf hin, dass Sie dafür sorgen müssen, dass alle zur Lösung beitragen. Beiträge von »Alleswissern« können Sie auch an die Gruppe zurückweisen: »Was denken Sie?« »Wie sehen Sie das?«

6.3.5 Der Nörgler, Schwarzmaler und Ablehnende – »Klappt eh nicht«, »Ich bin dagegen«

Sie kennen sie wahrscheinlich. Menschen, die immer wissen, warum etwas nicht geht, was nicht gut ist, die an jedem Vorschlag Kritik üben, Skepsis äußern, ohne jedoch selbst konstruktive Vorschläge für die Lösungsfindung zu machen. Manchmal wollen sie keine Lösung, weil sie den Status quo vorziehen. Manchmal ist es ein Verhaltensmuster, in der die Persönlichkeit gefangen ist. Auch Beiträge von dieser Seite können Sie zurück an die Gruppe geben: »Wie sehen Sie das?« »Was meinen Sie?« Wenn jemand in einer Sitzung nur durch skeptische oder negative Beiträge auffällt, kann es sinnvoll sein, direkt zu intervenieren.

Beispiel: Intervenieren bei einem Dauer-Kritiker

»Herr Stein, wir hatten in dieser Runde bisher mehrere Vorschläge zur Diskussion. Sie haben jeweils darauf hingewiesen, warum diese aus Ihrer Sicht nicht tauglich seien. Kritik hilft oft, Dinge zu verbessern, sie reicht aber nicht aus, um Lösungen zu kreieren. Wir sind jedoch auch hier, um tatsächlich eine gute Lösung zu finden. Was schlagen Sie denn vor? Was können wir tun, um ...?«

Wenn die angesprochene Person keinen eigenen Vorschlag hat, wird sie im weiteren Verlauf zurückhaltender mit Kritik sein, weil sie damit rechnen muss, dass Sie wieder nach Alternativvorschlägen fragen werden. Zieht sie den Status quo vor, müsste sie an dieser Stelle Farbe bekennen und das auch begründen. Bei Menschen, die gewohnheitsmäßig ablehnendes, kritisch-skeptisches, ja destruktives Verhalten zeigen, kann es auch sinnvoll sein, diese Problematik im Rahmen eines Mitarbeitergesprächs oder in einem kollegialen Gespräch unter vier Augen anzusprechen.

6.3.6 Der Detailverliebte – »Alles ist wichtig«

Diese Personen sind grundsätzlich gewillt, konstruktiv mitzuarbeiten. Sie haben nur meist Schwierigkeiten, den übergeordneten Rahmen zu sehen und in diesem Zusammenhang zwischen »hier jetzt relevant« und »weniger relevant« zu unterscheiden. Sie sind sehr auf ihr Gebiet fokussiert, betrachten alles aus dieser Perspektive und bringen dann ungefiltert ihr Wissen, ihre Fragen und Probleme ein, auch dann, wenn sie für das Grundsatzthema nicht wirklich relevant sind. Sind mehrere Spezialisten im Raum, springen diese gerne auf diese Themen auf, sodass sich die Diskussion schnell in spezialisierten Detailthemen verliert. Diese Diskussionen bringen die Gruppe zumeist bei der Lösungssuche nicht weiter. Sind Sie als Moderator:in nicht vom Fach, ist es für Sie manchmal schwierig zu unterscheiden, ob dieser Punkt, dieses Detail für die Gesamtfrage relevant ist oder nicht. Da hilft nur eins: Fragen.

Beispiel: Relevant oder zu speziell?

»Herr Ley, Sie sprechen jetzt die Legierung an. Wie wichtig ist diese Frage, um die Entscheidung X zu treffen?« (Die Frage kann auch an die gesamte Gruppe gerichtet werden.)

Sind Sie im Thema drin und merken, dass der Kollege zu tief ins Detail geht, Informationen einbringt, die andere ohnehin nicht verstehen oder an der Stelle nicht hilfreich sind, unterbrechen Sie ihn freundlich-bestimmt.

Beispiel: Zu detailliert

»Herr Ley, Sie gehen jetzt schon sehr tief in die technischen Fragestellungen hinein. Das müssen wir auch tun, wenn wir überlegen, diese Option tatsächlich umzusetzen. An dieser Stelle möchte ich aber zunächst einmal grundsätzlich die Vor- und Nachteile der verschiedenen Optionen prüfen. Und da müssen wir noch nicht so tief in die technischen Fragen einsteigen. Deshalb noch mal zurück zu 9meiner Ausgangsfrage: Wo sehen Sie [an die Gruppe gerichtet] positive Anwendungsmöglichkeiten, wo Risiken für X?«

7 Moderieren von Online-Meetings und hybriden Formaten[38]

Online-Meetings oder hybride Formate, bei denen ein Teil der Gruppe live zusammensitzt und wenige Einzelne oder eine andere Gruppe an einem anderen Ort zugeschaltet werden, sind ähnlich zu leiten wie Meetings, die in einem einzigen Raum stattfinden. Ist die Technik gut, ist die Kamera gut platziert, stimmt die Akustik, ist die Übertragung gut, dann kann man auch in Online-Meetings ein Gemeinschaftsgefühl entwickeln und effizient arbeiten. Man sieht, wer redet bzw. ansetzt zu reden und erlebt die Reaktionen der anderen. Beim Einsatz von Papiermedien muss man Alternativen vorbereiten – man kann ja schlecht das Team aus den USA mit seinen Karten in Karlsruhe an die Metaplanwand rufen –, aber auch da gibt es online gute Möglichkeiten, die Teilnehmenden aktiv mit ihren Ideen und Vorstellungen einzubinden. Eben weil Online-Meetings während der Corona-Pandemie so normal geworden sind, haben sich herkömmliche Telefonkonferenzen/»Telkos« und weite Fahrten oder Flüge für ein 90-Minuten-Meeting weitgehend abgelöst. In Trainings bekomme ich allerdings häufiger die Rückmeldung, dass es schwierig und wenig befriedigend sei, online zu moderieren. Was stimmt an dieser Aussage?

Ist es wirklich schwieriger, online zu moderieren?
Ja und nein. Online-Meetings werden häufig als anstrengender und weniger reizvoll erlebt. Menschen, die viele Meetings online absolvieren (müssen), haben sich angewöhnt, nur mit halber Aufmerksamkeit anwesend zu sein. Viele arbeiten parallel an einem zweiten Bildschirm. Langeweile und Müdigkeit, die man vorher schon bereits öfters beim übermäßigen Einsatz von Powerpoint-Präsentationen in Präsenz-Meetings beobachten konnte, sind für uns in der Moderation in Online-Meetings eine echte Herausforderung. Sie zwingen uns zu noch besserer Konzeption, zu möglichst effizientem Zeitmanagement, zum Einplanen von aktivierenden Elementen und dazu, möglichst viel WIR-Gefühl und Miteinander auch im Online-Kontakt erlebbar zu machen.

Es wird auch beklagt, dass einzelne Personen online härter, aggressiver und weniger kompromissbereit auftreten als im direkten Kontakt. Es ist wohl leichter, die Anderen aus dem Blick zu verlieren und nur die eigenen Interessen zu verfolgen, wenn man nur Bildchen oder schwarze Kacheln sieht und das Gegenüber nicht leibhaftig als Partner oder Kollegin wahrnehmen und spüren kann. Insofern kann man schon sagen, ja, Online-Meetings zu moderieren, kann schwierig sein.

38 Wir beschränken uns in diesem Kapitel auf die tatsächliche Moderation und gehen nicht im Detail auf die unterschiedlichen technischen Tools ein, die man für die Gestaltung von Online-Meetings nutzen kann. Diese Tools verändern sich mehrmals jährlich.

Andererseits habe ich im Coaching feststellen können, dass sich vor allem Frauen online sicherer und mutiger fühlen als in Präsenz. Die zweidimensionale Online-Darstellung in jeweils gleich großen Kacheln gleicht vieles aus, was sonst durchaus eine Wirkung haben kann: die Körpergröße oder -fülle beispielsweise, das Alter oder die hierarchische Stellung. Aber auch die Lautstärke und die Ausstrahlung einer Person verlieren auf dem Bildschirm an Wirkung. Alle Personen sind weit entfernt lediglich als Fensterchen auf einem Bildschirm zu sehen. Die Lautstärke wird über die Mikrofone ausgeglichen. Das alles wirkt nicht so einschüchternd wie eine Präsenz-Situation, in der es zur Sache geht und man die Schwingungen im Raum körperlich unmittelbar wahrnimmt.

Eine zierliche Person mit leiser Stimme kann mit gutem Mikro und richtigem Kameraausschnitt online sogar präsenter und souveräner wirken als ihr das live möglich ist. Ist die Moderatorin fit im Umgang mit den eingesetzten Medien, gibt ihr das eine Sicherheit, die manch Älterem fehlt, der sich in dem Format eher unbeholfen fühlt. Eine Kundin sagte mir, es beruhige sie, zu wissen, dass sie einfach mal kurz ihr Mikro stummschalten kann, um durchzuatmen oder zur Not auch mal die Kamera einfach auszuschalten. Auch wenn sie selten oder nie davon Gebrauch macht, fühle sie sich dadurch der Situation nicht so ausgeliefert wie in Präsenz. Auch, dass man als Moderator die Mikros für alle stummschalten kann, macht es einfacher, etwas zu unterbrechen, Neues anzumoderieren oder einen neuen Impuls zu setzen. Es gibt also durchaus auch Konstellationen, in denen die Moderation von Online-Meetings als »leichter« erlebt wird.

Und es gibt sogar noch eine Erleichterung. Mittlerweile wurde die Technik so weiterentwickelt, dass viele kooperative Methoden der Moderation nun auch online anwendbar sind. Es gibt viele Möglichkeiten, die Teilnehmenden aktiv in Denk- und Lösungsprozesse einzubinden und die gemeinsame Arbeit zu dokumentieren.

Auch wenn es viele Parallelen zwischen Moderationen in Präsenz und in Online-Meetings gibt, so gibt es auch Unterschiede, die wir in der Vorbereitung und Durchführung berücksichtigen sollten.

7.1 Online-Meetings vorbereiten

Vieles, was für die Moderation in Präsenz gilt, gilt 1:1 für die Online-Moderation. Die Vorbereitung auf das Ziel, das wir verfolgen, auf die Betroffenheit der einzelnen Ichs, die zu erwartende Dynamik der Gruppe, das Vorhersehen von möglichen Störungen. Einiges ist auch anders. So müssen sich Moderatoren und Moderatorinnen einfach deutlich mehr im Vorfeld vorbereiten, wenn sie die Teilnehmenden aktivieren und verschiedene Methoden oder Medien einsetzen möchten.

Live können sie zur Gruppenfindung zum Beispiel sagen: »Sucht Euch für eine Kleingruppe zwei TN, mit denen ihr bisher noch wenig zusammengearbeitet habt« oder »Geht so zu fünft zusammen, dass in jeder Gruppe jemand aus einem Werk vertreten ist«. Arbeiten wir online, so muss die Gruppeneinteilung selbst im Vorfeld vorbereitet werden. Es empfiehlt sich, Listen zu machen, wer wann mit wem in eine Gruppe gehen soll, um die Breakout Rooms (digitale Gruppenräume) live schnell einrichten zu können oder durch einen Co-Host einrichten zu lassen. Die Arbeit in Kleingruppen ist auch online gut möglich. Man muss es nur geplant, vorbereitet, griffbereit abgelegt haben, um es im richtigen Moment auch nutzen zu können. Zoom bietet mittlerweile auch die Möglichkeit, dass die Teilnehmenden sich selbst Konferenzräumen zuordnen. Aber auch da müssen die Moderatoren und Moderatorinnen im Vorfeld die Themen und Kriterien für die Räume und die Gruppenfindung definieren. Ohne klare Vorstellung, wie das laufen soll, ohne entsprechend klare Ansagen und ohne die technische Vorbereitung wird es chaotisch.

Auch wenn es mittlerweile normal ist, sich in einem Online-Meeting zu besprechen und auszutauschen, lohnt es sich zu prüfen, welche Themenstellungen für Online-Meetings und hybride Veranstaltungen überhaupt geeignet sind und wann es doch vielleicht besser wäre, die Sache im persönlichen Kontakt zu besprechen. Weil Online-Meetings für den Körper anstrengender sind und die Konzentration auch schneller nachlässt, ist es wichtig, mit der Zeit ökonomisch umzugehen. Dafür braucht es eine gute Planung. Überlegen Sie, was Sie tatsächlich in großer Runde besprechen müssen und was man besser zu zweit oder in kleiner Runde klärt. Warum sollten zehn Leute zuhören, wenn zwei ihre Spezialthemen verhandeln? Die folgende Übersicht kann Ihnen die Planung erleichtern. Darüber hinaus finden Sie auf mybook.haufe.de eine Checkliste zur Vorbereitung von Online-Meetings sowie weitere Arbeitshilfen und Übungen zu diesem Kapitel.

7.1.1 Welche Themen in welchem Format?

Online/hybrid	Gespräche mit Einzelnen/in der Teilgruppe	Besser im direkten, persönlichen Kontakt
Informationen für alle	spezielle Probleme, die nicht für alle relevant sind	bereits schwelende, tiefere Konflikte bearbeiten
Ist-Stand/Status abfragen (kurz!)	Themen, die für einzelne peinlich sind (Gesichtswahrung)	strategische Fragen, die für längere Zeit weichenstellend sind
Probleme definieren, analysieren & Lösungsvorschläge entwickeln	Lösungen entwickeln, für die das Know-how der anderen nicht nötig ist	weitreichende Entscheidungen (große Summen, Risiken etc.)

Online/hybrid	Gespräche mit Einzelnen/in der Teilgruppe	Besser im direkten, persönlichen Kontakt
Vorschläge, Ideen, sammeln	Vorabklärung von Fragen mit »schwierigen« Personen, die ein Meeting ggf. sprengen	Misstrauen, Feindschaft und/oder viele Missverständnisse zwischen den Parteien
Einschätzungen einholen	Vorabklärung von Fragen mit eher schüchternen Personen, die sich in Meetings nicht einbringen, deren Know-how oder Sicht aber wichtig ist	abschließende Vertragsverhandlungen
»normale« Probleme des Alltagsgeschäfts diskutieren, Reviews, Retros, Teammeetings von zerstreuten Teams	Vorbereitung zu Vertragsverhandlungen	emotional besetzte Themen (Ärger, Enttäuschung, Scheitern, Trennung)
aktuelle Fragen beantworten bzw. lassen		Klausurtagung, Off-Site, Teambuilding, Kick-off für ein großes und bedeutendes Projekt
Erfahrungsaustausch und Wissenstransfer		

Je wichtiger die Problematik ist und je unversöhnlicher die Haltung Einzelner, desto wichtiger ist der persönliche Kontakt. Die Hemmschwelle zu nicht-sozialem Verhalten sinkt, je mehr Distanz vorhanden ist. In angespannten Situationen, in denen Sie sich nicht in Präsenz treffen können, kann es hilfreich sein, bereits im Vorfeld mit Einzelnen zu sprechen, um ihre Sicht der Dinge kennenzulernen und ggf. gezielter im Meeting vermitteln und deeskalieren zu können.

7.1.2 Die Einladung

Um Zeit und unnötige Erklärungen zu sparen, packen Sie alle nötigen Informationen im Vorfeld in die Einladung. Formulieren Sie die Themen und Fragestellungen interessant, damit man Lust hat, daran teilzunehmen und sich nicht so fühlt, als hätte man eine Strafexpedition vor sich. Fassen Sie sich trotzdem kurz und gestalten Sie die Einladung übersichtlich. Zu viel Text am Stück schreckt manche ab. Lieber einen Absatz mehr einbauen.

- Was ist das Thema, der Sinn und das Ziel des Meetings?
- Welcher zeitliche Rahmen soll frei gehalten werden?
- Wie sieht die Agenda aus?
- Welche Tools werden genutzt? Was sollen die TN bereithalten?

Wollen Sie ein Online-Meeting durchführen, bei dem die Teilnehmenden die Kamera eingeschaltet haben? Dann weisen Sie in der Einladung darauf hin, dass es ein Video-Meeting ist und die Eingeladenen bitte ihre Kamerafunktion nutzen.

Am besten verschicken Sie die Einladung und den Einwahl-Link als Kalendereintrag, damit die Eingeladenen nicht umständlich die entsprechende Mail suchen müssen.

7.1.3 Wie kann ich der Zoom-Fatigue vorbeugen

Es gibt ein neues Wort für die tiefe Müdigkeit und andere körperliche Beschwerden, die Menschen entwickeln, wenn sie (zu) viel Online-Meetings absolvieren: Zoom-Fatigue. Das Problem ist so verbreitet, dass das Institut für Arbeit und Gesundheit der Deutschen Gesetzlichen Unfallversicherung mehrere Publikationen zum Thema verfasst hat und sich auch die Forschung intensiver um die Problematik kümmert. Symptome können übermäßige Müdigkeit, Konzentrationsmängel, Ungeduld und Gereiztheit, Kopf- oder Rückenschmerzen oder die Beeinträchtigung der Augen sein.

Neben einem ergonomischen Arbeitsplatz und guter technologischer Ausstattung wird zur Prophylaxe vor allem die Moderation der Meetings hervorgehoben. Eine wichtige Empfehlung ist es, Online-Meetings möglichst kurz zu halten. Lagern Sie Themen, die Sie mit Einzelnen oder einer kleinen Gruppe zu besprechen haben, aus, um das Meeting mit allen so kurz wie möglich zu halten (s. Kap. 7.1.1).

Bei längeren Meetings, Workshops oder Tagungen achten Sie bei der Planung auf:

- Ausreichend Pausen – mehrere kleine Pausen sind besser als eine lange Bewegung – Fordern Sie die Teilnehmenden auf, sich in den Pausen zu bewegen, den Raum zu verlassen, etwas zu tun, um ihren Kreislauf zu aktivieren oder ihre Muskulatur zu dehnen, raus ins Tageslicht zu gehen, mit den Augen in die Ferne zu schauen…
- Planen Sie Methodenwechsel, in denen die Teilnehmenden nicht nur zuhören, sondern selbst aktiv werden können.
- Nutzen Sie sinnliche Reize – nur zuhören ist wahnsinnig anstrengend (ein Beispiel, ein Schaubild, Fotos, kurze Filmsequenzen, Abfragen, ein Quiz, dynamische Präsentationen, in denen etwas entwickelt wird, Aktivitäten an einem gemeinsam genutzten Whiteboard).

TIPP vom Amt für Arbeit und Gesundheit der Unfallversicherungen:
Manche Personen werden sehr davon abgelenkt – und manchmal auch frustriert –, bei Online-Meetings dauernd sich selbst zu sehen. Schlagen Sie vor, dass sie über ihre Videoeinstellungen die Selbstansicht abschalten. Das hilft, sich besser auf andere und das Thema zu konzentrieren. Dieser Tipp ist vielleicht auch für Sie in der Moderatorenrolle hilfreich.

7.1.4 Welche Methoden und Tools wollen Sie nutzen?

Online müssen wir Vieles viel präziser vorbereitet haben, um ohne großen Zeitverlust darauf zurückgreifen zu können. Anwendungen und Geräte, die Sie teilen oder nutzen wollen, sollten Sie vor dem Start der Videokonferenzsoftware schon geöffnet haben, dass sie in der Plattform auch angezeigt werden. Am besten machen Sie sich einen Ablaufplan, in dem Sie festhalten, was Sie wann nutzen wollen. Ich habe in der Regel ein Dokument, in dem ich alle Leitfragen, Links etc. hinterlege, um sie über paste&copy schnell verfügbar zu haben und z. B. in den Chat zu stellen. Infos, die ich am Bildschirm teilen will, sind bereits als Datei geöffnet und mit einem Klick für die anderen über die Funktion Bildschirm teilen sichtbar zu machen. Es ist ziemlich ärgerlich, wenn die Moderatoren lange suchen, etwas laden wollen, es nicht funktioniert, sie es nicht finden, mit dem Tool nicht umgehen können oder den Link nicht selbst überprüft haben. Es ist auch für einen selbst sehr beruhigend, alles vorbereitet und überprüft zu haben.

Was Sie im Vorfeld klären können und sollten:

- Videokonferenzsoftware
  Welche Videokonferenzsoftware für das Online-Meeting nutzen Sie? Manche Firmen lassen in der Frage aus Datenschutzgründen wenig Auswahl. Welche Funktionen bietet die Software, die Sie nutzen wollen oder müssen?
- Apps
  Können Sie auf Ihrem Dienstrechner zusätzliche Apps wie beispielsweise Mural, Miro, Slido, padlet, wonder.me oder Mentimeter nutzen? Auch dafür brauchen Sie grünes Licht von Ihrer IT. Für ein einstündiges Meeting reichen vielleicht die Möglichkeiten, die Teams bieten kann. Wenn Sie aber eine größere Gruppe über mehrere Stunden aktiv und produktiv online arbeiten lassen möchten, kann es sein, dass Ihnen zusätzliche Apps dabei sehr helfen würden.
- Test
  Testen Sie das, was Sie nutzen möchten, mit einer vertrauten Person aus. Generell sind in der Browser-Version von Zoom und Teams nicht alle Funktionen nutzbar. Als Moderator:in sollten Sie das Meeting vorzugsweise aus der jeweiligen App heraus steuern. Also probieren Sie aus, ob alles so funktioniert, wie Sie sich das wünschen.
- Geteilte Dokumente
  Gibt es Dokumente, auf die die Teilnehmenden zugreifen sollen? Welche Möglichkeiten bietet Ihr Konferenzsystem dafür? Haben Sie Administratorenrechte? Wenn nicht, können Sie ggf. selbst nichts hochladen und müssen den Zugriff auf Dokumente mit anderen Tools ermöglichen.
- Links vorbereiten
  Wollen Sie andere Software wie Padlet, Miro, Mentimeter, Slido oder google.docs einsetzen? Bereiten Sie die Links vor. Können Sie davon ausgehen, dass die Anwendungen bei Ihrer Zielgruppe funktionieren? Testen Sie das bei jemand Vertrautem

oder halten Sie einen Plan B bereit. Bei Mentimeter brauchen die Teilnehmenden ein Handy greifbar. Schreiben Sie das ggf. direkt in die Einladung.

- Leitfragen und Bearbeitungsweise vorbereiten
  Welche Fragestellungen und Aufgaben sollen die TN ggf. alleine oder in Kleingruppen bearbeiten? Formulieren Sie die Frage und den Auftrag schriftlich. Notieren Sie auch, in welcher Form die Gruppe die Ergebnisse dokumentieren oder nachher vorstellen soll und/oder bereiten Sie das Tool, das sie zur Bearbeitung oder Dokumentation nutzen sollen, vor. Wenn Sie den Auftrag nicht schriftlich erteilen, können Sie sicher sein, dass am Ende nicht das herauskommt, was Sie sich vorgestellt haben.
- Abfragen vorbereiten
  Egal ob Sie Abfragen über die Funktionen Ihrer Plattform, speziell dafür vorgesehene Apps wie Slido oder Mentimeter oder auch ganz niederschwellig im Chat starten. In den Apps bereiten Sie die Umfragen ohnehin vorher vor. Aber auch für Abfragen auf dem Whiteboard oder über den Chat, empfehle ich, die Fragen schon in einem Dokument vorbereitet zu haben. Es spart Zeit und Nerven, wenn Sie schon wissen, was Sie abfragen und ggf. welche Skala Sie anbieten. Dann brauchen Sie das Ganze nur in den Chat oder auf das Whiteboard kopieren und los geht's.
- Gruppenarbeit digital – Räume einrichten
  Wann wollen Sie die große Gruppe in Kleingruppen teilen? Wer sollte mit wem zusammen sein? Wollen Sie nach dem Zufallsprinzip vorgehen? Dann teilt z. B. Zoom oder Teams zufällig zusammengesetzte Gruppen in Breakout Rooms ein, wo sie sich austauschen oder ein Thema bearbeiten können. Ist Ihnen wichtig, dass die Gruppen nach bestimmten Kriterien gemischt sein sollen oder in verschiedenen Phasen in wechselnden Konstellationen arbeiten sollen, so müssen Sie sich vorher überlegen, wie Sie die Gruppen einteilen. Ich notiere mir die Einteilungen in einer Datei, auf die ich schnell zugreifen kann. In Zoom können Sie auch Räume einrichten, die die Teilnehmenden selbst aufsuchen. Das bietet sich an, wenn Sie in verschiedenen Räumen verschiedene Fragestellungen bearbeiten lassen. Dann können sich die Gruppen nach Interesse bilden.
- Gruppen digital einteilen
  Um alle TN zu aktivieren und anzusprechen, kann man unterschiedliche Kriterien nutzen, z. B. sortiert nach Abteilungen/Werken/Standorten oder nach dem Alphabet der Vornamen oder der Nachnamen, vorwärts oder rückwärts. Ich drucke mir TN-Listen für Workshops schon entsprechend so aus, dass ich verschiedene Sortierungen nutzen und anzeigen kann. Z. B. »Ich hätte gerne von jedem eine Rückmeldung. Fangen wir im Norden an. Kai, wie schätzt Du XY ein…« Oder »Auf einer Skala von 1 bis 5, wie wichtig ist das Thema xy für dein Projekt. Ich hätte gerne von jedem von Euch eine Einschätzung. Ich gehe diesmal nach dem Alphabet rückwärts vor. Zia/Wolfgang/Vera/Ute/Tom/Sabina…, welche Zahl wählst Du? Wie wichtig ist….?«

- Co-Moderatoren und Moderatorinnen
  Wenn Sie als Externe im Teams-Account einer anderen Firma moderieren, haben Sie keine vollen Moderatorenrechte. Besprechen Sie sich mit Ihrem Auftraggeber, wer Ihnen als Co-Moderator:in zur Seite steht und in Ihrem Auftrag z. B. Dokumente zur Verfügung stellt oder Gruppenräume einrichtet.
  Wenn Sie eine große Gruppe über eine längere Zeit zu moderieren haben, bietet es sich ohnehin an, ein oder zwei Co-Moderatoren oder Co-Moderatorinnen zu haben, die verabredete Aufgaben vornehmen, z. B. die Gruppeneinteilung für die Breakout Rooms, Hilfen für technische Fragen von Teilnehmenden etc.

7.1.5 Sich richtig ins Bild setzen – Technik und Outfit

Kamera(ausschnitt)
Nicht jede Laptopkamera bietet die Bildqualität, die wünschenswert wäre. Bei vielen reicht es allerdings durchaus aus. Wollen Sie sich viel bewegen, weil Sie beispielsweise zusätzlich zu den Online-Tools ein Flipchart nutzen wollen oder etwas zeigen/ demonstrieren wollen, ist der Anschluss einer externen Kamera hilfreich. Sie sollten vorher allerdings checken, ob alles so funktioniert wie Sie möchten. Meine externe Kamera wurde über das Internet betrieben (über das Handy gesteuert). Für die Online-Moderation und für das Betreiben dieser hochwertigen Kamera gleichzeitig reichte allerdings die Übertragungsrate unseres Providers nicht aus. In jedem Fall gilt: Checken Sie Ihr technisches Equipment vorher!

Worauf Sie vor der Kamera achten sollen:
Platzieren Sie sich so vor der Kamera, dass man auch einen Teil des Oberkörpers sieht, also nicht allein das Gesicht. Man bekommt so einen besseren Eindruck von Ihnen als Person und ist nicht mit einem überdimensionierten Gesicht auf seinem Bildschirm konfrontiert. Es fühlt sich vertrauter an, eine Person mit Oberkörper zu sehen. Nahe Gesichtsaufnahmen sind auch sehr intim – also eher nicht für das Business geeignet.

Zwischen dem oberen Bildrand und Ihrem Kopf sollte nicht mehr allzu viel Platz sein. Sind Sie zu klein auf dem Bildausschnitt – also zu weit von der Kamera entfernt – wirken Sie etwas verloren und weniger präsent.

Sitzen oder stehen Sie aufrecht, genau so wie Sie es auch in der Live-Moderation täten. Blicken Sie in Richtung Kamera. Sie können sich die Kacheln der Teilnehmer nach oben ziehen, sodass Sie trotzdem etwas vom Gegenüber wahrnehmen können. Wer redet schon gern in ein schwarzes Loch? Vom Gefühl her reden Sie zu den Teilnehmenden, nicht zum Mikro. Bauen Sie zwischen sich und den Angesprochenen eine imaginäre Verbindung auf. Das geht über Ihre Haltung, Ihre Sprache, aber auch über den Blick und die Mimik. Dafür müssen Sie im richtigen Winkel zur Kamera platziert sein.

Wenn es Sie irritiert, sich auch selbst zu sehen, schalten Sie die Selbstansicht aus. Ich wähle mich bei Online-Moderationen auf einem zweiten Gerät (ohne Kamera und Ton) ein, und kontrolliere da ab und an die Ansicht der Teilnehmenden. Dann erübrigt sich auch die Frage »Könnt Ihr das Dokument X sehen?«. Ich kann dann beiläufig ab und an kontrollieren, ob das Licht, der Ausschnitt etc. noch stimmt und falls nötig, nachbessern.

Mikro

Ein gutes Mikro ist Gold wert. Es schmeichelt der Stimme und ist vor allem wichtig, um gut intervenieren zu können. So kann man, wenn nötig, auch mal unterbrechen, ohne um Gehör kämpfen zu müssen. Die eingebauten Mikros der Rechner sind oft nicht gut genug, ggf. gibt es mit ihnen auch einen Hall. Die Investition in ein gutes Tischmikro oder ein gutes Headset lohnt sich für Leute, die regelmäßig moderieren in jedem Fall. Es hilft ihnen, ihre Autorität, die sie in der Moderation auch brauchen, über eine gut vernehmbare Stimme ohne Anstrengung, Hall und Knarzen hörbar zu machen. Manche Moderatoren oder Moderatorinnen klingen mit gutem Mikro sogar online besser als live und können mit ihrer Stimme mehr bewirken als in einem großen Raum.

Licht

Wenn die Sonne ins Fenster scheint, braucht es eine Möglichkeit zur Verschattung. Im Gegenlicht lässt es sich auch nicht gut moderieren. Die anderen sehen dann nur noch Ihren dunklen Umriss. In der Moderation sollten wir in jedem Fall gut zu sehen sein. Wir sind es ja, die für Orientierung sorgen sollen. Das geht mit Sprache und Körpersprache vereint besser als nur über Worte.

Wenn das Tageslicht nicht optimal fällt oder nicht ausreichend erhellt, hilft eine Ringleuchte, die das Gesicht gut ausleuchtet. Bei einigen lässt sich die Wärme/Kälte des Lichts und die Helligkeit variieren. So kann man über die Einstellungen selbst dafür sorgen, dass man nicht weiß wie ein Gespenst aussieht, aber auch nicht als Schatten irgendwo nur zu ahnen ist. Das alles ist mittlerweile günstig zu erwerben und hilft für einen professionellen Auftritt vor der Kamera sehr.

Hintergrund

Wer in der Küche oder im Schlafzimmer seine Online-Meetings abhalten muss, dem empfehle ich, den Hintergrund mit der Funktion im Menü weichzuzeichnen oder einen möglichst neutralen Hintergrund zu wählen. Arbeiten Sie mit einem virtuellen Hintergrund, dann kann man Sie bei bestimmten Bewegungen nicht immer ganz sehen und der Einsatz von manuellen Medien (Karten, Gegenstände, Körperübungen), die Sie ggf. zeigen wollen, funktioniert nicht wirklich.

TIPP
Ein Kollege von mir startet sein Meeting immer mit einem witzigen oder mit einem Neugier erregenden Hintergrund, z. B. Fotos von Urlaub, Sport, Natur, Filmgestalten, Cartoons. So kommt er mit den sich nach und nach einwählenden Personen ganz nebenbei in einen netten Small Talk. Wenn es dann »ernst« wird und das eigentliche Meeting startet, schaltet er um auf einen seriösen oder wenig ablenkenden Hintergrund.

Outfit
Seit der Corona-Pandemie und der erzwungenen Homeoffice-Arbeit ist der Businesskleidungsstil sichtbar legerer geworden. Das verdanken wir sicherlich auch den vielen Online-Meetings. Manche Personen weigern sich allerdings auch die Kamera einzuschalten, weil sie sich in ihrem Zuhause-Outfit nicht zeigen wollen, sich aber auch für die paar Meetings im Homeoffice nicht aufbrezeln wollen.

Als Moderator:in sind wir immer auch role model. Ein zu häuslich legerer Stil könnte als unprofessionell wahrgenommen werden. Aber wir müssen auch nicht wie Teenies, die von einer Karriere als Influencer:in träumen, stundenlang an uns rumbasteln. Es geht schließlich um Inhalte. Kleidung und Schmuck sollten nicht vom Wesentlichen ablenken. Am besten ist Kleidung, die sich etwas vom Haus-Outfit abhebt. Der Körper muss spüren, dass es sich hier um ein professionelles Event handelt. Das geht auch über Kleidung. Wir müssen nicht als Model auftreten, aber so gekleidet sein, dass die anderen sich nicht dauernd fragen müssen »Wie sieht die/der denn aus?« Wie adäquate Kleidung aussieht, hängt natürlich auch von der Branche und der Unternehmenskultur ab. Wenn man in der Firma und beim Kunden sonst auch in T-Shirt und Shorts erscheinen kann, braucht es online auch kein Hemd oder Sakko.

Vielleicht noch ein technischer Hinweis: Streifen, Karos und großflächige Muster werden im Bildschirm oft verzerrt dargestellt; Schwarz oder Weiß geht manchmal im Hintergrund auf – also beides eher meiden. Am besten sind unifarbene Oberteile. Etwas Farbe ist völlig okay. Und wenn die Frisur heute wirklich nicht taugt, dann können Kopfhörer das gut kaschieren. Man sieht dann zwar aus wie ein:e Radiomoderator:in, aber das ist ja auch eine professionelle Rolle.

7.2 Online-Meetings durchführen

Wie sonst auch ist eine klare Struktur der Sitzung für alle Beteiligten hilfreich, um sich einzulassen und auf das Wesentliche zu konzentrieren. Vermitteln Sie das geplante Vorgehen einladend, freundlich und so, dass klar ist, warum Sie in der Form vorgehen.

Beispiel

»Okay. Lasst uns mit XY beginnen. Ich denke, das sind Punkte, die können wir zügig regeln, damit uns genügend Zeit bleibt für die Frage Z. Da steht eine Vorentscheidung an, bei der ich gerne mit Euch die Bedingungen prüfen würde.«

7.2.1 Einstieg

Online ist ein gelungener Einstieg fast noch wichtiger als bei herkömmlichen Meetings. Besonders, wenn Teilnehmende sich nur telefonisch einwählen, ist die Orientierung durch die Moderatorin zwingend notwendig. Es gelten für die Strukturierung die gleichen Regeln wie für »normale« Moderationen (siehe Kapitel 4). Gleichzeitig muss man das Medium berücksichtigen, das einen dazu zwingt, kürzer, klarer, dynamischer und bildhafter zu sprechen.

Begrüßung

Versuchen Sie, die Teilnehmenden nicht einfach technisch zu begrüßen, sondern tatsächlich so etwas wie Freude und Herzlichkeit zu empfinden, wenn Sie Ihre Konferenz beginnen. Das Online-Meeting lebt auch von dem, was Sie atmosphärisch an Herzlichkeit und Lockerheit in dieser Runde aufbauen können. Wenn Sie im Vorfeld merken, dass Sie keine Lust auf das Meeting haben, versuchen Sie herauszufinden, was Sie behindert, und versuchen Sie, die Störung bei sich aufzulösen (siehe Kapitel 3.5). Sie sind inhaltlich und im Umgang mit den Teilnehmenden kompetenter, wenn Sie sich wohl und »gut darauf« vorbereitet fühlen. Oft hilft es, sich den Sinn dieser Arbeit deutlich vor Augen zu führen und auch zu schauen, dass Sie alles haben, was Sie brauchen, um sich sicher und wohl zu fühlen. Legen Sie gerne vorher eine kleine Pause ein, um sich zu entspannen und zu sammeln, bevor es losgeht. Wenn Sie selbst schon viel am Rechner gesessen haben, ist es besser, sich selbst zu lockern und zu energetisieren. Etwas Gymnastik, Laufen, Sprinten, Treppensteigen, Tanzen können besser sein, als sich bei einer Tasse Tee zu entspannen. Sorgen Sie auf jeden Fall im Vorfeld aktiv dafür, dass Sie körperlich und mental in einem möglichst guten Zustand sind. Andernfalls ist die Gefahr groß, dass Sie Ihre Müdigkeit, Angespanntheit, Lustlosigkeit, Gereiztheit oder was auch immer 1:1 in die Gruppe übertragen. Für Sportler und Künstlerinnen ist es selbstverständlich, sich körperlich und mental vorzubereiten. Für Menschen, die moderieren, gehört das auch ins Programm. Wenn Sie sich startklar gemacht haben, können Sie alle herzlich, freundlich und dynamisch begrüßen und klar durch die Konferenz führen.

Technik-Check & Regeln

Ideal ist, wenn Sie als Moderator:in schon 5–10 Minuten vor Termin im digitalen Meetingraum sein können. So haben Sie Gelegenheit, ein bisschen Small Talk zu halten und ganz nebenbei auch zu checken, ob technisch alles funktioniert, ob die TN mit den Tools oder Funktionen vertraut sind, die Sie nutzen wollen etc. Funktioniert etwas nicht, dann klären Sie zu Beginn des Meetings kurz, ob alle Sie verstehen/sehen können oder ob es irgendwelche technische Probleme gibt, die man durch entsprechende Maßnahmen beheben oder verbessern kann. Manchmal ist es sinnvoll, einzelne Teilnehmende darauf hinzuweisen, ihr Mikro oder Telefon auf stumm zu schalten und nur einzuschalten, wenn sie selbst sprechen möchten, um störende Hintergrundgeräusche (Motorgeräusche, Gespräche anderer, Kindergebrabbel etc.) zu vermeiden.

Erklären Sie kurz, welche Funktionen Sie nutzen wollen und wie Sie miteinander arbeiten wollen:

Kamera: Erklären Sie ggf., dass und warum Sie gerne hätten, dass die TN ihre Kamera einschalten, wenn das nicht ohnehin schon der Fall ist.

Rederecht: Wie sollen die TN sich melden? Physisch über Handheben? Online über die Funktion in der Plattform? Verwalten Sie die Wortmeldungen oder – in großen Gruppen – ein Co-Moderator?

Mikro: Sollen die TN sich muten, also ihr Mikro stumm stellen und nur bei Wortbeiträgen entmuten? Bei großen Gruppen oder Hintergrundgeräuschen ist das unerlässlich. Bei kleinen Gruppen jedoch ist das Gespräch lebendiger, wenn die TN nicht die Zeitverzögerung durch das entmuten haben und direkt spontan sprechen können. Sagen Sie, wie Sie es gerne handhaben möchten.

Kommentare/Emoticons: Wollen Sie mit der Kommentarfunktion arbeiten oder auch Emoticons und Symbole nutzen? Dann klären Sie kurz auf, wie Sie damit umgehen, damit jede:r weiß, wie das funktioniert.

Zeitbegrenzung von Redebeiträgen: Wollen Sie die Zeit für einzelne Beiträge, z.B. Kurzpräsentationen begrenzen? Dann können Sie auch den Timer für alle sichtbar mitlaufen lassen. Mittlerweile hat fast jede Software eine Timer-Funktion, die man dafür nutzen kann.

Pausen: Bei einem Meeting unter einer Stunde werden Sie wahrscheinlich keine längere Pause einplanen. Aber eine kurze Unterbrechung von fünf Minuten sollten Sie ruhig einplanen. Kündigen Sie das an. Am besten teilen Sie auf dem Bildschirm ein Dokument auf der die Zeit eingeblendet ist, wann es weitergeht. Dann ist die Chance größer, dass alle wieder pünktlich am Platz sind.

Chat: Wollen Sie den Chat nutzen? Wie ist der eingestellt? Können die TN ihn auch untereinander nutzen? Die Funktionen lassen sich je nach Plattform unterschiedlich einstellen. Manchmal kann der Chat Einzelner untereinander problematisch sein. Ich hatte im Coaching sogar Fälle, wo mir berichtet wurde, dass der Chat genutzt wurde,

Personen zu mobben oder das Meeting subversiv zu stören. Gerade in dysfunktionalen, konfliktären Gruppen ist es vielleicht besser, diese Funktion nicht anzubieten und den Chat nur öffentlich zuzulassen.

Gruppenfindung, Orientierung, Check-in
Eine kurze Vorstellungs- oder Eingangsrunde hilft den TN in dem Meeting anzukommen.

Beispiel

»Gehen wir mal die Standorte durch: In Iphofen sitzt Claire zusammen mit unserer neuen Kollegin Jelena, ist das richtig? Claire ist zuständig für ... Jelena, die meisten kennen Dich noch nicht. Vielleicht kannst Du kurz ein paar Worte zu Dir sagen und wofür Du zuständig bist im Projektteam.« Oder: »Claire, vielleicht kannst Du gerade sagen, was Dein Anteil an ...«

Wenn es passt, können Sie auch Small-Talk-Elemente oder Humor einbinden. Die Einzelnen sollen sich wahrgenommen und angesprochen fühlen, auch wenn sie Hunderte oder Tausende Kilometer entfernt sitzen.

Beispiel

»James, Ihr seid wahrscheinlich schon auf dem Weg ins Bett. Tut mir leid, dass es nicht früher ging. Seid Ihr startklar für die Sitzung?« »So, dann schauen wir mal, wer aus dem Freistaat Bayern zugeschaltet ist. Das Oktoberfest ist ja jetzt vorbei. Max, ...«

Sie können die Orientierung auch mit einer Eingangsrunde zum laufenden Thema verbinden.

Beispiel

»Okay, lasst uns starten. Bevor wir uns der Frage X zuwenden, hätte ich gerne von jeder:m von Euch eine ganz kurze Rückmeldung, was sich bei Euch seit unserem letzten Treffen in unserem Projekt getan hat. Fangen wir diesmal bei den Entwicklern an. Sergej, wie ist es Euch ergangen? Wo steht Ihr momentan?«

Machen Sie auch darauf aufmerksam, wer heute nicht da ist oder sich später zuschaltet. Sie müssen mit Worten die Orientierungslücke schließen, die durch das eventuelle Fehlen des Visuellen entsteht.

In Online-Meetings müssen Sie Runden, in denen die Teilnehmenden aktiv werden sollen, stärker steuern, die Wortbeiträge also deutlicher verteilen. Hilfreich ist, wenn Sie die Teilnehmenden namentlich ansprechen. Dann weiß jede:r, wer gemeint ist. Außerdem schafft das eine persönlichere Atmosphäre und verhindert lange Pausen oder dass mehrere gleichzeitig beginnen. Wenn Sie einfach nur eine Frage in den Raum werfen, kann es sein, dass keiner sich angesprochen fühlt und lange Pausen und

Unsicherheit entstehen. Wenn Sie die Bitte um Rückmeldung zu einer Frage deutlicher adressieren, kommen Sie besser voran:

Beispiel

»Vielleicht kann der Vertrieb was dazu sagen ...« oder »Aylin, was denkst Du? Ließe sich das für Euch in diesem Zeitraum umsetzen?«

Zeitliche und thematische Orientierung

Setzen Sie nicht voraus, dass die Teilnehmenden eines Meetings die Tagesordnung im Kopf haben. Wer weiß, an welchem Ort sie gerade sind und was sie zuvor getan haben (oder immer noch tun, ohne dass Sie das mitbekommen)? Deshalb ist es für alle hilfreich, zu Beginn eine kurze Orientierung zu geben, was Sie vorhaben und was die Rolle der anderen bei dieser Sitzung ist. Was wird hier heute geschehen? Welche Punkte werden besprochen? Mit welchem Ziel? Nehmen Sie nicht alles inhaltlich vorweg, sondern bleiben Sie knapp. Es geht nur um eine Orientierung. Es wäre gut, wenn die Agenda nicht wie eine Strafarbeit klingt, sondern die Themen sinnvoll und vielleicht sogar motivierend dargestellt sind.

Bekräftigen Sie den zeitlichen Rahmen für die Sitzung und machen Sie deutlich, dass Sie diesen auch einhalten (kürzer geht natürlich, wenn man sein Ziel erreicht hat) bzw. dass Sie ggf. öfter einmal intervenieren werden, um die Sitzung voranzubringen. Themen, die nicht unbedingt in dieser Runde geklärt werden müssen, sollten Sie ausklammern und mit den Betroffenen kurz besprechen, in welchem Rahmen sie dies klären werden. Notieren Sie sich solche Verabredungen während Sie moderieren gerne im Maßnahmenplan oder in einer Datei, die Sie am Ende noch einmal kurz teilen. So behalten Sie und die anderen den Überblick, was Sie abgesprochen haben und anderweitig klären wollen. Bei einem Online-Meeting sollten Sie spätestens nach 45 Minuten eine Pause machen oder mit der Sitzung durch sein.

7.2.2 Thematische Arbeit

Machen Sie aus einem großen Thema mehrere kleine Themen. Untergliedern Sie die anstehenden Aufgaben in Teilaufgaben. So behalten Sie und auch die anderen Teilnehmer besser den Überblick. Machen Sie sich vorher klar, was Sie von den anderen Teilnehmer wissen müssen, um das Problem zu bearbeiten, und überlegen Sie sich dafür passende Fragestellungen und Aufgaben. Diskussionen, die nicht zwingend für die Lösung und Zielerreichung sind, lagern Sie freundlich, aber bestimmt aus.

Beispiel

»Celine, Du machst Dir jetzt schon Gedanken zur Gestaltung. Ich möchte hier bei dieser Sitzung erst mal nur die Frage behandeln, wie wir ... Das Gestaltungsthema werden wir erst angehen, wenn ...«

Arbeiten Sie jeweils bis zu dem Punkt, an dem klar wird, was als Nächstes zu tun ist. Legen Sie dies verbindlich in einem Maßnahmenplan fest (Was? Wer? In welcher Form? Bis wann? Siehe Kapitel 4.4). Sie müssen nicht für alles in dem Rahmen eine Lösung finden, aber Sie sollten klären, wo, mit wem und in welchem Rahmen die fraglichen Punkte geklärt und entschieden werden.

7.2.3 Umgang mit Pannen

Wer in Deutschland online arbeitet, hat alle möglichen kleineren und größeren Pannen schon erlebt. Störungsfreie Online-Zusammenkünfte sind die Ausnahme. Immer wieder erweist sich das Netz nicht als stabil genug und der Empfang wird auf irgendeiner Seite gestört, oder es ist nicht möglich, parallel mehrere Anwendungen über das Internet laufen zu lassen. Oft kommen auch Störungsmeldungen aus dem Homeoffice der Teilnehmenden. Blöd, wenn es ausgerechnet die Person ist, die jetzt einen wichtigen Beitrag leisten sollte.

Technik stabilisieren

- Sie können zwar keine Ausfälle beim Provider kompensieren, aber auf ein paar Dinge kann man am eigenen Rechner schon achten, um ein möglichst stabiles Netz zu haben.
- Schließen Sie den Rechner möglichst über ein WLan-Kabel am Router an.
- Wenn Sie im Homeoffice sind, können Sie ggf. den Router so programmieren, dass Ihr Arbeitsrechner Vorrang vor anderen Anwendungen des Smart Homes oder denen Ihrer Kinder hat.
- Sorgen Sie im Homeoffice dafür, dass möglichst kein anderer datenintensive Anwendungen wie Computerspiele oder Streaming nutzt.
- Schließen Sie alle Anwendungen und Seiten auf Ihrem Rechner, die Sie für das Meeting nicht nutzen.

Ruhe bewahren

Machen Sie sich darauf gefasst, dass Dinge nicht wie gewünscht klappen. Das Wichtigste in einer solchen Situation ist, sie nicht durch Ihr eigenes Verhalten zu verschlimmern. Sind Sie gestresst, schlecht gelaunt, genervt, verängstigt, überträgt sich das auf die ganze Gruppe. Halten Sie sich an den Ratschlag meiner Kollegin Ariane Bertz: Akzeptieren Sie die Störung. Sehen Sie es als normalen Vorgang an. Wenn Sie nervös werden oder sich ärgern, kostet es Sie Energie, die Sie für die Lösung des Problems brauchen. Stattdessen arbeiten Sie einfach geradeaus:

- Beschreiben Sie ruhig, was Sie gerade feststellen und welche Konsequenz das hat.
- Machen Sie einen Vorschlag zum weiteren Vorgehen oder fragen Sie ggf. nach einem Vorschlag. Es ist gut möglich, dass jemand in Ihrer Gruppe eine Idee hat, was man jetzt tun könnte, um das Problem zu beheben.
- Wenn Sie oder ein Co-Moderator versuchen, etwas ans Laufen zu bringen, sagen Sie, was Sie gerade machen.
- Sie können die TN auch auffordern, die Zeit als Biopause zu nutzen oder ihnen eine Aufgabe geben.
- Auch wenn einzelne TN ein Problem haben, kann es entlastend und zeitsparend sein, wenn ein Co-Moderator oder ein anderes Gruppenmitglied sich um die Lösung kümmert. Dann können Sie weiterarbeiten und der Person wird nebenbei geholfen.

ALARM-Formel: Als Selbstberuhigungsformel für den Umgang mit technischen Problemen in Online-Sessions empfiehlt Ariane Bertz die ALARM-Regel. Dabei stehen die einzelnen Buchsta ben für:

A=Atmen. Wichtig ist, dass Sie möglichst genügend ausatmen. Das reduziert den Stress. Nach einem langen Ausatmen kommt automatisch ein spontaner tiefer Einatemzug. Sie können das Mikro dafür ja kurz ausschalten.

L=Lächeln. Ein äußeres Lächeln entspannt den Körper auch innen. Das ist die Folge bestimmter Nervenverknüpfungen. Ihr Lächeln nimmt aber auch den Druck für andere aus der Situation. Schon der berühmte Körpertherapeut Moshe Feldenkrais hat gesagt, dass man komplexe Probleme mit einem inneren Lächeln auf den Lippen lösen sollte. Im Lächelzustand arbeitet das Gehirn besser.

A=Akzeptieren. Wenn Sie das Problem als gegeben annehmen und akzeptieren, erhält es Normalität. Ihr Körper entspannt sich und es lässt sich leichter damit umgehen. Eine Analyse, wie es dazu hat kommen können, was man hätte anders machen können, verbietet sich an dieser Stelle. Eine Reflexion der eigenen Arbeit darf immer erst nach der Arbeit erfolgen. Währenddessen versuchen Sie, in möglichst guter Form zu bleiben, egal, was passiert und wer da ggf. etwas verbockt hat.

R=Reagieren. Gehen Sie vor, wie oben beschrieben. Arbeiten Sie geradeaus auf Lösung hin oder nutzen Sie ggf. eine kompetente Person aus der Gruppe als Helfer.

M=Mitkommentieren. Sagen Sie, wie Sie die Situation einschätzen und wenn Sie etwas tun, was Sie da tun oder zu tun gedenken. Das hilft Ihnen und den Anderen. Sie haben immer auch die Option, eine Pause zu machen und/oder den Einzelnen/der Gruppe eine Aufgabe/Fragestellung zu geben, während Sie oder ein Co-Moderator das Problem lösen.

7.2.4 Abschluss & Feedback

Je besser es Ihnen gelingt, Online-Meetings straff, freundlich und zielorientiert in einer überschaubaren Form zu Ende zu bringen, desto weniger lästig finden die Beteiligten diese Termine. Auch wenn eine Online-Meeting nicht so befriedigend gelaufen ist, wie Sie sich das gewünscht hätten, machen Sie sich die Mühe, kurz zusammenzufassen, was diskutiert wurde, was dabei geklärt wurde, was noch offen ist und was als Nächstes geschehen wird. Holen Sie nicht lang und breit aus, sondern markieren Sie knapp und positiv den Abschluss. Das gibt allen Beteiligten das Gefühl, dass sie tatsächlich etwas haben klären und regeln können. Bedanken Sie sich bei den Beteiligten möglichst freundlich und aufmerksam. Es wäre schön, wenn die Teilnehmenden der Gruppe und auch Sie mit einem guten Gefühl abschließen können. Wenn es zu Ihnen, Ihrer Gruppe und der Branche passt, können Sie auch gerne heiter schließen mit einem Scherz, so wie man häufig auch den Start in einer heiteren Atmosphäre, mit Small Talk und etwas Humor gestalten kann. Beginn und Start, Begrüßung und Abschied sind wesentliche, oft emotional eingefärbte Situationen im Kontakt mit Menschen. Die Emotion dürfen Sie auch in den Medien Telefon, Video oder Internet durchscheinen lassen. Sie können auch mit einer kurzen Feedbackrunde schließen. Eine Frage und eine kurze Antwort – entweder verbal oder über ein Emoji oder üben den Chat. Gerade für längere Sitzungen, Workshops, Webinare, Konferenzen sollten Sie eine Methode und Zeit für Feedback einplanen.

Wenn ich eine verbale Rückmeldung wünsche und es zügig gehen soll, teile ich meinen Bildschirm und bitte die Teilnehmenden in der Reihenfolge der Fenster, in der sie bei mir erscheinen, ihr Statement abzugeben. Eine mögliche Aufgabe: »Was ich den anderen Moderatoren und Moderatorinnen oder einfach so noch sagen möchte, bevor ich gleich auf den BEENDEN-Button drücke… Ihr habt alle noch einen Satz in diesem Meeting. Was ist Euer letzter Satz? Freidun, Du bist der erste auf meinem Bildschirm…«

7.2.5 Protokoll

Protokolle für Online-Meetings sollten zeitnah kommen. Was man nur gehört hat, eventuell noch in einer Sprache, die einem nicht ganz so vertraut ist, oder unter technisch schwierigen Bedingungen, kann man sich nicht gut merken.

Deshalb protokollieren Sie möglichst in der Sitzung mit oder regeln Sie, dass eine fähige Person die Ergebnisse festhält – gerne auch am Rechner, dann sind 80% des Protokolls schon nach der Sitzung grob fertig. Der Rest wird zeitnah ergänzt und überarbeitet, sodass das Protokoll den Teilnehmenden mit Maßnahmenplan und Liste, wer was bis wann zugesagt hat, idealerweise ein bis zwei Stunden nach der Sitzung zur Verfügung steht. Ist die Sitzung schon lange vergangen und man bekommt erst

Wochen später ein Protokoll, muss man sich mühsam eindenken. Manche erinnern sich nicht mehr, was sie zugesagt haben, oder es ist ihnen aus der Distanz plötzlich egal und etwas anderes erscheint ihnen wichtiger. Nutzen Sie den Umstand, dass beim Versenden des Protokolls Vielen die Sitzung noch in Erinnerung ist. Das erhöht die Motivation und die Umsetzungsquote.

Die Grobgliederung des Protokolls können Sie schon im Vorfeld anlegen. Anschließend brauchen Sie es während der Sitzung nur mit Inhalten zu füllen.

Als feste Kategorien können Sie einführen:

- Thema und Ziel der jeweiligen Tagesordnungspunkte
- Bei Diskussionen wird unter dem jeweiligen Punkt das Ergebnis festgehalten.
- Als weitere Kategorien über die Tagesordnung hinaus haben sich bewährt:
  - Ausgelagerte Themen aus dem Fragen- und Themenspeicher (Siehe Kapitel 8.3.8) (Was? Wann? Wo? Mit wem? Verantwortung?)
  - Noch zu klärende Fragen (Was? Wann? Wo? Mit wem? Verantwortung?)

7.3 Die Dynamik der Gruppe steuern

Die Gruppenfindung ist in Online-Meetings schwieriger als in Präsenz. Sie unterstützen die Gruppenatmosphäre gezielt durch einen persönlicheren Einstieg und die Orientierung. Es hilft, wenn jede Person dabei kurz zu Wort kommt. So hat man alle schon einmal gehört und gleichzeitig die Technik checken können.

Bei Online-Konferenzen können alle Probleme auftauchen, die es auch sonst gibt. Auffallend ist jedoch, dass die allgemeine Passivität bei Online-Meetings größer ist. Deshalb muss man sich in der Moderatorenrolle mehr darum bemühen, die Teilnehmenden einzubinden und am Ball zu halten.

7.3.1 Aktivieren

Bei Online-Meetings verliert man leicht die zugeschalteten Personen aus dem Blick, sodass diese auch öfter »untergehen«. Damit dies nicht passiert, empfehle ich, einen Teilnehmerplan mit Namen, Funktion und Ort zu zeichnen. Es ist schon unter normalen Bedingungen nicht leicht, in einer Gruppe zu Wort zu kommen. In Online-Meetings ist dies noch schwieriger. Sie können bei Online-Meetings den TN die aktive Teilnahme erleichtern, wenn Sie ihnen gute Einstiegsmöglichkeiten durch gezielte Ansprache ermöglichen.

Beispiel

»Lion, Du hast jetzt gehört, was die Kollegen hier diskutiert haben. Wie schätzt Du das für Euren Standort in München ein?«

»Ich hätte gern von jedem von Euch eine kurze Einschätzung, wie Ihr das seht. Ein bis zwei Sätze von jedem. Fangen wir in Brandenburg an. Sandy, wie siehst Du das?«

Wenn Sie eine konkrete Rückmeldung zu einem Thema möchten, können Sie die Teilnehmenden auch vor der Antwortrunde bitten, sich eine kleine Notiz zu machen.

Beispiel

»Ich wüsste gerne von Euch, wie Ihr das Geld für X aufteilen würdet. Ihr wisst, uns steht die Summe von Y zur Verfügung. Ich gebe Euch jetzt mal eine Minute Zeit. Bitte notiert Euch kurz, wie Ihr die Anteile prozentual auf die verschiedenen Themen aufteilen würdet. Dann frage ich gleich in der Runde ab, wie ihr das seht.«

Wenn die Personen vorher nachdenken und etwas notieren können, lassen sie sich weniger durch die Einschätzung anderer, z. B. sehr dominanter Leute, irritieren.

Neben der gezielten und direkten Ansprache sind gerade für längere Online-Meetings, Workshops und Konferenzen aktivierende Methoden einzubauen.

Dafür eigenen sich:

- Fragen, zu denen jede:r etwas schreibt (Whiteboard, Miro, Chat) und die Ergebnisse nachher für alle sichtbar sind
- Punktabfragen oder Skalierungsfragen, bei denen sie ihre Sicht über die Platzierung eines Punktes auf der Achse oder eine gedachte Zahl inhaltlich äußern.

Beispiel

Skalierungsfrage: Auf einer Skala von 0 bis 10 – wie riskant schätzt ihr die angedachte Investition in .... ein? 10=höchst riskant, 0=kein Risiko. Schreibt Eure Zahl in den Chat.

Punktabfrage wie live, nur als Medium das Whiteboard oder ein Online-Tool wie Miro, in dem Sie die Frage vorbereitet haben. Die TN brauchen dafür allerdings den Link, um schnell darauf zugreifen und voten zu können.

Mentimenter ist eine Plattform, die unterschiedliche Formate für Abfragen bereithält. Sie eignet sich gerade auch für größere Gruppen bei Workshops und Konferenzen. Hier kann man auch zwischen mehreren Vorschlägen wählen lassen. Das Antworten oder Voten funktioniert über das Handy der TN. Es muss also bei der Einladung schon angekündigt werden, dass man ein Handy braucht.

Walk & talk

Bei längeren Sitzungen und passendem Wetter kann man die TN bitten, sich 10 Minuten per Handy zu einer Frage auszutauschen oder Ideen zu sammeln. Gebt die Aufgabe und die Zuordnung der Paare schriftlich (geteilte Folie). Die TN können Ihre Handynummern unkompliziert über den Chat austauschen (muss freigeschaltet für die TN sein). So sind alle aktiv, arbeiten am Thema und gleichzeitig hat der Körper Gelegenheit sich zu bewegen und Tageslicht zu bekommen. Wenn es nur um einen Austausch ging, muss im Anschluss nicht jedes Paar berichten, sondern man kann nach Highlights, Erkenntnissen, aufgetauchten Problemen fragen. Ging es um das Sammeln von Ideen oder Lösungsvorschlägen, kann man die Paare bitten, ihre Ideen in einem von Ihnen vorgeschlagenen Tool festzuhalten und nachher mündlich kurz zu erläutern. Wenn die TN sich 10 Minuten draußen austauschen, müssen Sie 15–20 Minuten einplanen, bis sie wieder am Platz sitzen sollten. Bei längeren Meetings ist das jedoch gut investierte Zeit, um der Zoom-Fatigue vorzubeugen.

Aktivitäten: z. B. eine Aufgabe in der Vorstellungsrunde.

Beispiel:

Show & tell

»Steht kurz auf und holt etwas aus Eurem Umfeld, das typisch/charakteristisch/wichtig für Euch ist oder eng mit Euch zu tun hat.« Oder: »Steht kurz auf und sucht ein Objekt oder ein Bild, das unser Projekt oder Eure Situation darin momentan gut charakterisiert. Egal, ob das ein Strick, ein Schnuller, Schokolade oder eine Medaille ist… Sucht etwas, was für Euch hier und heute passend ist.«

Die TN können es nachher in der Gruppe kurz vorzeigen und erklären.

Kleingruppen à 2–4 Personen.

Gebt Diskussions- oder Lösungsaufträge an Kleingruppen, die in Breakout Rooms ihre Ergebnisse erarbeiten. Die Kleingruppe animiert viel stärker zur aktiven Teilnahme als eine größere Gruppe mit Moderation.

Rätsel/Quiz – man kann sie zur Auflockerung nutzen; man kann sie aber auch so gestalten, dass sie zum Thema passen und Teil der Einführung sind. Die Fragen und die Art der Antwortmöglichkeit müssen Sie im Vorfeld planen. Man kann auch Apps wie kahoot, Slido, Mentimeter dafür nutzen.

7.3.2 Interventionen

Die in der Moderation üblichen Interventionstechniken (siehe Kapitel 5.3) können Sie gleichermaßen auch online nutzen. Wir folgen bei Interventionen dem Motto der Verhandlungsführung nach Harvard »Hart in der Sache, weich zu den Menschen.« Sie sollten in Ihren Formulierungen klar und mit Ihrer Stimme bestimmt auftreten, dennoch aber freundlich, höflich und der Person zugewandt bleiben. Eine gewisse Wärme, Freundlichkeit und Sympathie sollten auch bei ordnenden Interventionen spürbar sein. Ihre Intervention ist für jeden hörbar und prägt auch die Atmosphäre. Sind Sie zu genervt, scharf, unfreundlich oder auch in der Wortwahl verletzend, prägt das die Atmosphäre des ganzen Termins und wirkt demotivierend. Eine Intervention sollte ihre Wirkung erzielen (z.B. dass jemand zum Schluss kommt, die Gruppe zur Ausgangsfrage zurückkehrt, dass die TN die Idee der anderen beim Sammeln zunächst nicht bewerten etc.), aber die Stimmung nicht negativ einfärben.

Es kann sein, dass Sie dabei auch eine Person unterbrechen müssen. Wenn jemand in einem Online-Meeting lange ausholt, um Anekdoten zu erzählen, oder sich in Details verliert, können Sie nicht warten, bis die Person fertig ist. Manchmal gelingt es auch nicht, auf eine Pause zu warten, weil die Person keine Pause macht. Dann ist es Ihr Recht und auch Ihre Pflicht als Moderator:in, der Person auch mal ins Wort zu fallen. Verbinden Sie Härte in der Sache mit Wärme zum Menschen.

Beispiel

»Frau Schmidt, ich greife kurz ein. Ich sehe, Sie haben mit dem Kunden X schlechte Erfahrungen gemacht. Das tut mir leid. (Interventionsart: Stoppen mit Paraphrase, Zuwendung, Wärme, gleichzeitig aber auch eine Unterbrechung der Geschichte.) Ich möchte jetzt an dieser Stelle mit allen gemeinsam klären, welche ...« (Interventionsart: Zurücklenken zur Frage, an der gearbeitet werden soll).

Unter Stress neigt man in der Moderatorenrolle dazu, entweder zu passiv zu sein und alles laufen zu lassen oder zu hart und barsch zu intervenieren. Eine zu passive Moderation führt ins Chaos. Zumeist erzielt man keine Ergebnisse. Zu strenge und barsche Führung verschlechtert die Atmosphäre insgesamt. Manche werden sich dann bei jeder Gelegenheit mit Ihnen anlegen, weil sie nicht wollen, dass jemand so mit ihnen umgeht, andere ziehen sich zurück und warten einfach nur, dass es vorbeigeht. Also auch in diesem Fall wird das Ergebnis nicht zufriedenstellend sein.

7.3.3 Konflikte

Manche Leute steigern sich online stärker oder schneller in Ärger und Konflikte hinein als sonst. Man kennt das auch von Beschwerde-Hotlines, in denen manche Anrufer jegliches Maß verlieren. Vermutlich hängt das damit zusammen, dass man sich in Online-Meetings hilfloser und machtloser vorkommt als im direkten Kontakt. Diese gefühlte Hilflosigkeit macht manche aggressiv und lässt andere wiederum passiv resignieren. Dass man diejenigen, die man verbal angeht, nicht oder nur als kleines Bildchen sieht, befördert wohl auch die Tendenz zur Rücksichtlosigkeit. Oft tragen allerdings die Reaktionen der anderen Gesprächsteilnehmenden auch nicht zur Lösungsfindung und Deeskalation bei. Da man das Gegenüber in erster Linie hört und nur teilweise sieht, kommt es zudem schneller zu Missverständnissen. Ein falsches Wort, ein etwas spitzer Tonfall und schon ist der andere auf 180. Deshalb: Intervenieren Sie schnell, wenn ein Thema zu eskalieren droht. Warten Sie nicht, bis die Parteien sich mehrmals angegriffen haben. Greifen Sie mitten hinein in die Auseinandersetzung. Paraphrasieren Sie die Aussage der aggressiv auftretenden Person (siehe Kapitel 5.2) möglichst mit normaler, zugewandter, freundlicher Stimme. Fassen Sie dabei den sachlichen Gehalt des Gesagten in sozial verträgliche Worte. Den Ärger oder die Enttäuschung können Sie auch aufgreifen, indem Sie sie benennen, nicht aber reproduzieren. Sie bleiben ruhig und sehen es als »normal« an, dass Leute in einer Auseinandersetzung mal emotionaler werden oder schärfer reagieren. Wenn beide sich bereits geäußert haben, paraphrasieren Sie die Meinung beider Streitparteien.

Beispiel

Teilnehmender: »Erst brockt Ihr uns den Mist ein, dann meldet Ihr Euch die ganze Zeit nicht, dann ruft der Kunde bei uns an und dann sollen wir es gewesen sein, dann kriegen wir noch von der Abteilung X eine auf den Deckel! Ihr habt sie doch nicht mehr alle ...«

Moderator:in: »Okay, Marcel, da ist also alles Mögliche schiefgelaufen. Es gab Kommunikationsprobleme im Vorfeld mit den Zuständigen und dann habt ihr versucht, das Problem mit dem Kunden direkt zu klären. Und jetzt steht ihr in der Kritik. Und das ärgert Dich. Okay. Lasst uns mal schauen, was wir jetzt konkret machen können. Später müssen wir dann mal schauen, wie wir zukünftig verhindern können, dass so etwas wieder passiert und ihr dann nachher die Leidtragenden seid. Also ...« (Jetzt könnte ein strukturierender Vorschlag in Richtung weiteres Vorgehen oder Lösung des Problems folgen.)

Beispiel: Paraphrase von zwei Meinungen

»Max, Du ärgerst Dich also, dass Du nicht früher informiert worden bist, und deshalb möchtest Du auch nicht im jetzigen Stadium noch einsteigen und helfen, das zu retten. Und Du, Silvia, dachtest, Max wäre automatisch mit in der Verteilergruppe drin, weil bisher immer ... Hm. Das ist natürlich blöd gelaufen. Ich denke, wir müssen zwei Dinge tun. Zum einen klären, was wir jetzt machen können, um den Schaden möglichst gering zu halten, um ... Und zum anderen später klären, wie wir den Prozess so eindeutig machen können, dass so etwas in Zukunft nicht mehr passiert. Wichtiger ist jetzt, dass wir hier klären, wie wir nun ...«

Hier bekommt keine:r die Schuld und es wird auch nicht »schmutzige Wäsche« gewaschen. Die Moderation arbeitet auf einen pragmatischen Umgang mit der jetzt entstandenen Situation hin. Die zweite Aufgabe, nämlich den Prozess so zu klären und abzusichern, dass so etwas zukünftig nicht mehr passiert, müsste nicht in dieser Sitzung passieren. Das könnte im Protokoll unter »zukünftig zu erledigende Aufgaben« aufgenommen werden. Bei akut zu lösenden Problemen ist es meist sinnlos, nach Schuldigen und Verbesserungen zu suchen. Erst muss der Schaden beseitigt bzw. das akut vorliegende Problem gelöst werden, dann kann man später schauen, wie man den Prozess und die Kooperation optimiert.

Die Paraphrase ist auch das Mittel der Wahl bei Missverständnissen. Erklären Sie ruhig den Sachverhalt, ohne der ein oder anderen Seite Vorwürfe zu machen.

Beispiel

Nicht: »Das haben Sie falsch verstanden, Herr Fischer. Frau Petersen wollte nur ...«

Sondern: »Ich glaube, da liegt ein Missverständnis vor. Frau Petersen hat den Vorschlag gemacht ... Herr Fischer, was könnten Sie sich vorstellen?«

Die Stärke der Moderationsrolle liegt in der Chance, vermittelnd, klärend, ordnend und zielorientiert auf den Prozess einwirken zu können. Bemühen Sie sich also um ausgleichende Neutralität, wenn Sie bei der Lösung des Konflikts helfen wollen. Vermeiden Sie, die Erregung der anderen in Ihrer Haltung und Stimme aufzunehmen. Konfliktparteien werden oft lauter, schneller und benutzen ein groberes Vokabular. Reden Sie ruhig und klar, in einem freundlich bestimmten Ton und langsam genug, sodass auch emotional verwickelte Menschen Ihnen noch folgen können. Wenn Sie sich leicht provozieren oder einschüchtern lassen, können Sie trainieren, sich nicht so aus der Rolle bringen zu lassen. Hilfestellung dazu finden Sie in dem Haufe-Taschenguide »Kommunikationsfallen erkennen und vermeiden« (von Kanitz 2017) sowie in den Arbeitshilfen zum Buch auf mybook.haufe.de.

7.4 Umgang mit Sprache

Mündlich vermittelte Inhalte kann man sich schlechter merken als Dinge, die man selbst erlebt oder wenigstens gesehen hat. Gesprochenes zu verstehen und abzuspeichern erfordert hohe Konzentration. Je komplizierter oder ungeordneter jemand spricht, desto unwahrscheinlicher ist es, dass man ihn versteht. Für die Moderation ist also höchst verständliche Sprache ein Muss, wenn sie konstruktiv wirksam sein soll. Schwer verständliche Beiträge von Teilnehmenden sollte Sie als Moderator:in in Form einer lockeren Paraphrase »übersetzen« (siehe Kapitel 5.2). Bei sehr abstrakten oder unverständlichen Beiträgen sollten Sie nachfragen, um ein Beispiel bitten oder selbst versuchen, es zu konkretisieren.

Die Kommunikationsforscher Inghard Langer, Friedemann Schulz von Thun und Reinhard Tausch haben sich in einer Studie mit der Verständlichkeit von Texten befasst und für die Beurteilung von Verständlichkeit vier Kriterien entwickelt; sie nennen sie die vier »Verständlichkeitsmacher«. Sie eignen sich auch für den Umgang mit gesprochener Sprache. In der Moderation, ganz besonders in Online-Moderationen, sollten Sie folglich auf folgende vier Punkte im Umgang mit Sprache achten.

1. Einfachheit

Damit ist Einfachheit in jeder Hinsicht gemeint:

- **einfacher Satzbau**
  Keine Schachtelsätze mit vielen Nebensätzen.
  Umgangssprache statt Juristen- und BWL-Deutsch Sprechen Sie die Sprache, die die Leute gewöhnt sind zu hören, so normal wie möglich.
- **kaum oder keine Fremdwörter**
  Formulieren Sie so, dass man keine zusätzliche Denkleistung aufbringen muss, um zu entschlüsseln, was Sie ggf. damit gemeint haben.
- **konkret statt abstrakt**
  Erklären Sie möglichst konkret, was wie passiert.

2. Struktur/Gliederung

Wenn man viele Informationen bekommt, verliert man schnell den Überblick. Ist die Information strukturiert, lässt sie sich besser speichern.

- **Reihenfolge festlegen**
  Überlegen Sie, was Sie in welcher Reihenfolge vermitteln und erklären wollen.
- **Vermeiden Sie spontanes »Und das noch – und das noch«**
  Wenn Sie Informationen in den Raum werfen, wie es Ihnen gerade in den Sinn kommt, kann dies andere verwirren und überfordern. Für Außenstehende ist der Zusammenhang dann oft nicht mehr erkennbar.

Als Moderator:in können Sie auch etwas chaotische Beiträge von Teilnehmenden ordnen.

Beispiel

»Frau Schmidt, Sie hatten jetzt mehrere Punkte angeführt, warum Sie das kritisch sehen. Das waren 1., 2., 3. …«

»Leila, Du hattest jetzt mehrere Themen angesprochen. Welches ist für dich momentan am wichtigsten zu klären?«

3. Kürze/Präzision

Vermutlich wissen Sie, wie es sich anfühlt, »totgequatscht« zu werden. Man ist dann einfach nur froh, wenn der andere endlich aufhört.

- **Wählen Sie aus!**
  Nur Wesentliches ansprechen. Alle Nebeninformationen weglassen. Sonst kann Ihr Gegenüber wichtig und unwichtig nicht mehr unterscheiden.
- **Fassen Sie sich kurz!**
  Nicht so kurz, dass man es nicht mehr versteht, aber kurz genug, dass man es noch aufnehmen kann.

Ist der Redebeitrag eines Teilnehmenden zu lang, unterbrechen Sie ihn freundlich und höflich. »Herr Schmidt, ich geh mal kurz dazwischen. Sie gehen jetzt sehr in die Tiefe. Was ich an dieser Stelle von Ihnen wissen muss, ist …« (Frage konkretisieren).

4. Verlebendigung/Zusätzliche Stimulanz
Zu diesem Punkt gehören Techniken, die es Teilnehmenden leichter machen, sich Sachverhalte zu merken oder sie zu verstehen.

- **Sprechen Sie bildhaft**
  Nutzen Sie konkrete Vergleiche und Beispiele, dann kann sich Ihr Gegenüber schneller ein Bild von dem machen, was Sie meinen.
- **Nutzen Sie Anekdoten**
  Eine kleine Geschichte erklärt manches besser als eine exakte Beschreibung.
- **Visualisieren Sie**
  Wenn Sie in Online-Meetings auf einen gemeinsamen Bildschirm zugreifen können, nutzen Sie Visualisierungen, um Dinge darzustellen. Sie können auch Gedanken und Argumente mitprotokollieren, z.B. in einer Mindmap (z.B. mit Software von Mindmanager o.Ä.).
- **Humor**
  Zusätzliche Stimulanz heißt, es soll einfach sein zuzuhören. Es darf auch Spaß machen. Wenn Humor Teil Ihrer Persönlichkeit ist, nutzen Sie ihn. Eine Sitzung, in der gelacht werden kann, ist meist ergiebiger als eine, in der sich die Menschen langweilen.

Als Moderator:in können Sie auch Teilnehmende darum bitten, ihren Punkt etwas konkreter oder an einem Beispiel zu erklären. Oder Sie paraphrasieren entsprechend plastischer.

7.5 Sprechtechnik

Das, was man hört, aber nicht direkt an Worte gebunden ist, nennt man *paraverbale Ausdrucksmittel*. Sie liegen sozusagen über den Worten. Sie haben eine starke Wirkung, die meist unbewusst wahrgenommen und verarbeitet wird. Wir hören, ob einer aufgeregt, traurig, genervt, gelangweilt ist, auch wenn die Worte vielleicht etwas ganz anderes aussagen. Mit diesen paraverbalen Mitteln wirken Sie auch auf die Teilnehmenden Ihrer Online-Meetings ein. Hier eine Auflistung Ihrer »Instrumente«, mit denen Sie ein Online-Meeting sprecherisch lebendiger machen können.

7.5.1 Stimme

An der Stimmproduktion sind zahlreiche Muskeln des Rumpfes beteiligt. Das Zwerchfell im Bauchraum und die komplette Atemmuskulatur im Brustraum sowie die Hals-, Kehlkopf-, Kiefer- und Mundmuskulatur spielen zusammen, um den spezifischen Klang einer Stimme zu erzeugen. Da so viele Muskeln unmöglich alle zu kontrollieren sind, verrät die Stimme sehr leicht, wie es um einen steht. Emotionen verändern die Spannung der Muskulatur und somit auch den Klang der Stimme.

Ihr Stimmklang ist dann am besten, wenn Sie sich wohl fühlen und Ihre Muskulatur in lockerer Spannung ist, also nicht schlaff und träge, aber auch nicht angespannt und nervös. Sie sitzen aufrecht, fühlen Energie, sind »gut drauf« und der Mund-, Hals- und Brustraum sind frei und beweglich. Personen, die professionell sprechen, z.B. im Rundfunk, machen vor der Sendung ein paar Lockerungsübungen für Oberkörper, Hals und Kiefer, damit die Stimme voll und warm klingen kann. Es wäre gut, wenn Sie bei einem Online-Meeting den Kopf aufrecht halten könnten (nicht zu viel nach unten schauen), damit Hals und Kehlkopf nicht abgeknickt werden. Sitzen Sie aufrecht – auch wenn keiner Sie sieht – und halten Sie die Arme und Hände locker (vom Gefühl her sollten Sie jederzeit einen Ball fangen können). Auch der Hals und der Kopf sollten locker, drehbar und aufgerichtet sein. Die Zunge sollte locker im Mundboden liegen, der Unterkiefer locker sein.

Tipp

Wenn Sie öfter kritische Rückmeldungen wegen Ihrer Stimme oder unverständlichen Sprechens bekommen sollten (zu leise, zu schrill, zu nuschelig), können Sie sich coachen lassen. Die Stimme und die Sprechtechnik ist nichts Statisches, sondern ein Zusammenspiel von Muskeln, das trainiert werden kann. Sprecherzieher oder auf Stimme spezialisierte Logopädinnen wären die richtigen Ansprechpartner.[39] Auf mybook.haufe.de finden Sie hilfreiche Übungen für Stimme und Sprechtechnik.

7.5.2 Sprechmelodie

Die Sprechmelodie ist gekoppelt an Sätze und Satzpassagen. Sie kann lebendig sein, mit großer Variationsbreite von Höhe und Tiefe oder monoton auf einer ähnlichen Tonhöhe ohne große Veränderungen. Die Melodie kann fragend oder bestimmt sein.

39 Sprechtrainer finden Sie auf der Website der Deutschen Gesellschaft für Sprechwissenschaft und Sprecherziehung (DGSS): https://www.dgss.de/service/ihr-e-trainer-in/

In Verbindung mit dem Stimmklang kann sie den Sätzen eine ganz eigene Bedeutung geben. So werden z.B. die unterschiedlichen Bedeutungen von »Na, super!« hauptsächlich durch den unterschiedlichen Einsatz von Stimmklang und Sprechmelodie bestimmt.

Eine lebendige Melodie hilft den Zuhörenden, aufmerksam zu bleiben. Man kann besser heraushören, was jetzt wichtig und was eine Nebeninformation ist. Die Sprechmelodie ist Informationsträger, aber auch Stimulanz. Mit der Stimme schafft sie Atmosphäre. Trauen Sie sich, expressiv(er) zu sprechen!

7.5.3 Lautstärke

Die Lautstärke hat viel mit der Körperspannung und mit Energie zu tun. Spricht jemand sehr leise und mit wenig Sprechausdruck, wird das oft mit Unsicherheit verbunden. In der Moderatorenrolle mindert das die Autorität. Bei einem guten Mikro ist eine normale Lautstärke für die Moderation völlig ausreichend. Hier ist die Technik ein Vorteil. Wenn Sie intervenieren wollen, müssen Sie kurz lauter und dynamischer sein als die Person, die gerade spricht. Danach können Sie wieder auf »normal« gehen, sie sollten aber weiterhin klar und dynamisch reden, damit man Sie mit der Intervention wahrnimmt.

Bei den Teilnehmenden Ihres Online-Meetings können Sie über die Wahrnehmung der Lautstärke frühzeitig merken, wenn sich eine Veränderung anbahnt, auch wenn jemand die Kamera nicht angeschaltet haben sollte. Ärger ist meist mit einer Lautstärkezunahme verbunden. Das kann ein Hinweis für Sie sein, jetzt nichts zu sagen, was den Ärger weiter verstärken könnte, sondern vorsorglich deeskalierende Mittel einzusetzen. Frustration und Unsicherheit sind oft mit Leiserwerden oder Verstummen verbunden. Wenn Ihnen das auffällt, versuchen Sie die Person wieder einzubinden.

Beispiel

»Kathrin, was denkst Du zu dieser Lösung?«

»Herr Boutros, Sie wirken nicht so wirklich zufrieden mit dem Vorschlag ... zu sein.«

7.5.4 Tempo/Pausen

Die innere Unruhe und Erregung übertragen sich auf das Sprechtempo. Manche Moderatoren und Moderatorinnen wirken regelrecht getrieben und reden sich mit hohem Tempo um Kopf und Kragen. Sie werden dann als fahrig und nicht wirklich souverän wahrgenommen. Das Tempo hat eine starke Wirkung auf das Gegenüber. Mit schnellem Sprechen und Hektik können Sie andere nervös machen. Vor allem geht aber viel

Information verloren. Schnelles Sprechen ohne Pausen verhindert das Abspeichern der Information. Was Sie gesagt haben, wird nach kürzester Zeit wieder vergessen. Wollen Sie also, dass die Leute Ihnen folgen können, müssen Sie Pausen machen. Sprechen Sie ausdrucksstark, und ist Ihre Ansage ganz offensichtlich nicht zu Ende, wird es keiner wagen, Sie in der Pause zu unterbrechen. Sollte Ihnen doch jemand ins Wort fallen, dann intervenieren Sie sofort und werden Sie eine Spur lauter und energischer. Der Ton kann trotzdem freundlich bleiben, aber an Ihrer Energie muss deutlich werden, dass Sie jetzt sprechen und sich das Wort nicht nehmen lassen. Sagen Sie z. B.:

Beispiel:

»Kleinen Moment, Herr Fischer, ich führe das gerade noch aus/erläutere das gerade noch zu Ende/bin noch nicht fertig…« und dann können Sie einfach mit dem unterbrochenen Inhalt weitermachen. Im Anschluss können Sie sich direkt an ihn wenden und sagen: »Herr Fischer, Sie wollten sich auch zu der Frage äußern…«

Wenn andere Sie in der Moderatorenrolle häufiger unterbrechen können, etabliert sich das als ungeschriebene Regel. »Wir können unserer Moderatorin ins Wort fallen.« Entsprechend häufiger wird das auch passieren. Deshalb ist es wichtig, dass Sie früh und entschlossen dafür sorgen, dass Sie ausreden können. Prüfen Sie sich dabei auch selbstkritisch. Wenn Sie andere mit langen Ausführungen quälen, ist es wahrscheinlicher, dass sie ungeduldig werden und den Impuls verspüren zu unterbrechen.

Wenn Teilnehmende sehr schnell sprechen, paraphrasieren Sie deren Kernaussage in einem verständlichen Tempo. In der Moderatorenrolle sind Sie auch dafür verantwortlich, dass die Teilnehmenden der Diskussion folgen können, besonders auch dann, wenn nicht alle Muttersprachler sind.

8 Moderationsmethoden

Bücher, die sich auf die Vorstellung von Methoden konzentrieren, gibt es einige.[40] Die Anzahl an Methoden ist mit allen Varianten unüberschaubar. Entscheidend für gelungene Moderationsprozesse ist allerdings nicht der Gebrauch von möglichst vielfältigen Methoden an sich, sondern wie die Methoden passend zur Gruppe und zum Thema in den Moderationsprozess eingebunden sind. Eine Methode ist eins von mehreren Werkzeugen, das erst im Zusammenspiel mit anderen Faktoren – z. B. dem Verhalten der Moderatorin, der Konzeption, der Gesprächstechnik – wirksam sind. Im Folgenden finden Sie eine Auflistung von Basismethoden, die Sie in Ihrem Moderations-Werkzeugkasten haben sollten und in unterschiedlichen Varianten und Situationen flexibel einsetzen können. Die Regeln zu ihrer Anwendung lassen sich mühelos auf andere Methoden übertragen, wenn Sie wissen, was für die Auswahl und die erfolgreiche Arbeit entscheidend ist.

8.1 Die passende Methode finden – Auswahlkriterien

Es gibt nicht gute oder schlechte Methoden, sondern nur solche, die zum Thema, zur Gruppe, zur Situation passen oder nicht. So wie ein Hammer oder eine Säge nicht per se gut oder schlecht sind, ist es auch ein Blitzlicht oder eine Karten-Abfrage nicht. Was Ihnen in welcher Situation am besten nutzt, sollten Sie vorher überlegen. Folgende Kriterien können Ihnen bei der Methodenauswahl helfen: Unabhängigkeit, Schutz, Zeitaufwand, Struktur, Konvention, Gruppendynamik, Aktivierung, Raum/Material.

Checkliste: Kriterien für die Methodenauswahl	
Kriterium Unabhängigkeit	
Einzeln: Jede Person überlegt zunächst unabhängig und ganz ungestört für sich, was sie denkt und für sie wichtig ist. Kein Anpassungs- oder Rechtfertigungsdruck, keine Verunsicherung durch andere. *Methoden*: Karten-Abfragen, Punktabfragen, Einzelarbeit	**Gemeinschaftlich:** Man hört und sieht die Vorschläge der anderen und kann Assoziationen und Ideen dazu entwickeln und sich so gegenseitig inspirieren. Auf diese Weise kommt es zu Vorschlägen, auf die eine einzelne Person nie gekommen wäre. *Methoden*: Zurufabfragen, Mindmap, Brainstorming
Kriterium Schutz	

40 Zum Beispiel Berndt & Bingel, 2009; Krogerus & Tschäppeler, 3. Auflage 2008; Röhrig, 5. Auflage 2014.

Checkliste: Kriterien für die Methodenauswahl	
Offen: Ist die Atmosphäre in der Gruppe so vertrauensvoll und kooperativ, dass die Beteiligten zu diesem Thema offen miteinander reden können? Dann kann man Methoden wählen, in denen man sich offen äußert. Der Schutz ist bei einer offenen Diskussion niedrig. Man kann von anderen hinterfragt und ggf. auch angegriffen werden. Man muss mit seiner Person für seine Meinung einstehen, braucht also ein gewisses Maß an Mut. Werden in der Methode im ersten Schritt alle Beiträge ohne Wertung akzeptiert, erhöht das denn Schutz. Man kann sich äußern, muss sich aber nicht rechtfertigen. Das erhöht den Schutz und die Bereitschaft, sich zu beteiligen. *Methoden*: Alle Formen der Zurufabfrage, Mindmap, offene Karten-Abfragen, freie Diskussion, Blitzlicht	**Anonym:** Ist das Thema sehr konfliktbeladen oder tabuisiert? Brauchen die Beteiligten Schutz, um Kritisches ansprechen zu können? Gibt es ein Hierarchiegefälle oder schüchterne, introvertierte Teilnehmende? Sollen Inhalte losgelöst von Personen betrachtet werden? Dann können anonyme Verfahren den nötigen Schutz bieten. *Methoden*: anonyme Karten-Abfrage, Punkt-abfragen, World-Café, Kleingruppenarbeit, bei der man im Schutz der Kleingruppe Ergebnisse vorträgt, aber als Individuum außen vor ist.
Kriterium Zeitaufwand	
Geringer Zeitaufwand: Manche Methoden sind in ihrer Umsetzung wenig zeitaufwendig in der Vorbereitung und Durchführung und können so auch in Meetings mit kurzer Dauer eingesetzt werden. *Methoden*: Zurufabfragen, Karten-Abfrage ohne Clustern, Bewertung & Auswahl mit Punkten, Blitzlicht, Zwei-Felder-Tafel	**Höherer Zeitbedarf:** Manche Methoden kosten in ihrer Anwendung mehr Zeit. Das kann sich bei wichtigen und komplexen Themen lohnen. Sie müssen die dafür nötige Zeit allerdings auch einkalkulieren. *Methoden*: Karten-Abfragen mit Clustern, Ursachen- und Prozessanalysen wie Ishikawa, Vergleich zweier Variante mit Vier-Felder-Tafel, Gruppenarbeiten & Vorstellung im Plenum, World-Café
Kriterium Struktur	
Strukturiert: Manchmal kennt man die Einflussfaktoren für ein Problem und gibt die Strukturen, in denen analysiert oder gedacht werden soll, schon vor. *Methoden*: Matrix, Problem-Analyse-Schema, Ishikawa, Zwei- und Vier-Felder-Tafel, SWOT-Analyse,	**Flexibel:** Manche Methoden haben als einzig strukturierendes Element die Leitfrage. Schwerpunkte/Kriterien entwickeln sich erst im Laufe der Zeit durch die Arbeit der Gruppe. *Methoden*: Mindmap, Zurufabfrage, Blitzlicht
Kriterium Konvention	

Checkliste: Kriterien für die Methodenauswahl	
Konventionell: Moderationskritische, unerfahrene oder sehr konservative Gruppen sollte man zu Beginn nicht mit zu unkonventionellen und spielerischen Methoden überfordern. Eine eher konventionelle, ihnen vertraute Struktur hilft ihnen, sich einzubringen. *Methoden*: Feste Reihenfolgen, transparente Regeln, sachorientierte Struktur wie+–)	**Originell:** Offene, lebendige Gruppen, die kreative Themen bearbeiten, wollen und müssen gefordert werden. Wählen Sie ruhig originelles Material, unorthodoxe Fragen, ungewöhnliche Aufgabenstellungen. *Methoden*: Paradoxe Abfragen, Kreativtechniken, gewagtere Form der Vorstellung, originelle Fragestellungen und Visualisierungen, Gruppenarbeiten, World-Café
Kriterium Gruppendynamik	
Freie Gruppendynamik: Wenn sie nichts vorgeben und die Gruppe einfach diskutiert, erleben Sie die Einzelnen und die Gruppe in ihrer »natürlichen« Dynamik. Dominante sind dominant, introvertierte introvertiert. Gibt es eine Parteienbildung, wird sie sich in der Diskussion abbilden. Ist die Gruppe kooperativ und fair, wird sie es da auch sein. *Methoden*: Freie Diskussion, Zurufabfragen	**Regulierte Gruppendynamik:** Viele Methoden beeinflussen durch Regeln die Gruppendynamik und haben einen egalisierenden Effekt. Alpha hat genauso viel Einfluss, wie der Azubi, alle Ideen haben die gleiche Realisierungschance, jede:r hat ungefähr gleiche Redezeit etc. *Methoden*: Blitzlicht, Karten- und Punktabfragen, feste Reihenfolge von Wortbeiträgen »Erst Marketing, dann IT; dann …»
Kriterium Aktivierung	
Alle tragen bei: Bestimmte Methoden setzen voraus, dass alle sich beteiligen. Es wird den Einzelnen nicht freigestellt, ob sie sich beteiligen oder nicht. Damit fällt es introvertierten Menschen leichter, ihre Inhalte einzubringen. *Methoden*: Ein-Punkt-Abfrage, Karten-Abfragen, Blitzlicht	**Beiträge sind freiwillig:** Methoden, in deren Struktur es nicht festgelegt ist, dass alle sich beteiligen, kann der/die Moderator:in nicht oder nur schwer erreichen, dass alle sich aktiv beteiligen und ihre Sicht der Dinge einbringen. Eine gute, ermutigende Anmoderation erhöht die Beteiligung, aber stellt sie nicht sicher. *Methoden*: Zurufabfragen aller Art, freie Diskussion, Mindmap
Kriterium Raum/Material	
Wenig Platz/Material: In engen Besprechungsräumen sind bestimmte Methoden schwer durchführbar. Einiges geht aber auch dort. *Methoden*: Zurufabfragen, Punktabfragen, strukturierte Bearbeitungsformen mit Rechner oder Smartboard	**Materiell & räumlich gute Bedingungen:** Wenn Sie große Gruppen haben, mit denen Sie mehrere Stunden arbeiten, sollten Sie Gruppenarbeiten einplanen. Dafür brauchen Sie ausreichend Material (Pinnwände, Flipcharts) und Nischen, in denen Kleingruppen arbeiten können. *Methoden*: Gruppenarbeiten, Vernissage, Verfahren mit Bewegung

Es sind also sachlich-fachliche, organisatorische und gruppendynamische Überlegungen, die Sie dazu bringen, sich für diese oder jene Methode der Bearbeitung zu entscheiden. Ist die Gruppe sehr schwierig, das Thema tabuisiert oder umstritten, sollten Sie Methoden wählen, die die Gruppendynamik berücksichtigen und den Teilnehmenden Schutz und die Gelegenheit bieten, nach und nach Vertrauen aufzubauen. In solchen Fällen sollten also die Gruppendynamik und Schutz entscheidende Kriterien sein. Je besser einer Gruppe kooperiert und je unkomplizierter das Thema, desto mehr können Sie andere Kriterien in den Mittelpunkt rücken.

8.2 Methoden ein- und durchführen

Immer wenn Sie etwas anders machen, als eine Gruppe es gewöhnt ist, besteht das Risiko, dass Einzelne oder die Gruppe dem Vorgehen insgesamt gegenüber kritisch sind. Dann passiert es schon mal, dass sie die von Ihnen vorgeschlagene Bearbeitungsmethode angreifen oder blockieren. Viele Menschen reagieren auf Neues mit einer gewissen Angst. Oft kaschieren sie das durch Abwehr. Auch führen strukturierte Bearbeitungsmethoden dazu, dass die Wortführer und Alpha-Typen weniger Einfluss haben und die Bearbeitung der Themen versachlicht wird. Ihre Macht wird geschmälert. Das finden sie nicht unbedingt gut und versuchen dann womöglich an einer solchen Stelle, an der Sie etwas anders machen wollen, Sie zu verunsichern und sich mit ihren Vorstellungen, wie das Ganze zu laufen habe, gegen Sie durchzusetzen. Wenn Sie an der Stelle nachgeben, schädigen Sie Ihre Autorität als Moderator:in nachhaltig. Bei jeder Einführung des nächsten Schritts haben Sie dann mit diesen Kandidaten methodische Auseinandersetzungen. Ein anderer Grund für Skepsis und Ablehnung kann sein, dass einige vielleicht früher an anderer Stelle schon einmal missglückte Moderationen erlebt haben, was ihre negative Einstellung erklärt. Es gibt viele Gründe, zurückhaltend, reserviert oder ablehnend zu sein.

Manchmal ist es aber auch die Anmoderation einer Methode, die Widerstand hervorruft, also die Art, wie Sie die Methode einführen und erläutern. Es gibt Formulierungen, die Widerstand geradezu heraufbeschwören. Im Folgenden können Sie meine Empfehlungen lesen, was sich bei der Einführung und Durchführung von Methoden bewährt hat – und auch, was Sie auf keinen Fall tun sollten.

8.2.1 Empfehlungen: Wie Sie Methoden gekonnt anmoderieren und durchführen

Moderieren Sie möglichst sachlich und seriös an: Alles Süßliche und Spielerische schreckt sachorientierte, skeptische, ängstliche Menschen ab.

Formulieren Sie das Ziel des kommenden Arbeitsschritts: Was wollen Sie tun? Was erreichen?

Geben Sie einen sachlichen Grund für die Methodenwahl an: Sagen Sie, warum Sie den nächsten Arbeitsschritt in einer strukturierten bzw. dieser Form bearbeiten möchten. Z. B. »*Ich möchte an dieser Stelle mit Karten arbeiten, damit Sie zunächst ganz unabhängig voneinander überlegen können, ›Was ist für mich wichtig? Ich gehe davon aus, dass Sie unterschiedliche Interessen und unterschiedliche Vorstellungen haben. Und das möchte ich gerne wissen, bevor wir in die inhaltliche Arbeit tiefer einsteigen.*« Möglicherweise haben Sie einen pädagogischen Grund, warum Sie diese Methode gewählt haben. Sie nennen aber an dieser Stelle einen sachlichen oder organisatorischen Grund.

Moderieren Sie nur den ersten Schritt an: Oft besteht etwas aus mehreren Arbeitsschritten (z. B. sammeln, clustern, bewerten, auswählen ...) Beschreiben Sie nicht alle Folgeschritte, sonst entsteht Verwirrung oder Schritt eins wird durch das Wissen um die Folgeschritte schon beeinflusst. Dies verfälscht das Ergebnis. Deswegen bleiben Sie grundsätzlich in Bezug auf die folgenden Schritte vage, z. B. »*Wir werden dann schauen, welche Aspekte da alle zusammenkommen und die Hauptthemen herausarbeiten.*«

Erläutern Sie genau, was die Gruppe als nächstes tun soll: Da man als Moderator:in genau weiß, was als nächstes kommt, vergisst man manchmal den Wissensstand der Gruppe. Erklären Sie genau, was sie wie tun sollen (z. B. bei einer Karten-Abfrage), bzw. auch, was sie lassen sollen (z. B. bewerten bei der Sammlung von Ideen). Das verhindert unnötiges Nachfragen und Missverständnisse.

Holen Sie sich kurz die Zustimmung zum Start: Moderieren Sie sicher und selbstbewusst an und holen Sie sich am Ende das O.k. durch kurzes Nachfragen: »*O.k., können wir loslegen?*« Nicken genügt und los geht's.

Machen Sie klar, wann »der Ball bei der Gruppe liegt«: Nach der Anmoderation der Methode muss es ein Startsignal geben, damit die Gruppe weiß und spürt, »okay, jetzt sind wir dran.« Ich nenne diesen Moment gerne Ballabgabe. Am besten formulieren Sie das als Appell, z. B. »*Also rufen Sie mir zu, was könnten wir Ihres Erachtens tun, um mehr Jugendliche auf unser Angebot aufmerksam zu machen? Sie rufen mir zu, ich schreibe. (ggf. Los geht's)*« Dann stehen Sie vorne mit Stift in der Hand, schauen in die Runde und nehmen Blickkontakt mit der ersten Person auf, die Ansätze macht zu sprechen. Steht ein Beitrag bereits am Chart oder auf der Seite sichtbar auf der Leinwand oder dem Smartphone, ist der Rest ein Selbstläufer.

Bleiben Sie gut in Blickkontakt mit der Gruppe & Einzelnen: Die Gruppe fühlt sich stärker angesprochen, wenn Sie die Frage nicht nur in den Raum werfen, sondern die Angesprochenen auch anschauen. Das gilt auch für Phasen, in denen Sie nicht sprechen.

Lassen Sie Stille/Schweigen zu: Bei Methoden mit Visualisierungselementen kommt es immer wieder zu Phasen, wo keinem etwas einfällt, die Leute auf die Visualisierung schauen und nachdenken. Das sind wichtige Momente. Lassen Sie das entspannt zu.

Ermuntern Sie die Gruppe zu weiteren Beiträgen: Wenn schon einiges dasteht, werden manche etwas bequem. Geben Sie sich nicht damit zufrieden. Wiederholen Sie die Frage »*Was fällt Ihnen noch ein? Was könnte man noch machen, um …*« Schauen Sie dabei in die Runde.

Nehmen Sie alles neutral und zugewandt auf: Gerade selbstunsichere, selbstkritische Personen müssen sich sehr überwinden, einen Beitrag zu leisten. Je kritischer das Klima oder auch Ihre Haltung als Moderator:in ist – manchmal nur nonverbal ausgedrückt – desto unwahrscheinlicher ist, dass sie sich trauen. Schaffen Sie ein lockeres, bewertungsfreies Klima.

Notieren Sie möglichst konkret und plastisch: Bei der Visualisierung neigen manche dazu, die Beiträge zu stark zu abstrahieren. Nachher schreiben sie etwas ganz anderes hin, als was die Person gesagt hat. Schreiben Sie lieber ein paar Worte mehr, dafür aber konkret und nah am Wortlaut der betroffenen Person.

Schützen Sie die Teilnehmenden vor Abwertungen: Intervenieren Sie, wenn andere angegriffen oder lächerlich gemacht werden. Wohlwollende Witze, die alle auch als Humor verstehen, können Sie zulassen, auch Späße Ihnen gegenüber, wenn Sie als Spaß verstanden werden können. Lachen und Späße lockern die Atmosphäre, mindern Ängste und sind Kreativität fördernd. Sie sollten aber spüren, wenn ein Spaß kein Spaß mehr ist, sondern eine Frechheit oder Einschüchterung. In solchen Fällen sollten Sie schnell und entschlossen intervenieren (siehe Kapitel 5.3).

8.2.2 No-Gos – das sollten Sie lassen!

Mal was Neues: Meiden Sie Formulierungen wie »*Ich wollte heut mal was Neues ausprobieren und …*« Keiner möchte gerne Ihr Versuchskaninchen sein. »*Ich habe hier eine tolle Methode, die …*« Der Fokus sollte auf der Sache, nicht der Methode liegen.

Alles so süß und nett hier: »*Ich hab hier mal ein paar Kärtchen mitgebracht, da können wir vielleicht …*« Die Verkleinerung mit »-chen« in Verbindung mit einem für die Gruppe ungewohntem Material lässt die Verbindung zu Kindergarten und Spiel entstehen. Viele Erwachsene hassen das.

Zaghaft anmoderieren: Manche Moderatoren haben Angst vor ihrer eigenen Courage. Sie haben sich entschlossen, in einer bestimmten Art und Weise mit der Gruppe zu arbeiten, wenn sie das Verfahren anmoderieren sind dann aber viele Weichmacher im Text. Nachher hört es sich so an, als ob sie selbst nicht davon überzeugt sind. Das lädt zu Widerstand ein, wie Sie an folgendem Beispiel sehen können: *»Ja, also ich dachte, wir könnten das heute vielleicht mal mit der Vier-Felder-Tafel ausprobieren, wenn Ihnen das Recht ist …«* Da sind mehrere »Weichmacher« drin. »*Ich dachte*« – jetzt etwa nicht mehr? »*vielleicht mal*« – vielleicht auch nicht? »mal« – mal so eben, spontan? »*könnten*« – aha, wir könnten aber auch anders … Wenn Sie so weich anmoderieren, ist die Chance, dass die Gruppe Ihnen folgt, deutlich geringer. Anmoderationen müssen Energie transportieren, logisch und auffordernd sein, z. B. »*Wir haben jetzt zwei favorisierte Lösungen, x und y. Bevor wir uns für eine von beiden entscheiden, möchte ich diese mit Ihnen systematisch prüfen. Sie sehen hier eine Vier-Felder-Tafel mit folgenden Kriterien (…). Mit der Systematik möchte ich mit Ihnen beide Favoriten prüfen. Angenommen, wir würden uns für X entscheiden, was hätte das für Vorteile, was für Nachteile aus Ihrer Sicht? Rufen Sie mir zu, ich schreibe …*«

Fragen Sie nicht: Sind Sie damit einverstanden? Wenn Sie eine Methode erläutert haben, fragen Sie im Anschluss nicht explizit nach, ob sie damit einverstanden sind. Sie laden mit einer solchen Frage »Widerstandskämpfer« und »Immer-Nörgler« ein, ihr »Aber …« vorzubringen. Im Zweifelsfall haben sie immer etwas zu meckern, egal, was Sie vorschlagen.

Loben und tadeln Sie nicht: Und zwar weder verbal noch nonverbal. Ihre interessierte Haltung, die alle Vorschläge erst einmal aufnimmt, ist das, was Menschen ermutigt, ihre Vorstellungen einzubringen. Gerade in der Doppelrolle ist diese Haltung schwierig. Es lohnt sich allerdings, sich diese Disziplin aufzuerlegen. Die Ergebnisse sind reichhaltiger, die Zahl origineller Beiträge und die Beteiligung auch ruhigerer Personen deutlich größer.

Verzichten Sie auf einen Lehrer-Habitus: Manche Moderatoren und Moderatorinnen rutschen aus Versehen in eine Lehrerhaltung hinein, d. h. sie wählen aus, was passt oder nicht und letztlich schreiben sie das auf, was ihnen gefällt und ignorieren andere Beiträge. Sie sind nicht unbedingt wissender als Ihre Gruppe. Begegnen Sie den Teilnehmenden auf Augenhöhe als an ihrer Sichtweise interessierte, neugierige Person. Notieren Sie alle Beiträge, auch aus Ihrer Sicht »nicht so schlaue«.

8.3 Methoden

8.3.1 Ablaufschema

Kurzprofil der Methode
Unabhängigkeit: anonym mit Karten hoch, auf Zuruf Beeinflussung durch andere
Schutz: mit anonymen Karten hoch, auf Zuruf mittel: alle Beiträge werden akzeptiert
Zeitaufwand: je nach Komplexität eine bis mehrere Stunden
Struktur: stark strukturiert
Konvention: gute Akzeptanz auch in konservativen Gruppen
Gruppendynamik: durch Visualisierung und Struktur reguliert
Aktivierung: bei Karten hoch, auf Zuruf Beteiligung aller nur durch gezieltes Nachfragen
Raum/Material: 1-2 Metaplanwände, Marker, verschieden geformte und farbige Karten, Nadeln, Pinnwände – alternativ PC/Smartboard mit geeigneter Software und Beamer
Online: Gut übertragbar.

Einsatz: Analyse von Prozessen und Zusammenhängen, die in einer gewissen Abfolge geschehen, Finden von Störungen im Prozessablauf, Verschlankung und Vereinfachung von Prozessen

Anwendung: Mit dieser Methode bearbeitet man typischerweise Fragestellungen, die mit einem Prozessablauf verbunden sind, z. B. »11 % unserer Ware geht nicht wie versprochen innerhalb 48 Stunden nach Bestellung raus. Woran kann das liegen?« Zwischen Bestellung und Auslieferung von Ware liegen viele Bearbeitungsschritte und entsprechend viele Störungsmöglichkeiten. Mit dieser Methode versuchen Sie solche Störungen oder Wechselwirkungen von Störungen mit der Gruppe gezielt herauszuarbeiten.

Schritt 1: Benennen und visualisieren, welche Prozessschritte eine solche Bestellung durchläuft. Genau hinschauen: Nicht immer läuft es so, wie im Prozesshandbuch beschrieben, manchmal gibt es auch Umwege und Abkürzungen. Versuchen Sie mit der Gruppe alle möglichen Prozessschritte und Sonderwege herauszuarbeiten. Arbeiten Sie mit farbigen Karten oder mit PC, dann können Sie im Laufe der Bearbeitung unkompliziert Änderungen vornehmen.

Schritt 2: Bearbeitung der Frage: Was kann in Prozessschritt X passieren, dass es zu Verzögerungen kommt? Versuchen Sie bei jedem Prozessschritt alle Möglichkeiten, die zu einer Verzögerung führen könnten, herauszufinden – egal, ob sie bereits schon einmal stattgefunden haben oder nur eventuell möglich wären. Listen Sie alles gleichermaßen auf.

Schritt 3: Finden Sie heraus, welcher mögliche Verzögerungsgrund in einem Prozessschritt allein oder in Kombination mit anderen zu einer Störung und/oder signifikanten Verzögerung führen kann.

Schritt 4: Legen Sie mit der Gruppe fest, welche Gründe aus ihrer Sicht besonders signifikant oder relevant sein könnten.

Schritt 5: Entwickeln Sie Lösungsvorschläge, wie man als besonders relevant erachtete Verzögerungsrisiken in Zukunft verhindern könnte.

Schritt 6: Wägen Sie Aufwand, Kosten und Gewinn möglicher Maßnahmen vergleichend ab.

Schritt 7: Phase 4 »Maßnahmen planen«. Legen Sie mit der Gruppe fest, welche Maßnahmen Sie realisieren wollen: Was wollen wir konkret tun, um mögliche und vorhandene Verzögerungsrisiken zu minimieren (siehe Kapitel 4.4)?

Beachten Sie: Das Ablaufschema wird oft angewandt, wenn etwas nicht in Ordnung ist, nicht funktioniert, optimiert und vereinfacht werden soll. Es kommt häufig vor, dass für betroffene Bereiche zuständige Mitarbeiter sich bei einer solchen Analyse oft unangenehm berührt fühlen. Sie empfinden die Analyse als Misstrauen ihnen gegenüber oder als Kritik an ihrer Arbeit. Ist das Klima in der Gruppe nicht von Kollegialität geprägt, möchte man nicht offen über möglicherweise suboptimale Abläufe im eigenen Bereich reden und verschweigt Probleme. Deshalb ist es für die Wirksamkeit Ihrer Arbeit als Moderator:in sehr wichtig, dass Sie zunächst eine möglichst vertrauensvolle Atmosphäre schaffen, Sie die Probleme nicht dramatisieren oder Panik, Schuldgefühle, schlechtes Gewissen kreieren. Sie selbst sollten mit großer Leichtigkeit und Ruhe an diesen Fragestellungen arbeiten, so als würden Sie ein Gedankenmodell prüfen und keine problembehaftete Realität, die zusätzlich mit Beziehungsproblemen der handelnden Personen vermischt ist. Ihre Unaufgeregtheit, Normalität und Leichtigkeit soll sich auf die Gruppe übertragen. Es darf nicht um Schuld, Anklage, Rechtfertigung und Rechthaberei der Teilnehmenden untereinander gehen. Deeskalierend wirkt bei dieser Erkundungsarbeit der Konjunktiv. Nicht fragen: »Was ist passiert?« sondern »Was *könnte* passieren? Wo *könnte* es zu Problemen, Störungen oder Verzögerungen kommen? Woran *könnte* es liegen?« Damit ist es nur eine Option und keine Anklage, wenn man auf diese Frage einen Beitrag in die Gruppe gibt (siehe auch Kapitel 4.3.2).

Nutzen

- Mit diesem Modell lassen sich Abläufe systematisch bearbeiten und optimieren.
- Durch die Visualisierung und die Fragestellung im Konjunktiv gelingt es besser, auch konfliktäre Fragen zukunftsorientiert zu klären und alte Schulddiskussionen außen vor zu lassen.

- Es wird sichtbar, dass es bei vielen Prozessschritten Risiken und Störungen gibt und dass es manchmal dumme Zufälle sind, dass gleichzeitig an verschiedenen Stellen etwas Störendes passiert, was für sich allein genommen nicht dramatisch wäre, aber dann Kombination mit dem anderen Vorfall zur signifikanten Störung wird.
- Es wird sichtbar, dass Prozesse nur gut funktionieren können, wenn alle Verantwortung für das Gesamte übernehmen.

Variante: Viele Unternehmen arbeiten zur Prozessbeschreibung, Prozessanalyse und Prozessoptimierung mit eigenen Modellen oder spezieller Software. Wichtiger als die Art der Darstellung oder die Wahl des Modells ist die Art, wie die Moderatorin mit der Gruppe arbeitet, um an die wirklich entscheidenden Informationen heranzukommen.

Online: Hier eignen sich alle Anwendungen und Apps, die einen Prozess abbilden können, den man dann auf Zuruf oder kollaborativ kommentieren kann. Sie können auch interaktiv mit den TN am Whiteboard arbeiten. Ich arbeite gerne mit der Flowchart-Vorlage von Miro oder dem Flussdiagramm von Zoom. An denen kann die Gruppe online auch parallel arbeiten.

17 % der Ware geht nicht in 48 h raus. Wo/wie kann es zu Verzögerungen kommen?	**Mögliche Gründe**
Vertriebsmitarbeiter/Außendienst	• unvollständige Angaben → Software nimmt nicht an • unkorrekte Typenbezeichnung → Nachfrage nötig
Auftragsannahme/ Bearbeitung	• Personalengpass am Donnerstag, wenn 1 in Urlaub oder krank ist – Do nicht immer ausreichend besetzt → Dinge bleiben liegen
Lager	• Warum gehen die außerhalb der Pausen zu zweit Brötchen holen? • nicht immer sind die Sachen am Platz, sind aber im System → Suche • sehr ungleiches Tempo der MA → manche SEHR langsam
Versand	• bei internationalem Versand ist nur ein MA wirklich fit mit Zoll etc. Wenn die nicht da ist … • Manchmal fehlen Angaben zum Transport → Auftrag bleibt liegen
Auslieferung	• Der Dienstleister kommt SEHR oft nicht zur vereinbarten Zeit oder mit zu kleinem Fahrzeug • Halten sich nicht an Reihenfolge

Abb. 26: Ablaufschema

8.3.2 Blitzlicht

Kurzprofil der Methode

Unabhängigkeit: mittel, Beeinflussung durch andere möglich

Schutz: mittel, alle Statements werden akzeptiert

Zeitaufwand: abhängig von Anmoderation & Gruppengröße zwischen 3 und 30 Minuten

Struktur: hoch

Konvention: gute Akzeptanz auch in konservativen Gruppen

Gruppendynamik: durch Struktur regulierend, egalisierend

Aktivierung: alle werden beteiligt

Raum/Material: keins oder Flipchart mit Leitfrage

Online: 1:1 übertragbar.

Einsatz: Vielfältige Einsatzmöglichkeiten in unterschiedlichen Moderationsphasen, z.B. Einholen von einem Statement zu einem Thema, Feedbackrunden, Orientierung über Ist-Situation in der Gruppe, Plädoyers einholen bei Entscheidungsfindung, Einsatzmöglichkeit, wenn etwas nicht stimmt, Moderator:in weiß aber nicht, woran es liegt.

Anwendung: Sie moderieren eine Frage an, zu der jede:r Einzelne seine ganz persönliche Sicht oder Einschätzung äußert. Nach Ablauf der Runde danken Sie für die Beiträge. Je nach Thema können Sie Tendenzen zusammenfassen (wenn es um fachliche Themen, Risikoeinschätzung o.Ä. geht) und/oder einen Vorschlag zum weiteren Vorgehen machen.

Beispiele: »*Wie schätzen Sie das Risiko ein, dass … passiert? Ich hätte gern von jedem eine kurze Rückmeldung. Sagen Sie ruhig das, was Sie persönlich denken, unabhängig davon, wie andere das einschätzen.*« »*Ich habe den Eindruck, wir kommen im Moment nicht so wirklich voran. Ich weiß nicht genau, woran das liegt. Ich hätte gerne von jedem eine kurze Rückmeldung: Wo stehen Sie im Moment in Bezug auf das Thema und unsere Arbeit?*«

Beachten Sie: Die Beiträge werden nicht diskutiert, sondern jede Person sagt nacheinander wie sie etwas sieht/empfindet, bzw. was sie vorschlägt. Zwischen-Kommentare o.Ä. sind nicht zugelassen. Sie als Moderator:in nehmen auch alle Beiträge zugewandt und gleichmütig auf, auch wenn ggf. Kritik an Ihnen geäußert wird.

Nutzen

- Jede:r bekommt die Chance, die eigene Sicht zu äußern, unabhängig von Status und Temperament
- Aktivierung aller
- kurze Beiträge (Blitz(!)Licht)
- streng geregelt, keine Diskussion
- gute Orientierung für den/die Moderator:in und für die Gruppe, wie unterschiedlich oder ähnlich die Einzelnen einen Sachverhalt sehen oder empfinden
- jederzeit auch ungeplant und spontan einsetzbar

Varianten: 1. Wenn Sie wenig Zeit haben oder die Gruppe sehr erschöpft ist, können Sie z. B. ein Abschlussblitzlicht mit einem Satz oder einem Wort anmoderieren. Beispiel: »*Bevor wir auseinandergehen hätte ich gerne von jedem noch* einen *Satz als Rückmeldung zu unserer heutigen Arbeit. Frau Nasse, Ihr letzter Satz heute hier in unserem Meeting …*« Wenn jemand Sätze mit Kommas macht, seien Sie nicht zu streng. In Summe wird das Blitzlicht so wirklich sehr kurz. **2.** Noch kürzer ist das Ein-Wort-Blitzlicht: »*Wir haben heute wirklich sehr intensiv gearbeitet. Ich möchte Ihnen jetzt nicht mehr viel abverlangen, nur noch* ein *Wort: Mit was für einem Gefühl verlassen Sie unseren Workshop …*«

Online: Die Blitzlichtmethode lässt sich sehr gut online anwenden. Hilfreich ist bei Gruppen mit mehr als vier Personen, wenn der Moderator ein Prinzip für die Reihenfolge vorgibt, sodass es nicht so lange Pausen zwischen den Beiträgen gibt und die Betreffenden das Mikro schon anhaben. Man kann die Methode auch mit einer Abfrage im Vorfeld kombinieren. Das zunächst jede:r auf eine Frage eine kurze Antwort in den Chat oder auf dem Whiteboard schreibt und dann im Anschluss jede Person kurz ihre Gedanken dazu ausführt.

Abb. 27: Blitzlicht: Sprechblasen mit den Fragen für die Beiträge der Teilnehmenden

8.3.3 Brainstorming

Kurzprofil der Methode

Unabhängigkeit: Gering. Beeinflussung durch andere erwünscht!

Schutz: mittel, alle Beiträge werden akzeptiert

Zeitaufwand: schnell, 5-15 Minuten

Struktur: wenig strukturiert (nur Leitfrage)

Konvention: Kreativverfahren, erfordert Mut auch zu unorthodoxem Denken

Gruppendynamik: frei/uneingeschränkt

Aktivierung: beruht auf Freiwilligkeit, wird durch Dynamik der Gruppe beflügelt

Raum/Material: Flipchart oder Rechner

Online: 1:1 übertragbar.

Einsatz: Kreatives Potenzial der Gruppe wecken und nutzen, Ideen und Vorschläge jenseits des Standards entwickeln. Oft dient die Sammlung als Vorstufe zur Entwicklung von etwas Neuem, z. B. ein neuer Claim, ein neuer Name, eine neue Funktion, ein neuer Internetauftritt. Im Brainstorming werden oft auch Gefühle und Vorurteile aufgegriffen, über die man sonst nicht spricht. So eröffnen sich neue Erkenntnismöglichkeiten.

Anwendung: Brainstorming ist eine Variante der Zurufabfrage. Allerdings zielt die Frage nicht an den rationalen Verstand wie die Frage »*Wo können wir Einsparungen vornehmen?*«. Brainstorming richtet sich an das Unbewusste und funktioniert über weitläufige Assoziationen zum Thema. Da Gruppen die Freiheit des losen Assoziierens und Rumspinnens meist nicht gewöhnt sind, müssen Sie ein Brainstorming entsprechend freilassend und ermutigend anmoderieren. Z. B. »*Was fällt Euch ein zum Thema Auto? Ruft mir alles zu, was Euch einfällt, einfach alles, was Euch in den Sinn kommt. Was in Eurem Kopf als Bild oder Einfall auftaucht, ruft Ihr mir zu …*« Schreiben Sie möglichst schnell und ohne Diskussion und langes Nachfragen. Oft sind einzelne Wort oder Stichworte völlig ausreichend. Wichtig sind Tempo, Dynamik, gelöste Stimmung. Lassen Sie Witze und Übertreibungen zu, schreiben Sie einfach alles ungefiltert auf. Bei Auto z. B. »überholt, schnell, Fahrfreude, alte Männer – dicke Autos, dicke Autos und Blondinen, Männerphantasien, Penisersatz, Autos stinken, Autos töten, Unabhängigkeit, Stau, gibt's in 50 Jahren nicht mehr, Arbeitsplätze, Deutschland=Autoland, Deutschland blockiert alle Umweltvorschriften der EU, schnell fahren macht Spaß, Eis essen macht auch Spaß, VW, Betrüger, Wer einmal lügt, dem glaubt man nicht …«. Oft bezieht sich ein Beitrag auf einen vorigen und spinnt diesen fort. Dabei kann es auch zu einem kompletten Themenwechsel kommen. Bei der obigen Sammlung könnte die Sammlung bei mehreren Themen abdriften (EU, VW-Betrugsaffäre, Eis essen). Lassen Sie solche Exkurse zu! Es geht eben gerade nicht um zielstrebiges und geordnetes Sammeln und Denken, sondern um ein ungesteuertes mit allen Wegen und Abwegen. Je nachdem, was das Ziel der Sitzung ist, können Sie in der Folge gezielt Begriffe heraussuchen, mit denen Sie weiterarbeiten wollen.[41] Bei der obigen Sammlung wird deutlich, dass mit dem Begriff Auto auch negative Assoziationsräume verbunden sind, dass Autos viel mit Männern und Männlichkeit in Verbindung gebracht werden, obwohl es in Deutschland sehr viele Käuferinnen und Fahrerinnen gibt, dass das Thema eng mit gesellschafts- und umweltpolitischen Fragen verknüpft ist. Es ist typisch für Brainstorming, dass die Inhalte trotz (oder wegen?) der völlig freien, emotionalen, unterbewussten und assoziativen Art der Erhebung, interessante »Wahrheiten« an den Tag bringen.

Beachten Sie: Sie brauchen eine leichte, ungezwungene Atmosphäre, um so arbeiten zu können. Der Einstieg und Ihre Art zu moderieren, sollte diese Leichtigkeit unterstützen. Als sehr ernster, seriöser Menschen oder als Respekt einflößende:r Vorgesetzte:r können Sie einen solchen Prozess eher nicht begleiten.

Nutzen

- Sie lernen das ganze Assoziationsfeld zu einem Thema, einem Produkt o.Ä. kennen und sind so der Realität von Kunden und anderen Menschen näher.
- Gefühle zu einem Thema werden spür- und sichtbar.
- Widersprüche können sichtbar werden.
- Tabuisierte Gedanken und Assoziationen zum Thema können in einer humorvollen Atmosphäre leichter benannt werden. Dadurch können Sie in der Folge auch bearbeitet werden.
- Positive Assoziationen können ebenso aufgegriffen und in der weiteren Arbeit weiterentwickelt werden.
- Es kommt zu neuen und originellen Verknüpfungen.

Variante: Sie können ein Brainstorming zu einem komplett anderen Thema machen, als das, was auf Ihrer Tagesordnung steht. Leiten Sie nach diesem Brainstorming über zu dem eigentlichen Thema und fragen Sie dann, welche Begriffe der Sammlung man für das neue Thema nutzen könnte. Beispiel: »Was fällt Ihnen ein zu Ananas?« Sammeln. Nachher leiten Sie über zum Produkt XY Ihres Unternehmens und schauen zusammen mit der Gruppe, welche Begriffe aus Sammlung 1 auch zu Ihrem Produkt passen könnten. Möglicherweise sind von 50 gesammelten Begriffen nur zwei bis drei wirklich interessant. Die sind dann in der Regel aber besonders interessant und bieten einen ganz neuen Zugang.

Online: Brainstormings lassen sich gut online anwenden. Inhalte werden auf einem Whiteboard (Microsoft, Zoom, Teams, Miro, Mural etc.) oder in eine geteilte Datei übertragen. Alternativ kann man auch Methoden des Brainwriting nutzen, für das die

41 Mehr zum Einsatz von Kreativverfahren finden Sie in Nöllke, Kreativitätstechniken, 7. Auflage 2015; Scherer, 2. Auflage 2009.

meisten Whiteboards ebenfalls Vorlagen anbieten. Dabei bearbeiten alle anonym die gleiche Datei und schreiben ihre Ideen in die Kästchen. Da man die Ideen der anderen sieht, kann man sich dadurch inspirieren lassen. Die anonyme Funktion hilft, die Idee an sich losgelöst von ihrem Erfinder zu sehen. Das kann sogar ein Vorteil gegenüber dem Brainstorming auf Zuruf sein.

8.3.4 Freie Diskussion

Kurzprofil der Methode

Unabhängigkeit: gering, Beeinflussung durch andere hoch

Schutz: gering

Zeitaufwand: wenn man Ergebnisse erzielen will, hoch

Struktur: Nur durch Leitungsintervention zu strukturieren, daher eher gering

Konvention: sehr gebräuchlich

Gruppendynamik: weitgehend ungesteuerte Gruppendynamik, nur durch Leitungsinterventionen zu regulieren

Aktivierung: Aktivierung aller ist schwierig. Die Methode begünstigt dominante und extravertierte Charaktere

Raum/Material: keines, ggf. Material zur Einführung ins Thema (Chart, Film, PowerPoint)

Online: möglich, aber häufig beteiligen sich einige sehr intensiv und andere gar nicht.

Einsatz: Klärung eines Sachverhalts, Einholen verschiedener Perspektiven, Austausch von Argumenten

Anwendung: In den meisten Meetings ist die Diskussion das am häufigsten eingesetzte Mittel zur Klärung von Sachverhalten und Erarbeiten von Lösungen. Der Moderator führt ins Thema ein und startet mit einer Eröffnungsfrage. Er hilft bei der Koordinierung der Wortbeiträge und gibt Orientierung durch ordnende Zwischenzusammenfassungen und lenkende Fragen. Verzichtet der Moderator auf steuernde Interventionen, nehmen Diskussionen oft einen willkürlichen Verlauf. Einzelne Personen haben dann gute Chancen zu dominieren und ihre Meinung sogar gegen die einer stillen Mehrheit durchzusetzen. Sollen freie Diskussionen, also solche ohne zusätzliche methodische oder visuelle Hilfe, zu einer Klärung und einer breit getragenen Entscheidung führen, hilft es, wenn Sie als Moderator:in strukturgebend moderieren. Folgende Hinweise helfen Ihnen dabei:

- Sorgen Sie dafür, dass in der ersten Runde möglichst jede:r zu Wort kam und seine bisherige Sicht zum Thema äußern kann. Ggf. können Sie eine feste Reihenfolge festlegen. (Klärungsphase)

- Portionieren Sie das Thema. Nach der ersten Runde wird klar, welch unterschiedliche Aspekte bei der Diskussion eine Rolle spielen. Machen Sie Vorschläge zum Vorgehen, z. B. mit welchem Themenkomplex sie beginnen. Verzichten Sie auf solche strukturierenden Interventionen, ist die Gefahr groß, dass das Thema dauernd gewechselt wird, Nebensächlichkeiten ausführlich, Kernthemen gar nicht diskutiert werden. Der rote Faden geht so verloren und das Ergebnis ist zufällig – wenn es überhaupt eins gibt.
- Sorgen Sie dafür, dass alle zu Wort kommen können und bremsen Sie zu stark dominierende Personen (siehe Kapitel 5.3.4).
- Bleiben Sie selbst möglichst unparteiisch und allen gleichermaßen zugewandt.
- Paraphrasieren Sie schwierige, unverständliche, emotionale Beiträge aber auch solche von schüchternen Menschen oder solchen, die durch ihre abseitige Meinung Gefahr laufen, ausgegrenzt zu werden.
- Machen Sie Zwischenzusammenfassungen. Halten Sie fest, was Sie bereits geklärt haben und was noch offen ist.
- Machen Sie Konsens sichtbar. Häufig geraten die Diskutanten in Streit, ohne zu sehen, wo Übereinstimmung besteht. Arbeiten Sie immer wieder heraus, in welchen Ansichten, Einschätzungen, Vorschlägen bereits Übereinstimmung besteht und welche Fragen noch einer Klärung bedürfen.
- Bearbeiten Sie die strittigen Fragen nacheinander und nicht parallel. Nur so haben Sie eine Chance, Lösungen für die strittigen Punkte zu entwickeln.
- Protokollieren Sie die Zwischenergebnisse mit.
- Danken Sie am Ende der Diskussion für die Auseinandersetzung, denn nur im kritischen Disput lassen sich gute Lösungen finden.

Beachten Sie: In Gruppen, die zerstritten sind oder in denen wenig Vertrauen herrscht, sind freie Diskussionen oft fruchtlos. Da in freien Diskussionen wenig Struktur vorgegeben wird, entwickelt sich schnell die für die Gruppe typische Gruppendynamik. Ist diese eher einen freien Austausch hemmend oder gar destruktiv, wird es für den Moderator sehr anstrengend und schwierig, die Diskussion durch Interventionen in eine konstruktive Richtung zu bringen. In solchen Fällen empfiehlt sich die Diskussion in Verbindung mit visualisierenden Methoden, die eine gewisse Struktur und Reihenfolge vorgeben.

Variante 1: Podiumsdiskussion

Podiumsdiskussionen dienen der Erweiterung des Horizonts des Publikums in Bezug auf ein Thema. Es müssen keine Lösungen für ein Problem entwickelt oder Entscheidungen getroffen werden. Die moderierte Diskussion auf dem Podium dient dazu, verschiedene Perspektiven auf ein Thema kennenzulernen und dadurch ein ganzheitlicheres Bild zu bekommen. Als Moderator:in sollen Sie die Entfaltung verschiedener Perspektiven ermöglichen und so moderieren, dass unterschiedliche Meinungen als gleichwertig nebeneinanderstehen können. Sie wenden die gleichen Techniken wie in der freien Diskussion an, nur dass Ihr Ziel Aufklärung und nicht Lösungsfindung ist.

Variante 2: Fishbowl

Die Diskussion im Fishbowl ist eine Methode, die Sie in größeren Gruppen anwenden können. Wenn 20 oder 30 Personen miteinander diskutieren, halten sich viele zurück, vieles wird doppelt und dreifach gesagt, alles zieht sich in die Länge. Alternativ dazu kann man eine Teilgruppe der großen Gruppe diskutieren lassen. Sie benötigen dafür eine Bestuhlung im Kreis ohne Tische. Sie haben einen Innenkreis mit ca. 6 Stühlen und einen Außenkreis. In die Mitte gehen 5 Personen der Gruppe. Ein Stuhl bleibt frei. Die Auswahl der ersten 5 treffen Sie mit der Gruppe gemeinsam. Die fünf Personen diskutieren das anmoderierte Thema frei, in der Regel ohne Moderation. Die Personen im Außenkreis hören zu. Möchten sie zur Diskussion beitragen, können sie in die Mitte gehen und sich

auf den freien Stuhl setzen und eine Zeit lang mitdiskutieren. Ist ihr Anliegen geklärt, gehen sie wieder in den Außenkreis. Auch die Fishbowl-Diskussion dient vor allem der Klärung und nicht der Lösungs- und Entscheidungsfindung. Eine Veranstaltung beruht nie nur auf einem Fishbowl. Die Methode ist Teil einer Gesamtkonzeption. Sie kann Auftakt für eine tiefere Beschäftigung mit einem Thema sein und als erste Annäherung dienen. Sie kann aber auch z. B. am Ende einer Veranstaltung zur Auswertung des Tages genutzt werden.

Online: In einer kleinen Gruppe kann man auch online gut diskutieren. Bei mehr als vier bis fünf Personen, klinken sich einige aus und beteiligen sich kaum. In größeren Gruppen würde ich die freie Diskussionen zu einer Fragestellung nur begrenzt einsetzen und strukturiertere Formen der Bearbeitung vorziehen.

Ein-Punkt-Abfrage

Kurzprofil der Methode
Unabhängigkeit: bei richtiger Anmoderation hoch
Schutz: hoch
Zeitaufwand: schnell, 2-5 Minuten
Struktur: stark strukturiert
Konvention: bei guter Anmoderation auch Akzeptanz in konservativen Gruppen
Gruppendynamik: durch Visualisierung & Struktur regulierend, egalisierend
Aktivierung: alle beteiligen sich
Raum/Material: Flipchart, Marker, Klebepunkte
Online: gut übertragbar.

Einsatz: Ideal zum Einholen eines ersten, vielleicht noch groben Bildes der Stimmungen, Haltungen, Meinungen, Prognosen oder Einschätzungen in einer Gruppe. Wird häufig zu Beginn oder am Ende von Veranstaltungen eingesetzt, aber auch bei Einführungen von neuen und/oder konfliktären bzw. tabuisierten Themen, zur Projektauswertungen oder zu Team-Offsites.

Anwendung: Die Arbeitsfrage und die Bewertungsachse werden auf einer Pinnwand oder einem Flipchart vorbereitet. Die Dimensionen der Bewertungsachse werden kurz erklärt (Skala numerisch z. B. von 0 bis 5 oder mit Symbolen z. B.+– oder mit Worten z. B. von »stimmt gar nicht« bis »stimmt absolut«). Jede Person bekommt pro Frage einen Klebepunkt mit der Bitte, ihn an die von ihr gewählte Stelle auf die Bewertungsachse zu setzen. Das entstandene Bild wird kurz besprochen. Mögliche Fragen dazu: *»Wie stellt sich das Ergebnis für Sie dar?«*, *»Wer möchte etwas zu seinem Punkt sagen?«*, *»Wie erklären Sie sich diese Verteilung?«*, *»Wir haben sehr viele Punkte auf der rechten Seite, d. h. Sie sehen unsere Chancen auf dem vietnamesischen Markt eher optimistisch. Vielleicht kann der ein oder andere noch ein paar ergänzende Worte zu seinem Punkt sagen?«*

Beachten Sie: Erst punkten lassen, wenn alle Teilnehmenden einen Punkt bekommen haben. Vermeiden Sie, dass sich eine Schlange bildet und einer nach dem anderen klebt. Besser ist ein Pulk, sodass durch das »Chaos« nicht mehr genau verfolgt werden kann, wer wo hinklebt. So ist der Schutz durch Anonymität (auf den Punkten stehen ja keine Namen, sie kleben anonym) besser gegeben. Moderieren Sie das Aufstehen, Nachvornegehen und Punkten sehr dynamisch und entschlossen an: *»Stehen Sie auf, kommen Sie nach vorne, gerne alle gleichzeitig, suchen Sie sich eine Nische vor der Wand und kleben Sie Ihre Punkte dahin, dass es 100% Ihrer Einschätzung entspricht.«*

Nutzen

- Man erhält schnell Transparenz darüber, wie die Meinungen in der Gruppe verteilt sind.
- Gutes Mittel, um auch schwierige und tabuisierte Themen einzuführen, da die Methode den Schutz gibt, auch unpopuläre Meinungen auszudrücken, ohne Sanktionen befürchten zu müssen. Es ist einfacher einen kritischen Punkt zu kleben, als Kritik offen zu äußern.
- Sehr egalisierend: Alpha und Azubi, Dominante und Introvertierte – alle haben einen Punkt.
- Konflikte werden deutlich sichtbar und sind dadurch für die Moderatorin besser anzusprechen und zu bearbeiten.
- Aktivierung aller, auch derjenigen, die keine Lust hatten, sich auf den Prozess einzulassen. Jede:r einzelne ist genötigt, Stellung zu beziehen, auch wenn er/sie sich gewöhnlich raushält.
- Es lassen sich gut auch Stimmungen, Befindlichkeiten, Zufriedenheit auf diese Weise abfragen. Man erkennt deutlich, wenn man mehrere Fragen stellt, wo es bereits gut läuft und wo Entwicklungsbedarf ist.
- Die Methode ermöglicht einen guten Einstieg in die Bearbeitung eines Themas.

Varianten: 1. Man kann auch ein zweiachsiges System nehmen (x- und y-Achse). Dann beantwortet man mit einem Punkt gleichzeitig zwei Fragen. **2.** Das Verfahren ist auch in (sehr) großen Gruppen anwendbar. Man schreibt jeweils eine Fragestellung mit einer Achse auf ein Chart und verteilt die verschiedenen Fragen/Charts im Raum. Die Teilnehmenden fangen an verschiedenen Enden an und beantworten die Frage mit ihren Punkten.

Online: Die meisten Boards haben eine Voting-Funktion, die sich unkompliziert nutzen lässt und auch den Schutz durch Anonymität gewährleistet. Man kann die Frage am Board erstellen oder auch am Flipchart erstellte Abfragen als Bild hochladen und diese bepunkten lassen. Punktabfragen sind in den gängigen Online-Tools üblich.

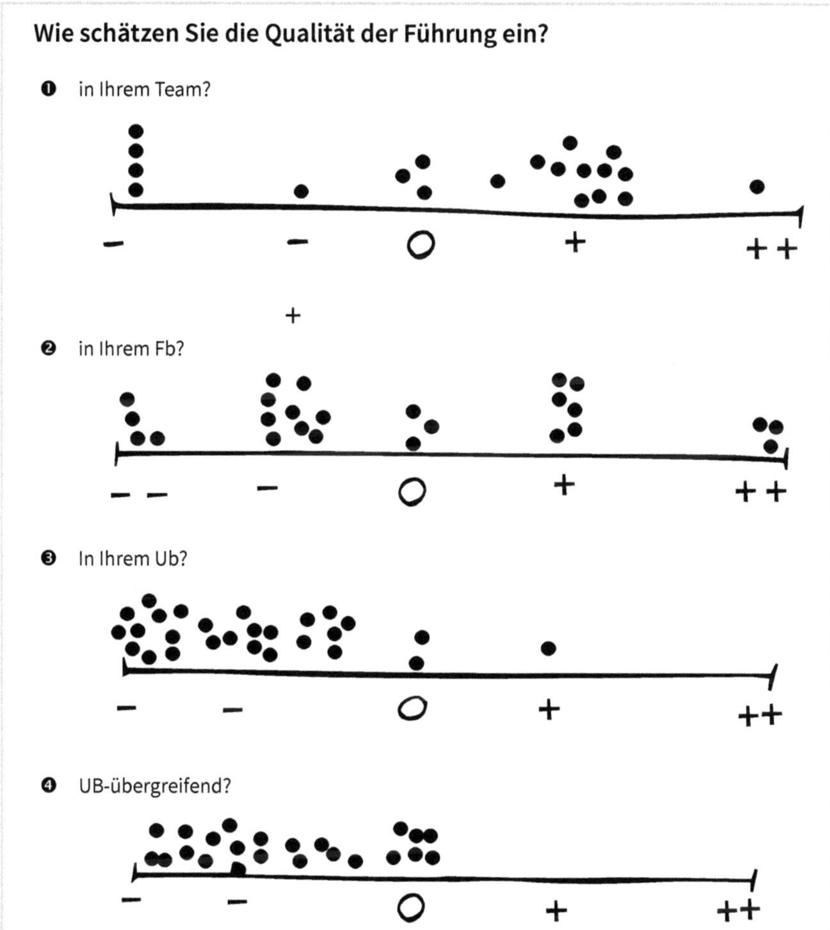

Abb. 28: Beispiel für Punktabfrage

8.3.5 Einzelarbeit bzw. Stille-Phasen

Kurzprofil der Methode
Unabhängigkeit: hoch
Schutz: hoch
Zeitaufwand: steuerbar zwischen 2 und 10+x Minuten
Struktur: stark strukturiert
Konvention: ungewöhnlich für viele Gruppen
Gruppendynamik: reguliert
Aktivierung: hoch
Raum/Material: Flipchart mit Aufgabenstellung, Blöcke/Stifte für die Teilnehmenden
Online: sehr gut anwendbar; gerne kombiniert mit einer Auszeit vom Bildschirm.

Einsatz: Aktivierung der Einzelnen, Stärkung der Selbstverantwortung, Wahrnehmen von eigenen Interessen, Vorstellungen, Ideen, Schutz vor Beeinflussung durch andere, Dynamik aus einer (zu) heftigen Diskussion rausnehmen

Anwendung: Phasen der Einzelarbeit können Sie an verschiedenen Stellen in der Moderation einbauen: Nach der Einführung ins Thema und vor dem Einstieg in die Diskussion, als kurzer Zwischenstopp in der Bearbeitung eines Themas, zur Auswertung eines Prozesses oder Projekts, als Vorarbeit zu einer Gruppenarbeit (Kapitel 8.3.6) oder als methodisches Element vor einem Blitzlicht (Kapitel 8.3.2) oder Zurufabfragen. Bitten Sie die Gruppe, sich Notizen zu machen. Dinge, die man verschriftlicht hat, werden einem klarer und kann man selbst auch im Stress einer Gruppe besser vertreten.

So können Sie die Einzelarbeit anmoderieren: »*Bevor wir in die inhaltliche Auseinandersetzung einsteigen, bitte ich Sie, zunächst einmal für sich allein zu überlegen, was Ihnen in Bezug auf das Thema wichtig ist. Machen Sie sich Notizen zu folgender Frage: Was läuft aus Ihrer Sicht gut in Kooperation mit dem Kunden X? Wo gibt es Schwierigkeiten?*« Als Zwischenstopp in einer Diskussion könnten Sie die Aufgabe geben: »*Wir haben in den letzten 30 Minuten heftig diskutiert, Sie haben verschiedenste Argumente gehört. Ich möchte an dieser Stelle kurz innehalten, damit Sie Zeit für einen kurzen Check haben. Überlegen Sie für sich: Wo stehen Sie in Bezug auf das Thema im Moment? Welche Aspekte sind bisher noch nicht oder zu wenig betrachtet worden? Was bräuchten Sie noch, um eine Entscheidung zu treffen? Machen Sie sich ein paar Notizen.*« Nach der stillen Sammlungsphase, können Sie entweder alle Teilnehmenden bitten, ein kurzes Statement zu ihrer Einschätzung zu geben oder aber die Frage in die Runde geben: »*Sie hatten ja jetzt Gelegenheit, noch einmal in Ruhe über die bisherige Diskussion nachzudenken. Welche Aspekte sollten hier noch Raum finden, welche Fragen noch beantwortet und diskutiert werden, bevor wir zu einer Entscheidung kommen?«* Ist die Einzelarbeit eine Vorstufe zu einer Kleingruppenarbeit, helfen die Notizen, gezielt in Austausch mit den anderen zu gehen und die Einzelnen, ihre Sicht einzubringen, auch wenn die anderen die Dinge anders sehen.

Beachten Sie: Viele Gruppen sind Stille und Einzelarbeit nicht gewöhnt und reagieren vielleicht unsicher. Moderieren Sie solche Aufgaben sehr selbstverständlich an und geben Sie einen plausiblen Grund. »*Ich möchte sichergehen, dass alles, was Ihnen wichtig ist, hier in dieser Diskussion auch Raum findet/gefunden hat. Deshalb möchte ich, dass Sie jetzt zunächst einmal für sich alleine prüfen, was …*«

Nutzen

- In jeder Gruppe entsteht eine gewisse Dynamik. Diskussionen, Konflikte, dominante Teilnehmende oder Denkströmungen können Einzelne so durcheinanderbringen, dass sie ihre eigenen Vorstellungen und Ziele aus den Augen verlieren. Phasen der Stille, in denen die Teilnehmenden allein an einer Aufgabe arbeiten, bremsen die Dynamik der Gruppe aus und bringen die Einzelnen stärker in Kontakt zu ihrem eigenen Erfahrungsschatz und ihren Anliegen.[42]
- Sie stärken den Faktor Ich im TZI-Modell (siehe Kapitel 3.3.1) und damit die Selbstverantwortung der Einzelnen und ihren Zugang zum Thema.
- Schüchternen und introvertierten Menschen fällt es nach einer Einzelarbeit mit Aufzeichnungen leichter, sich und ihre Vorstellungen ins Gruppengeschehen einzubringen.
- Sie können Einzelarbeit gut mit anderen Methoden koppeln, entweder als Vorarbeit für den folgenden Arbeitsschritt, als Mittel für ein Zwischenresümee oder zur Auswertung am Ende eines Prozesses.

Variante: Bei Karten-Abfragen ist die Stille- und Einzelarbeitsphase fester Bestandteil der Methode.

Online: Da langes Sitzen am Bildschirm ohnehin ermüdend und ungesund ist, bietet es sich an, bei längeren Online-Meetings Einzelaufgaben zu geben und die Teilnehmenden zu bitten, sich einen schönen Ort zu suchen, vielleicht etwas zu trinken, ein paar Schritte zu laufen und die Klärung der eigenen Gedanken oder das Entwickeln von Lösungen und Ideen mit einer Auszeit vom Rechner zu verbinden.

42 Der Wirtschaftsnobelpreisträger Kahneman empfiehlt, in Ausschüssen die Teilnehmenden immer vor der Diskussion dazu aufzufordern, ihre Sicht der Dinge in ein paar Stichworten zu notieren, um so eine stärkere Unabhängigkeit von Beeinflussung zu gewährleisten, siehe Kahneman, 2012, S. 112.

8.3.6 Gruppenarbeit

Kurzprofil der Methode

Unabhängigkeit: mittel; höher als in größeren Gruppen, geringer als allein

Schutz: mittel – durch intimeres Format

Zeitaufwand: steuerbar, zwischen 5 und 90 Minuten

Struktur: mittel; durch Aufgabe/Frage strukturiert, Prozess selbstbestimmt in Gruppe

Konvention: für Besprechungen in konservativen Gruppen eher ungewöhnlich, für größere Arbeitsgruppen und Ganztagesveranstaltungen notwendig

Gruppendynamik: Veränderte Dynamik durch andere Gruppenzusammensetzung

Aktivierung: Grad der Aktivität ist jedem freigestellt; Teilnehmende sind tendenziell aktiver als im Plenum

Raum/Material: Dokumentations- und Arbeitsmaterial für Gruppen (Flipcharts, Pinnwände oder Laptop)

Online: Mit einer Plattform, die Gruppenräume/Breakout Rooms zulässt, 1:1 übertragbar.

Einsatz: Methodenwechsel bei mehrstündigen oder mehrtägigen Veranstaltungen, stärkere Aktivierung der Teilnehmenden in großen Gruppen, parallele Bearbeitung von Themen zur Zeitersparnis, Zuordnung der Teilnehmenden zu Themen nach Interesse oder Neigung, Teilnehmende miteinander bekannt machen bzw. Vertrautheit herstellen

Anwendung: Die Arbeit in der kompletten Gruppe nennt man Arbeit im Plenum. Je größer die Gruppe ist, desto anstrengender wird die Plenumsarbeit, deshalb ist es in vielen Fällen sinnvoll, Arbeitsphasen in Teilgruppen einzuplanen. Was Sie bei der Arbeit in Gruppen zu überlegen haben:

- Gruppengröße: Die Gruppengröße kann unterschiedlich gestaltet sein: Paare, Dreier- oder Vierer-Gruppen, Halbgruppen (also das Plenum in zwei Gruppen teilen) etc. Entscheidend für die Gruppengröße ist die Art der Aufgabe und die Form der Bearbeitung. Sollen sich Teilnehmende austauschen, z. B. um sich kennenzulernen oder eine Frage im Gespräch mit anderen für sich selbst zu klären, sind kleine Gruppen gut geeignet. Je größer die Teilgruppe, desto länger dauert der Austausch und desto mehr Probleme haben stillere Personen zu Wort zu kommen. Für persönliche Austausch- und Reflexionsthemen sind kleine Gruppen (2 bis max. 4 Personen) zu bevorzugen. Für die inhaltliche Bearbeitung von Themen braucht man genügend Expertise und verschiedene Perspektiven in der Gruppe. Arbeitet die Teilgruppe ohne Moderator:in, sollte sie aber in der Regel auch nicht mehr als sechs Personen umfassen. Bei sieben und mehr Personen pro Gruppe, sollten Sie organisieren, wer den Arbeitsprozess moderiert, oder die Gruppe bitten, vor Start der Arbeit gemeinsam zu vereinbaren, wer moderiert.

- Bildung der Gruppen: Überlegen Sie sich, nach welchen Prinzipien sich die Gruppen zusammenfinden sollen. Moderieren Sie das mit an. Je weniger Struktur Sie bei der Gruppenbildung vorgeben, desto größer ist der Stress für die Teilnehmenden, die ggf. Angst haben, keinen Partner oder keine Gruppe zu finden. Mögliche Anmoderationen für Paare bzw. Kleingruppen: »*Stehen Sie auf und gehen Sie gezielt auf jemanden zu, den Sie bisher noch nicht kennen.*«, »*... auf jemanden zu, mit dem Sie im Alltag wenig zu tun haben oder der aus einem anderen Bereich oder einem anderen Standort als Sie kommt.*«, »*... auf jemanden zu, der älter oder jünger ist als Sie ...*« Wenn es verschiedene Themen zu bearbeiten gibt, können Sie die Gruppen nach Neigung bilden. Stellen Sie die Themen und die Arbeitsform vor und bitten Sie die Teilnehmenden, sich ihrem favorisierten Thema zuzuordnen. Klären Sie gemeinsam, ob die Verteilung so passt. Andernfalls bitten Sie ggf. Personen zu wechseln. Freiwilligkeit erhöht dabei die Qualität der Arbeit. Aber auch bei Sachthemen könnten Sie Vorgaben machen: »*Bitte bilden Sie Gruppen so, dass in jeder Gruppe eine Person aus einem Standort vertreten ist.*« Sie können auch nach dem Zufallsprinzip arbeiten und die Teilnehmenden Nummern, Farben oder Süßigkeiten ziehen lassen. Alle mit der gleichen Nummer, Farbe bzw. Süßigkeit gehören einer Gruppe an. Wollen Sie strategisch festlegen, wer mit wem zusammengeht, sollten Sie das vor der Veranstaltung planen. Sie könnten z. B. die Namensschilder mit kleinen bunten Punkten versehen, die Sie so verteilt haben, wie Sie später die Gruppenzusammensetzung haben wollen (5 Namensschilder mit blauen Punkten, 5 mit roten etc.). Sie sollten jedoch den Teilnehmenden bei der Anmoderation zu Gruppenbildung einen plausiblen Grund nennen, warum Sie die Gruppen so zusammengesetzt haben. Sie müssen vielleicht nicht alle Sie bewegenden Gründe nennen, aber einen für die Gruppe nachvollziehbaren.
- Aufgabe/Struktur: Geben Sie den Gruppen für die Arbeit immer eine klare Aufgabenstellung in visualisierter Form, entweder auf einem Arbeitsblatt, Flipchart, einer Pinnwand oder einem Laptop mit einer Datei mit den Fragestellungen. Moderieren Sie an, was sie in der Gruppenarbeitsphase tun sollen sowie ob – und wenn ja in welcher Form – sie ihre Arbeit dokumentieren und später präsentieren sollen. Gruppen, die nur zur Reflexion und zum Austausch dienen, müssen in der Regel nichts präsentieren. Bei der Bearbeitung inhaltlicher Themen, sollten die Ergebnisse nachher im Plenum weiterbearbeitet werden. Je klarer die Struktur, desto effizienter die Arbeit der Gruppen. Viele Methoden eignen sich auch für die Bearbeitung in Gruppen, z. B. Zwei- oder Vier-Felder-Tafel oder die Arbeit mit einer Matrix wie der Problem-Analyse-Matrix (Kapitel 8.3.17). Sehr gute Erfahrungen habe ich mit Fragestellungen in Power-Point gemacht, in die die Teilnehmenden ihre Antworten eintragen und nachher präsentieren.
- Ort und Zeit: Geben Sie konkrete Hinweise, wo die Kleingruppen arbeiten können. Machen Sie klare Zeitangaben, wann die Kleingruppen zurück ins Plenum kommen sollen und/oder vereinbaren Sie ein akustisches Signal, das zur Rückkehr ruft.
- Unterstützung: Geben Sie an, wo Sie für Rückfragen oder Unterstützung zu finden sind.

Beachten Sie: Sagen Sie den Gruppen, dass sie nicht in jedem Fall Konsens haben müssen. Sie sollen alles notieren und strittige Punkte mit Symbolen markieren. Andernfalls kann es passieren, dass sie keinen einzigen Punkt notieren können, weil sie sich in keiner Frage einig sind. Von dem Stress, Konsens zu finden, sollte man die Teilgruppen unbedingt entlasten.

Manche Personen mögen das Wort Gruppenarbeit nicht. Sie verbinden das mit pädagogisch-psychologischem Schnickschnack. Ich habe mir angewöhnt von Themengruppen zu sprechen. Die Versachlichung des Begriffs erhöht die Akzeptanz der Arbeitsform.

Nutzen

- Personen, die vielleicht sonst nicht so viel miteinander zu tun haben, lernen sich besser kennen und entwickeln eine intensivere Beziehung durch die gemeinsame Erarbeitung von Sachverhalten und Lösungen.
- Kleingruppenarbeit aktiviert die Einzelnen. In einer kleinen Gruppe ist jede:r gefragt.
- Introvertiertere und ruhigere Leute bringen sich in kleinen Gruppen mehr ein, weil sie dort weniger gestresst sind beim Reden.
- Die räumliche Veränderung bringt neuen Schwung und eine andere Atmosphäre in die Gruppe.
- Man kann verschiedene Themen parallel erarbeiten, indem verschiedene Kleingruppen zu verschiedenen Aspekten eines Themas arbeiten. Das erspart Zeit.
- In Kleingruppen reden manche Menschen offener und ungehemmter als im Plenum. Das kann das Ergebnis der Arbeit verbessern.

Variante: siehe World-Café Kapitel 8.3.21.

Online: Gruppenarbeit ist online ein wichtiges Tool, um Leute zu aktivieren, zu motivieren und inhaltlich zu fordern. Meist stelle ich die Aufgabenstellung in einem Dokument zur Verfügung, dass dann eine Person in der Gruppe teilt und die dann auch die Ergebnisse festhält (sofern etwas erarbeitet werden soll). Es kann auch ein Gruppenmitglied ein Whiteboard teilen und das Ergebnis als Screenshot für alle verfügbar machen. Kleingruppen eignen sich auch für den Austausch, das Entwickeln von Fragen, das Erörtern von Zweifeln oder Problemen. Im Plenum äußern sich viele nicht so freimütig wie in einer Kleingruppe. Deshalb kann man dieses Tool online auch mal nur für 5 oder 10 Minuten nutzen. Wenn man die Gruppen nach dem Zufallsprinzip erstellen lässt, geht die Zuordnung der Teilnehmenden auch sehr schnell, sogar schneller als es in Präsenz möglich wäre.

Tauschen Sie sich zu folgenden Frage aus:

Was von dem, was wir in den Gruppen besprochen | gesehen | gehört haben, wollen wir in der strategischen | nach vorn gerichteten Diskussion am Nachmittag aufgreifen | vertiefen | vorantreiben?

Abb. 29: Arbeit in den Themengruppen: Wichtig gerade bei größeren Gruppen ist, dass Sie den Arbeitsauftrag und die Form der Ergebnissicherung schriftlich festhalten, damit alle wissen, was sie zu tun haben.

8.3.7 Fischgrät- bzw. Ishikawa-Diagramm

Kurzprofil der Methode

Unabhängigkeit: anonym mit Karten hoch, auf Zuruf Beeinflussung durch andere Beiträge möglich

Schutz: mit anonymen Karten hoch, auf Zuruf ist der Schutz mittel – alle Beiträge werden aufgenommen

Zeitaufwand: mittel bis hoch. Mit allen Bearbeitungsschritten sollten Sie je nach Komplexität zwischen 45 und 180 Minuten einplanen.

Struktur: stark strukturiert

Konvention: gute Akzeptanz auch in konservativen Gruppen

Gruppendynamik: durch Visualisierung und Struktur regulierend

Aktivierung: bei Karten hoch, auf Zuruf Beteiligung aller durch gezieltes Ansprechen

Raum/Material: 1-2 mit Papier bespannte Pinnwände, ggf. Karten, Marker, alternativ Rechner/Smartboard mit passender Software

Online: gut übertragbar mit einem entsprechenden Tool.

Einsatz: Analyse von Problemen und Fehlern, bei der es ein Ursache-Wirkungs-Verhältnis gibt, Herausfinden möglicher Einflussfaktoren, die zu einer Störung/nicht erwünschten Wirkung führen, Analyse von komplexen Abläufen mit mehreren Einflussgrößen

Anwendung: Finden Sie eine prägnante Bezeichnung für die zu analysierende Problematik, wie z. B. »Zu lange Lieferzeiten«, »17 % mehr Ausschuss in Quartal III«, »Mangelnder Informationsaustausch zwischen den Führungskräften« und notieren Sie dies auf einer Karte. Sie ist der Kopf des Fischgrät-Modells, bzw. die Wirkung. Links davon zeichnen Sie auf eine Pinnwand das Fischskelett mit der Hauptachse und den abgehenden Gräten. Bezeichnen Sie die »Gräten« mit den möglichen für das Problem relevanten Einflussgrößen. Üblich sind 4 bis 6 verschiedene Faktoren, z. B. Mensch, Material/Technik, Prozess, Sonstiges oder die »6 M« (Mensch, Maschine, Milieu, Material, Methode und Messung). Für nichttechnische Probleme können Sie auch eigene Einflussgrößen definieren, z. B. im Schulkontext Lehrer:innen, Schüler:innen, Eltern, Behörde. Alternativ können Sie auch mit einer Software arbeiten, in der sich dieses Modell darstellen lässt.[43]

Führen Sie die Gruppe in das Thema ein und kündigen Sie an, dass Sie mit ihnen gemeinsam die Ursachen für die genannte Problematik herausfinden und dafür das Fischgrät-Modell nutzen wollen (siehe zur Ursachenanalyse auch Kapitel 4.3.2). Lassen Sie sich nun mögliche Ursachen zurufen. »*Was denken Sie, woran könnte es liegen, dass es so wenig Austausch unter den Projektleiter:innen gibt? Rufen Sie mir mögliche Gründe zu. Ich notiere zunächst einmal alles, was Sie sich vorstellen können.*« Die Zurufe notieren Sie an den jeweiligen »Gräten«. Z. B. wenn als Antwort auf die obige Frage käme »Wir ertrinken in einer Flut von E-Mails, da gehen einfach viele Informationen unter.« müssten Sie mit der Gruppe zusammen überlegen, wie man das prägnant formulieren und wo man diesen Aspekt hin ordnen könnte. Zu Material/Technik, weil der Informationsaustausch per E-Mail geschieht, was nicht wirklich effizient erscheint? Oder doch in der Spalte »Sonstiges«, weil das Zuviel an E-Mails nicht nur ein technisches Problem ist? Binden Sie die Gruppe in solche Entscheidungen mit ein, weil die Zuordnung auch zur Klärung des dahinter liegenden Sachverhalts beiträgt. Bearbeiten Sie nicht nach und nach jede Gräte separat, sondern nehmen Sie alle Beiträge auf, wie sie kommen und sortieren Sie sie den »Gräten« zu. Die Visualisierung sorgt dafür, dass man immer den Überblick behält, auch wenn man thematisch springt. Notieren Sie alle Beiträge, auch diejenigen, über die kein Konsens besteht. Lassen Sie Phasen der Stille zu, brechen Sie also nicht sofort ab, wenn kein Redebeitrag mehr kommt, sondern fragen Sie in die Stille hinein: »*Woran könnte es noch liegen? Was fällt Ihnen noch ein?*« Oft werden nach einer Stille-Phase noch einmal wichtige Aspekte eingebracht. Kommen keine weiteren Beiträge mehr, diskutieren Sie mit der Gruppe, welche der genannten Ursachen Sie persönlich für besonders relevant erachten. Sie können dabei in größeren Gruppen mit Punkten arbeiten (siehe Kapitel 8.3.12), in kleineren Gruppen auch mündlich. Entwickeln Sie zusammen mit der Gruppe für die als besonders wichtig erachteten Punkte Maßnahmen, um die vermutete Ursache zu prüfen oder – wenn sicher ist, dass das eine Ursache für das Problem ist – Maßnahmen, diese abzustellen. Manche Ursachen lassen sich nicht mal so eben im Vorbeigehen lösen. In diesem Fall legen Sie mit der Gruppe fest, was Sie zur weiteren Analyse oder Behebung der Ursache tun werden und tragen Sie die entsprechenden Arbeitsaufträge in den Maßnahmenplan ein (siehe Kapitel 4.4).

43 https://www.mindjet.com/,

Beachten Sie: Vermeiden Sie bei der Fehler- und Störungsanalyse konsequent jegliche Schulddiskussion. Das Ziel ist, zukünftige Fehler, Störungen und unerwünschte Wirkungen zu minimieren oder ganz abzustellen. Schulddiskussionen sind in der Regel rückwärtsgewandt und beeinflussen die Arbeitsatmosphäre negativ. Nutzen Sie Fehler als Orientierungshilfe für Verbesserung.

Nutzen

- Systematische Analyse eines Sachverhalts.
- Mögliche Wechselwirkungen zwischen verschiedenen Ursachen können auf dem Chart sichtbar werden.
- Visualisierung hilft bei der Konzentration auf das Wesentliche und mindert die Gefahr, Schulddiskussionen zu führen.
- Das konsequente Nachfragen »*Woran könnte es noch liegen?*« führt dazu, dass auch randständige Möglichkeiten genannt werden, die bisher nicht auf dem Schirm waren, aber durchaus relevant sein können.
- Bei guter Fragetechnik und geduldiger Analysearbeit, werden im fortgeschrittenen Stadium auch eher tabuisierte Punkte genannt. Die Arbeit im Konjunktiv (« *Was* könnte *noch eine Ursache sein?*«), erleichtert die Nennung von heiklen Punkten, z. B. »*Ich weiß nicht, aber vielleicht könnte auch xy eine Rolle spielen ...*«

Varianten: 1. Sie können die Gräten in der ersten Runde auch mit einer anonymen Karten-Abfrage befüllen, um so die Hemmschwelle zu senken, kritische Punkte zu nennen. Nummerieren Sie die Gräten durch und bitten Sie die Teilnehmenden zu der jeweils genannten Ursache gleich die Nummer der passenden Gräte zu schreiben und ordnen Sie dann die Karten gemeinsam zu. Ergänzen Sie daraufhin auf Zuruf weitere mögliche Gründe und arbeiten Sie weiter wie oben geschildert. **2.** Man kann das Modell auch umdrehen, indem man ein positives Ziel benennt, die möglichen Einflussfaktoren den Gräten zuordnet und dieses Modell nutzt, um Ideen zu sammeln, die beschreiben, was man tun könnte, um das Ziel zu erreichen. Wenn das Ziel lautet »Besser besuchte Elternabende«, dann könnten als mögliche Einflussfaktoren in den Gräten notiert werden: Lehrer:innen, Kommunikationsmedien, Schüler:innen, Eltern, Gestaltung des Abends und Sonstiges ...

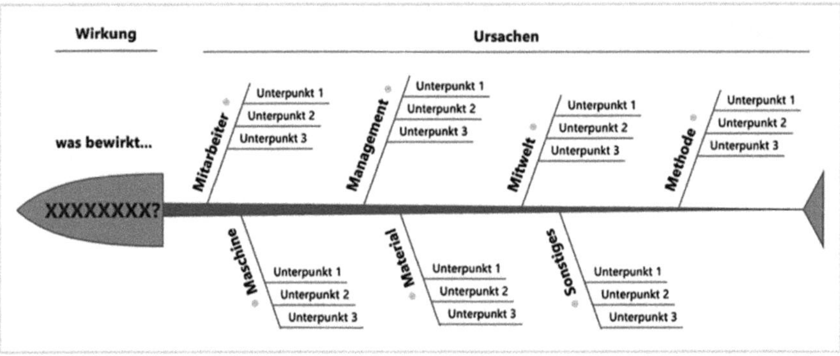

Abb. 30: Fischgrät-, Ishikawa- oder Ursache-Wirkungs-Diagramm

Die Wahl der benannten Gräten richtet sich nach dem Thema des Problems. Es empfiehlt sich, immer eine Gräte mit »Sonstiges« zu überschreiben, für Ideen, die sich keiner Oberkategorie zuordnen lassen.

Online: Viele Boards haben eine passende Vorlage, z. B. das Fehlerbaumdiagramm des Microsoft-Boards oder Fishbone bei Miro. Damit lässt sich online ganz wunderbar zusammen an der Fehlerursachensuche arbeiten – entweder auf Zuruf oder kollaborativ in schriftlicher Form. Entscheidet man sich für die letztere Lösung, lässt man die Leute erst schreiben und geht danach in den moderierten Austausch. Schreiben ist in der Moderation fast immer die Vorstufe für ein klärendes Gespräch.

8.3.8 Fragen- bzw. Themenspeicher

Kurzprofil der Methode
Unabhängigkeit: hoch
Schutz: mittel, alles wird aufgenommen
Zeitaufwand: schnell
Struktur: mittel
Konvention: gute Akzeptanz auch in konservativen Gruppen
Gruppendynamik: durch Visualisierung & Moderatorenverhalten regulierend
Aktivierung: alle können bei Bedarf beitragen
Raum/Material: Flipchart oder Rechner
Online: 1:1 anwendbar.

Einsatz: Festhalten von Themen bzw. Fragen, die nicht zum gerade diskutierten Thema passen, Parken von Fragen bzw. Themen, die Sie an anderer Stelle wieder aufgreifen wollen.

Anwendung: Bereiten Sie vor der Sitzung auf einem Chart oder im Rechner eine zweispaltige Tabelle vor, die Sie mit Themen- und Fragenspeicher beschriften. In die linke Spalte (ca. 2/3 der Breite) tragen Sie die angesprochenen Themen und Fragen ein, ggf. mit Namen der Person, die es eingebracht hat. Die rechte Spalte nutzen Sie für Kommentare, wenn Sie das Thema bearbeiten, z.B. Haken für erledigt, Kommentar, wo es bearbeitet wird oder Hinweis auf Maßnahmenplan oder Protokoll, Eintrag mit Datum, wann das Thema geklärt wird oder wer es bearbeitet. Idealerweise ist der Themenspeicher sichtbar im Raum aufgehängt. Wenn Sie mit dem Rechner arbeiten, sollte er immer dann für alle sichtbar, also an den Beamer angeschlossen sein, wenn Sie einen Punkt eintragen und natürlich dann, wenn Sie die Themen mit der Gruppe klären.

Es kann sein, dass Sie im Laufe der Sitzung gar nichts eintragen, weil es keine Themen und Fragen außer der Reihe gibt. Es kann aber sein, dass sich doch einiges im Laufe einer Sitzung ansammelt. Planen Sie Zeit ein, um zu klären, wann, wo und wie diese Fragen geklärt werden, jedoch spätestens in der Phase 4 »Maßnahmen planen«. Manche Fragen lassen sich in der aktuellen Sitzung mit wenigen Sätzen klären, manche haben sich erübrigt und sind nicht mehr relevant, andere betreffen nicht die ganze Gruppe und können woanders geklärt werden (in den Maßnahmenplan übernehmen).

Beachten Sie: Sie müssen nur drauf achten, dass Sie sich in der aktuellen Sitzung noch mit den dort gesammelten Themen und Fragen auseinandersetzen. Sonst vertrauen die Leute Ihnen in Zukunft nicht mehr, wenn Sie sagen, dass Sie etwas in den Themenspeicher nehmen wollen.

Nutzen

- Sie können stringenter am aktuellen Thema arbeiten. Von der Hauptfrage abweichende Fragen und Nebenthemen können Sie im Themenspeicher parken.
- Wenn man bei einem nicht zum aktuellen Thema passenden Beitrag sagt, »*Ja, dazu kommen wir später.*«, ohne etwas zu notieren, sind die betroffenen Personen oft unruhig und bringen das Thema immer wieder an unpassender Stelle ein. Wenn es für alle sichtbar im Themenspeicher steht, können sie entspannen und sich auf die aktuelle Diskussion einlassen, weil sie wissen, dass der aus ihrer Sicht wichtige Punkt nicht vergessen wird.
- Die Visualisierung hilft Ihnen als Moderator:in, den Überblick über noch zu klärende Themen und Fragen zu behalten.
- Sie können Randthemen in effizienter Weise hintereinander weg bearbeiten, ohne die Hauptdiskussion damit zu stören.

Online: Ich habe immer ein vorbereitetes und geladenes Dokument als Themenspeicher, das ich jederzeit mit den TN teilen und ergänzen kann. Alternativ kann man auch die Notizfunktion von Zoom oder Teams nutzen. Es steht Ihnen dann frei, diese Aufzeichnungen nachher zu teilen. Sie können auch ein Feld auf dem Whiteboard dafür reservieren, wenn Sie ohnehin damit arbeiten. Einziges Handicap: In Präsenz kann man den Themenspeicher für alle sichtbar im Raum platzieren. Online kann man eine geteilte Datei nur ab und an einblenden, weil man den Bildschirmplatz in der Regel für etwas anderes braucht.

Fragen- & Themenspeicher	
Umsetzung neue Struktur	4.111 Klausur
Ersatz für Frau Müller (Mai)	klärt Friedrich
Wie soll die neue Zusammensetzung erfolgen?	Clara und Bert entwickeln Vorschlag s. Plan
Budget Team F2 ausgeschöpft	Klärung GF (Frank)

Abb. 31: Fragen- und Themenspeicher

8.3.9 Karten-Abfrage (anonym)

Kurzprofil der Methode

Unabhängigkeit: hoch

Schutz: hoch

Zeitaufwand: schnell bis mittel, mit Clusterung mittel bis hoch (steuerbar zwischen 10 und 45 Minuten, abhängig von Gruppengröße, Zahl der Karten)

Struktur: hoch

Konvention: konservative Gruppen reagieren auf solche Medien oft reserviert bis ablehnend; es braucht gut kommunizierte Gründe, dann gute Akzeptanz

Gruppendynamik: stark regulierend, egalisierend

Aktivierung: hoch, alle tragen Inhalte bei

Raum/Material: Pinnwand, Karten einer Farbe für Abfrage & zweite Farbe für Überschriften, Stifte gleicher Qualität/Farbe

Online: 1:1 übertragbar.

Abb. 32: Karten-Abfrage durchführen

Einsatz: Sammeln und gemeinschaftliches Sortieren von Themen, Meinungen bzw. Haltungen, Erwartungen, Ideen und Vorschlägen, Lösungsansätzen – vorzugsweise bei konfliktären Themen oder bestimmten Gruppenkonstellationen, in denen die Einzelnen viel Schutz brauchen (Hierarchieproblematik, tabuisierte Themen, wenig Vertrauen)

Anwendung: Variante anonym mit Cluster: Die Moderatorin moderiert das Verfahren an und stellt eine Arbeitsfrage. Es wird eine bestimmte Zahl Karten ausgegeben. Die Zahl der Karten sollte limitiert und an die Größe der Gruppe und das Zeitbudget angepasst sein. Die Teilnehmenden erhalten Zeit, um ihre Antworten auf Karten zu schreiben. Die Moderatorin sammelt die Karten verdeckt ein und liest sie vor. Im nächsten Schritt werden die Karten zusammen mit der Gruppe thematisch geordnet, wobei die Teilnehmenden die Sortierung vornehmen und der Moderatorin sagen, wo sie sie hinhängen soll. Strittige Zuordnungen werden mit der Moderatorin und allen Anwesenden im Plenum geklärt. Sollte ein und dieselbe Karte inhaltlich in zwei unterschiedliche Kategorien passen, können Sie sie auch doppeln, also ein zweites Mal schreiben und an zwei verschiedenen Stellen aufhängen. Die gebildeten Cluster werden mit aussagekräftigen Überschriften versehen, die das Gemeinsame der Beiträge widerspiegeln. Anschließend kann mit den Gruppen bzw. Überschriften weitergearbeitet werden. Beispielsweise können sie gewichtet oder zu Arbeitsaufgaben umformuliert werden, die dann in Kleingruppen weiterbearbeitet werden.

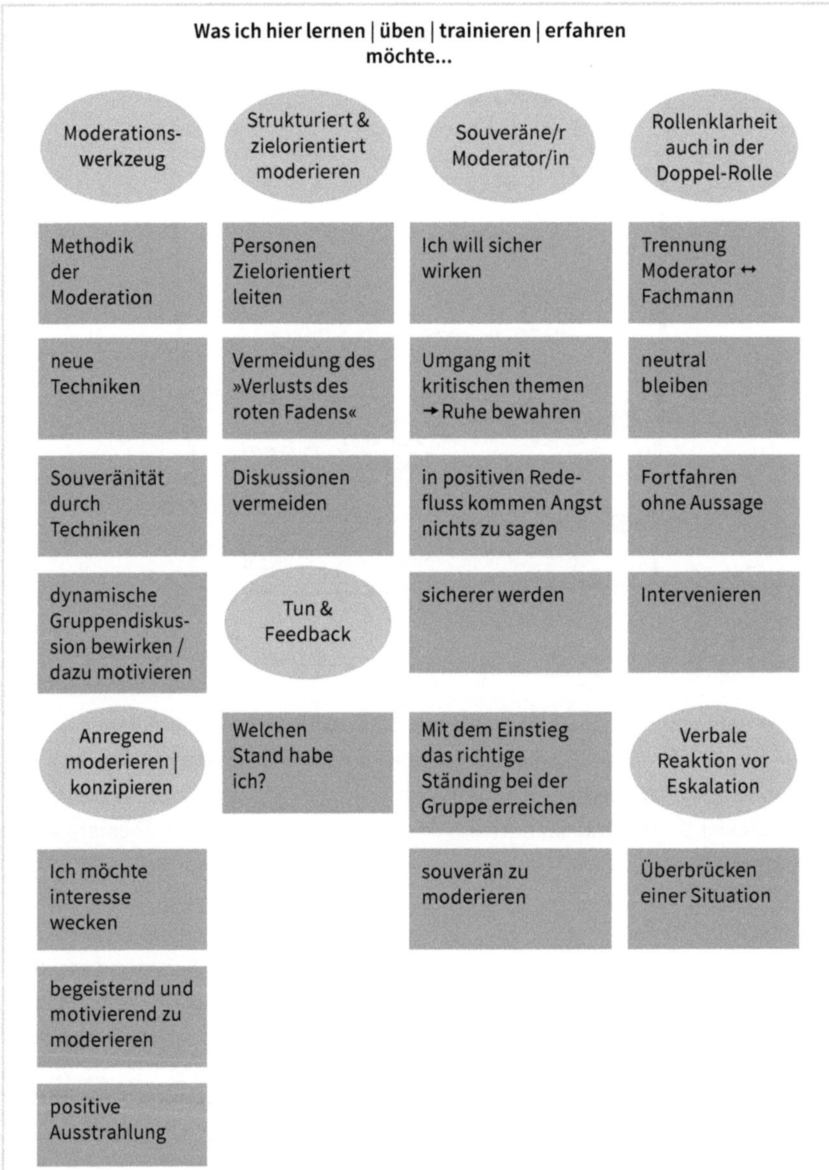

Abb. 33: Karten-Abfrage mit Cluster

Beachten Sie: Meiden Sie das Wort »anonym«. Das klingt gefährlich und mysteriös. Sagen Sie einfach, die Teilnehmenden sollen die Karten verdeckt auf den Tisch legen, dass Sie sie dann mischen und gespannt sind, welche Aspekte da zusammenkommen. Alle Teilnehmenden sollen Karten in gleicher Farbe und Marker in gleicher Stärke und Farbe haben und gut lesbar in Druckschrift mit Klein- und Großbuchstaben schreiben. Zeigen Sie am besten ein Muster, wie die Karten beschriftet werden sollen. Wenn jemand fragt: »*Wer hat das geschrieben?*«, sagen Sie, »*Das möchte ich gar nicht wissen, hier zählt nur der Inhalt, egal von wem.*« Wenn Sie etwas nicht entziffern können, fragen Sie »*Hat jemand eine Idee, was damit gemeint sein könnte?*« Bei der anonymen Karten-Abfrage sollte der Schutz der Teilnehmenden respektiert werden. Bei anonymen Karten-Abfragen schreiben manche Leute auch provokante oder anzügliche Dinge, manchmal um den Moderator oder (häufiger) die (junge) Moderatorin zu testen. Gehen Sie locker damit um. Zeigen Sie die Karte und hängen Sie sie hin, z. B. an den Rand, auch wenn die Gruppe es lieber hätte, sie verschwinden zu lassen.

Nutzen

- Teilnehmende können im Schutz der Anonymität Inhalte einbringen und laufen so keine Gefahr, durch jemand anderen für ihre Meinung abgestraft zu werden.
- Die Trennung von Sachverhalten, Ideen und Thesen einerseits und Personen andererseits hilft bei der Versachlichung einer Diskussion.
- Jede:r kann von seiner Sicht der Dinge ausgehen, unbeeinflusst durch andere. So gibt es eine größere Bandbreite an Themen und Ideen.
- Unabhängig von Hierarchie oder Persönlichkeit haben alle die gleiche Chance, ihre Vorstellungen einzubringen.
- Nichts geht verloren, Inhalte können strukturiert weiterbearbeitet werden.
- Wenn es Häufungen gibt, also mehrere Karten mit identischen oder ähnlichen Inhalten, wird deutlich, dass es für viele ein wichtiger Punkt ist.

Varianten: 1. Man kann anonyme Karten-Abfragen auch ohne Clusterung durchführen, z. B. wenn man Ideen oder Vorschläge sammelt. Eine Ideensammlung muss nicht unbedingt thematisch sortiert werden. Man hängt nur identische Karten zusammen und kreist diese mit einem Marker ein. Will man die Favoriten auswählen, zählen die eingekreisten Karten als ein einziger Vorschlag. Bei diesem Verfahren empfiehlt sich die Auswahl durch das Verfahren Rosinenpicken (siehe Kapitel 8.3.12 unter Varianten). **2.** Wenn Sie keine Pinnwand haben, können Sie die Sortierung auch auf einer freien Fläche auf dem Boden oder einem großen Tisch vornehmen. Auf dem Boden können Sie die Teilnehmenden die Karten auch selbst sortieren lassen. Dieses Verfahren eignet sich auch für große Gruppe, in der viele Karten zusammenkommen. 50 Karten sind ruckzuck sortiert, wenn mehrere gleichzeitig daran arbeiten.

Online: Mittlerweile haben viele Anwendungen die Möglichkeit, Einträge und Kommentare anonym zu stellen. So können alle schreiben, was sie denken, ohne dass sie fürchten müssen, sich damit ggf. Ärger einzuhandeln. Das Ziel ist natürlich wie in Präsenz, dass im Laufe der Zusammenarbeit das Vertrauen und der Mut wächst und die

Menschen sich trauen, ihre Gedanken auch laut zu äußern. Die anonyme Abfrage kann ein wichtiger Schritt dahin sein. Aber auch für das Abfragen und Auswählen von Ideen ist es manchmal von Vorteil, nicht zu wissen, von wem der Vorschlag kommt. So kann man viel unbefangener über den Inhalt sprechen, ohne dass die hierarchische Position oder die Sympathie für die Auswahl entscheidend sind.

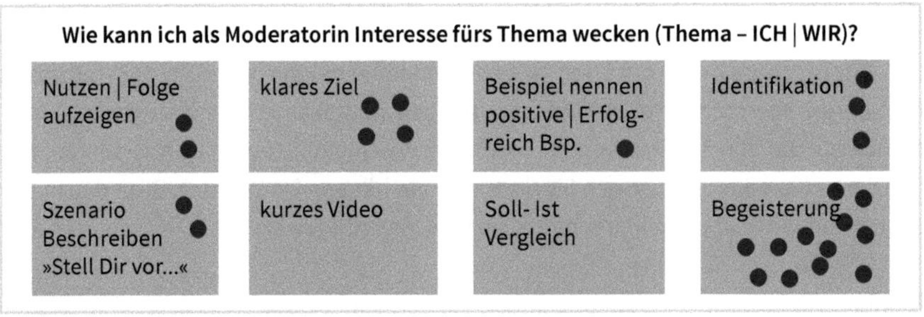

Abb. 34: Karten-Abfrage ohne Cluster

8.3.10 Karten-Abfrage (offen)

Kurzprofil der Methode

Unabhängigkeit: hoch

Schutz: mittel; alle Beiträge finden Beachtung

Zeitaufwand: je nach Gruppengröße, Zahl der Karten und akzeptierter Länge der Erläuterungen schnell bis mittel ohne Clusterung; mittel bis hoch (bei gemeinsamer Clusterung), steuerbar zwischen 10-45 Minuten

Struktur: hoch

Konvention: konservative Gruppen reagieren auf solche Medien oft reserviert bis ablehnend; es braucht gut kommunizierte Gründe, dann gute Akzeptanz

Gruppendynamik: methodisch regulierend, egalisierend

Aktivierung: alle werden aktiv beteiligt

Raum/Material: 1 Pinnwand, Karten einer Farbe für Abfrage, 2. Farbe für Überschriften, Stifte gleicher Qualität/Farbe

Online: lässt sich gut auch online durchführen.

Einsatz: Sammeln und gemeinschaftliches Sortieren von Themen, Meinungen bzw. Haltungen, Erwartungen, Ideen und Vorschlägen, Lösungsansätzen in Gruppen ohne Beeinflussung durch andere beim Nachdenken und notieren. Jede:r kann zunächst einmal für sich allein überlegen.

Anwendung: Wie bei einer anonymen Karten-Abfrage, nur dass Sie bei der Verteilung ankündigen, dass nachher jede:r die eigenen Karten vorstellen wird. Wenn alle ihre Karten geschrieben haben, moderieren Sie an: »*Sie können jetzt nach und nach nach vorne kommen und Ihre Karten kurz mit ein paar Sätzen erläutern – nur so viel, wie wir brauchen, um zu verstehen, worum es geht. In die tiefere Bearbeitung steigen wir später ein. Okay, wer beginnt?*« Empfehlung: Geben Sie keine Reihenfolge vor, sondern überlassen Sie den Einzelnen, wann sie nach vorne gehen. Das stärkt die Unabhängigkeit der Beteiligten und wirkt aktivierend. Die Teilnehmenden versuchen meist von sich aus, die Karten zu sortieren. Lassen Sie das zu und machen Sie die Endsortierung am Ende gemeinsam mit der Gruppe. Wenn Sie mit den Clustern weiterarbeiten wollen, entwickeln Sie noch Überschriftenkarten mit der Gruppe.

Beachten Sie: Manche Teilnehmenden sind unsicher wegen der Rechtschreibung und vermeiden Worte, weil sie Angst haben, Fehler zu machen. Kündigen Sie an, dass es nur um Inhalte nicht um Rechtschreibung gehe. Korrigieren Sie keine Fehler auf Karten und nehmen Sie auch Hinweise von anderen Teilnehmenden zu Rechtschreibung nicht an; sagen Sie: »*Die Rechtschreibung interessiert mich an der Stelle nicht.*« Auch das dient dem Schutz von Teilnehmenden.

Nutzen

- Bis auf die ersten beiden Punkte trifft alles zu, was auch für die anonyme Karten-Abfrage gilt. Zusätzlich:
- Gerade introvertierten und schüchternen Personen fällt es leichter, ihre Inhalte einzubringen, wenn die Struktur klar und sicher ist und sie etwas haben, an dem sie sich »festhalten« können, in dem Fall ihre Karte.

Varianten: 1. Variationsmöglichkeiten wie 1. bei anonymer Karten-Abfrage. **2.** Sitzen die Teilnehmenden an Tischen, ist wenig Platz und Aufstehen für die Teilnehmenden zu zeitraubend, mühselig oder ungewohnt, können sie die Karten auch vom Platz aus vorstellen und nach vorne zum Anheften reichen. **3.** Auch offene Karten-Abfragen können bei Ermangelung einer Pinnwand auf dem Tisch oder Boden sortiert werden. Einzige Bedingung: Alle sollten alle Karten sehen können. **4.** Bei sehr großen Gruppen kann eine Karten-Abfrage, bei der jede:r seine Anliegen vorträgt, zu langwierig sein. Alternativ können Sie den Teilnehmenden sagen, sie sollen zunächst überlegen, was ihnen persönlich wichtig ist. Im nächsten Schritt sollen sie sich mit ein oder zwei Partnern (das legen Sie abhängig von der Größe der Gesamtgruppe fest) austauschen (zur Bildung von Kleingruppen siehe Kapitel 8.3.6). Jede Kleingruppe soll dann gemeinsam festlegen, was sie auf die ihnen zur Verfügung stehenden Karten schreiben. So bringt beispielsweise eine Dreier-Gruppe zwei Karten in den Sammlungsprozess ein. Bei einer Großgruppe von beispielsweise 60 Teilnehmenden können Sie auf diese Art und Weise alle beteiligen und trotzdem den Prozess der Sortierung der Karten zeitlich und inhaltlich gut steuern. Bei 60 Teilnehmenden entstehen 20 Dreier-Gruppen, die insgesamt 40 Karten beschriften und kurz vorstellen. Durch die entstehenden Dopplungen ist der Gesamtprozess überschaubar.

Online: Ich führe Kartenabfragen über das Whiteboard durch. Wenn ich möchte, dass man die Karten zuordnen kann, bitte ich die TN, ihren Namen in die Felder zu schreiben oder jede Person bekommt eine bestimmte Farbe zugeordnet. Viele Whiteboards bieten verschiedene Vorlagen für Kartenabfragen. Dann müssen Sie nur noch die für Sie passende Form auswählen, den Link für das Board an die TN versenden, eine ansprechende Frage entwickeln und auf dem Board gut sichtbar platzieren, die Frage sinnvoll und lebendig anmoderieren und los geht's. Meine Erfahrung ist, dass das Online sogar schneller zu Ergebnissen führt als in Präsenz.

8.3.11 Matrix als Entscheidungshilfe

Kurzprofil der Methode
Unabhängigkeit: hoch
Schutz: hoch
Zeitaufwand: je nach Zahl der Alternativen und Kriterien 10-45 Minuten
Struktur: hoch
Konvention: bei guter Anmoderation schnelle Akzeptanz
Gruppendynamik: methodisch regulierend, egalisierend
Aktivierung: alle werden aktiv beteiligt
Raum/Material: Pinnwand, Punkte, ggf. Karten, Stifte
Online: gut übertragbar.

Einsatz: Bewertung verschiedener Alternativen, systematische Prüfung verschiedener Alternativen

Anwendung: Entwerfen Sie eine Tabelle mit den zur Auswahl stehenden Alternativen (waagerecht). In die linke senkrechte Spalte tragen Sie die Kriterien ein, die Sie zur Bewertung der Alternativen heranziehen wollen. Je nachdem, ob die Kriterien unterschiedlich stark gewichtet sein sollen, können Sie diese mit einem Faktor verstärken (z. B. »x 2« heißt, dass der Faktor doppelt zählt). Lassen Sie nun die Gruppe die verschiedenen Alternativen nach den Kriterien bewerten. Tragen Sie die Werte in die Tabelle ein (z. B. 0 Punkte=sehr schlecht, 5 Punkte optimal) und addieren Sie die Punktzahl. Ausgewählt wird nicht automatisch die Alternative mit den meisten Punkten. Stattdessen werden grundsätzlich die Alternativen mit hoher Punktzahl im Anschluss an die tabellarische Prüfung noch einmal separat diskutiert und geprüft. Die Realität ist immer komplexer als eine Tabelle. Die Tabelle dient nur dazu, einen Überblick zu bekommen und die Favoriten herauszufinden.

Im Beispiel (siehe Tabelle unten) hat die »Akademie« trotz ihrer Null Punkte bei der Bewertung des Flairs in Summe die meisten Punkte erreicht, gefolgt von »Burg Wasem«. Die Gruppe sollte in der anschließenden Diskussion überlegen, welche der zwei Alternativen für ihre Veranstaltung die bessere ist und nicht automatisch die mit der höchsten Punktzahl nehmen. Es gibt ggf. noch weitere Aspekte, die zu berücksichtigen sind.

Beachten Sie: Überlegen Sie, welche Kriterien ausschlaggebend sind. Geben Sie sie vor? Dann machen Sie transparent, warum diese entscheidend sind und erläutern Sie den Faktor (ggf. Vorgaben aus der HR-Abteilung oder der Geschäftsführung, Vorgaben aus Regelwerken oder Konvention etc.). Es kann aber auch sinnvoll sein, die Kriterien gemeinsam mit der Gruppe zu entwickeln und zu gewichten.

Nutzen

- Transparentes Verfahren zur Vorauswahl – weniger Willkür und Zufall.
- Die Matrix zwingt die Gruppe, sich auf Kriterien zu einigen.
- Die Tabelle macht den Vergleich mehrerer Alternativen mit einer Vielzahl von Bewertungskriterien übersichtlicher.
- Dokumentiertes Verfahren. Kann z. B. auch bei der Bewerberauswahl genutzt werden, indem man verschiedene Bewertungsaspekte berücksichtigt (Anschreiben, Präsentation, Vorstellungsgespräch, Berufserfahrung …). Die Dokumentation kann nachher aus als Nachweis bei Klagen wegen Diskriminierung hilfreich sein.
- Die Diskussion wird versachlicht, auch wenn emotionale Aspekte (z. B. Flair) in die Entscheidung einfließen können.

Matrix: Auswahl des Tagungshauses					
Kriterien	**Faktor**	**Alternativen**			
		Mühlenschloss	Akademie	Gasthof Schmidt	Burg Wasem
Preis	× 2	•	•••	••••	••
		1 × 2=2	3 × 2=6	4 × 2=8	2 × 2=4
Raumangebot	× 2	••	••••	•	••
		2 × 2=4	4 × 2=8	1 × 2=2	2 × 2=4
Flair	× 1	••••			•••
		4			3
Erreichbarkeit	× 1		•••	•	•••
			3	1	3
Technik	× 1	••	•••	••	••
		2	3	2	2
Summe		**12**	**20**	**13**	**16**

Varianten: 1. Statt die Bewertungen gemeinsam zu erarbeiten, können Sie die leere Tabelle auch als Vorlage rausgeben und jede Person separat punkten lassen und nachher die Punkte alle in eine Gesamttabelle eintragen. Im Anschluss werden dann die Werte und daraus zu ziehende Konsequenzen diskutiert. **2.** Statt mit Punkten kann man auch mit Symbolen ++ (= sehr gut=, +, O, –, -- (= sehr schlecht) oder Schulnoten (1=sehr gut, 6=schlecht) arbeiten. Im letzteren Fall führen dann wenige Punkte zu einem besseren Ergebnis.

Online: Sie können die Matrix als Dokument teilen und sich dann Spalte für Spalte die Punktzahlen der TN über den Chat anzeigen lassen. Alternativ können Sie auch die Matrix auf einem Whiteboard hochladen und die TN in den Spalten punkten lassen, z. B. wenn Sie mit Zoom arbeiten oder Apps wie Miro, Mural etc.

8.3.12 Mehrpunkt-Abfrage und Gewichtungsverfahren

Kurzprofil der Methode
Unabhängigkeit: hoch
Schutz: hoch
Zeitaufwand: schnell
Struktur: hoch
Konvention: bei guter Anmoderation schnelle Akzeptanz
Gruppendynamik: methodisch regulierend, egalisierend
Aktivierung: alle werden aktiv beteiligt
Raum/Material: Pinnwand oder Flipchart, Marker, Klebepunkte
Online: 1:1 anwendbar.

Einsatz: Auswahl und Priorisierung von zuvor gesammelten und schriftlich festgehaltenen Ideen, Lösungen, Themen, Problemen.

Anwendung: Die Mehrpunkt-Abfrage können Sie bei Stoffsammlungen auf dem Flipchart, einem Fragen- und Themenspeicher und bei Kartensammlungen auf der Pinnwand anwenden. Überlegen Sie, nach welchem Kriterium die Auswahl getroffen werden soll und formulieren und visualisieren Sie eine entsprechende Gewichtungsfragen (siehe Kapitel 4.2.5), z. B. »*Welches Thema ist aus Ihrer Sicht besonders wichtig?*«, »*Welche Themen sollten wir vorrangig behandeln?*«, »*Welches Thema sollen wir uns als Erstes vornehmen?*«, »*Welche Ideen möchten Sie weiterverfolgen?*«, »*Welche Aspekte halten Sie für besonders relevant?*« Zählen Sie, wie viele Vorschläge zur Auswahl stehen und bemessen Sie daran die Zahl der auszugebenden Klebepunkte. Haben Sie beispielsweise 12 Vorschläge gesammelt, können Sie den Teilnehmenden 6 bis 7 Klebepunkte geben. Als Faustformel gilt: Zahl der Themen, geteilt durch 2 plus 1. In diesem Fall wäre das: 12 : 2 = 6 / 6 + 1 = 7. Legen Sie fest, wie viel Punkte man maximal an seinen favorisierten Vorschlag kleben darf, z. B. drei Punkte. Die anderen Punkte können die Teilnehmenden an andere Vorschläge verteilen, die sie auch akzeptabel finden. Anmoderation: »*Ich gebe Ihnen jetzt 7 Klebepunkte. Überlegen Sie, welcher Vorschlag Ihr Favorit ist, den Sie wählen würden, wenn Sie allein entscheiden könnten und markieren Sie diesen mit 3 Klebepunkten. Die anderen vier Punkte können Sie an andere Vorschläge kleben, die auch für Sie infrage kämen. Also kommen Sie nach vorne und markieren Sie Ihre Favoriten. Maximal 3 Punkte an einen Vorschlag!*« Statt der Formel können Sie auch vorgeben, dass jede Person 6 Punkte bekommt, um ihre drei Favoriten mit je 3, 2 und 1 Punkt zu markieren. So können Sie ihre eigene Priorisierung deutlich machen. Bei der Sammlung und Auswahl am Flipchart lässt man gewöhnlich rechts eine Spalte für die Punktauswahl frei. Auf der Pinnwand kann man die priorisierten Cluster markieren.

Beachten Sie: Sorgen Sie auch hier wie bei der Ein-Punkt-Abfrage dafür, dass die Teilnehmenden im Pulk vor den Vorschlägen stehen und die Einzelnen durch die Masse einen gewissen Schutz bei ihrer Auswahl haben. Keine:r soll sich für die eigene Auswahl rechtfertigen müssen.

Nutzen

- Die Teilnehmenden werden persönlich gefragt, was ihnen wichtig ist, und können ohne Sanktionen und Manipulation ihre Gewichtung vornehmen.
- Jede:r hat die gleiche Möglichkeit, auf das Ergebnis Einfluss zu nehmen – unabhängig von Hierarchie oder Persönlichkeit und Temperament.
- Die sachliche Form des Verfahrens (es stehen nur Themen, Ideen und Vorschläge dort, aber keine Namen von Personen), ermöglicht eine Auswahl ohne Gesichtsverlust. Es gibt keine Verlierer.
- Auch wenn ein Thema für diese Sitzung nicht ausgewählt wurde, jedoch eine Menge Punkte auf sich vereinigen konnte, fliegt es nicht aus dem System. Man kann in Phase 4 »Maßnahmen planen« überlegen, wo und wann man sich mit diesem Thema bzw. dieser Idee auseinandersetzen kann, da es ja offensichtlich als wichtig angesehen wird.
- Der Entscheidungsprozess ist transparent, nachvollziehbar und dokumentiert. Das Ergebnis wird in der Folge gut akzeptiert.
- Sie sparen lange Diskussionen über Vorschläge, die ohnehin keine Realisierungschancen in dieser Gruppe haben.
- Durch die aktive Auswahl haben alle auch Verantwortung für das Ergebnis und identifizieren sich entsprechend besser mit dem weiteren Vorgehen.
- Durch die erhöhte Zahl der Punkte müssen sich die Teilnehmenden intensiver mit den Vorschlägen von anderen auseinandersetzen. So können sie zwar ihren eigenen Vorschlag hoch bepunkten, müssen sich aber auch für die Vorschläge anderer öffnen und diese mit Punkten markieren. Das ist gut für den Gruppenzusammenhalt.

- Sollte die ausgewählte Variante A aus irgendwelchen Gründen nicht realisierbar sein, muss man nicht das ganze Verfahren wiederholen, sondern könnte auf den am zweit höchsten bepunkteten Vorschlag zurückgreifen und wäre sich des Einvernehmens der Gruppe in dieser Frage sicher.

Varianten: 1. »Rosinenpicken«. Statt Vorschläge am Flipchart oder Cluster bei Kartensammlungen zu bewerten, kann man auch einzelne Ideen oder Vorschläge aus einer unsortierten Kartensammlung auswählen (siehe anonyme Karten-Abfrage Kapitel 8.3.9, Variante 1). Diese Methode nennt man »Rosinenpicken«. Angenommen, Sie haben 20 verschiedene Karten mit Ideen an der Wand hängen (identische Karten werden zusammengehängt und eingekreist und zählen als eine), können Sie die Auswahl direkt an der Wand an den Karten vornehmen. Legen Sie fest, wie viel Punkte jede:r bekommt, formulieren Sie die Gewichtungsfrage und lassen Sie die Teilnehmenden die Priorisierung direkt auf oder am Rand der Karten vornehmen. Die Höhe der Zahl der Punkte bestimmt ein Stück weit, wie viel Vorschläge nachher in die engere Wahl kommen. Geben Sie bei 20 Vorschlägen 11 Punkte aus, bleiben mehr Karten mit höheren Punktzahlen übrig, als wenn Sie 6 Punkte ausgeben. Welche Variante Sie vorziehen, hängt davon ab, wie Sie weiterarbeiten wollen: Geht es darum, einen, zwei oder mehr Vorschläge übrig zu haben? **2.** Sie können ein und dieselbe Stoffsammlung auch mehrmals nacheinander unter verschiedenen Fragestellungen bepunkten lassen, z. B. eine Sammlung von Lösungsvorschlägen: »*Welche dieser Lösungen ließe sich bei uns ohne größeren Aufwand realisieren?*« Die Teilnehmenden nutzen zum Bepunkten rote Punkte. »*Welcher dieser Vorschläge würde zu einer nachhaltigen Besserung führen?*« Die Teilnehmenden nutzen gelbe Punkte. »*Welcher dieser Vorschläge fände die beste Akzeptanz bei unseren Mitarbeiter:innen?*« Die Teilnehmenden verwenden grüne Punkte.

Online: Sie können das Dokument mit den Vorschlägen teilen und darauf punkten lassen oder direkt mit einem entsprechenden Tool der Videokonferenzsoftware oder einer passenden App priorisieren lassen.

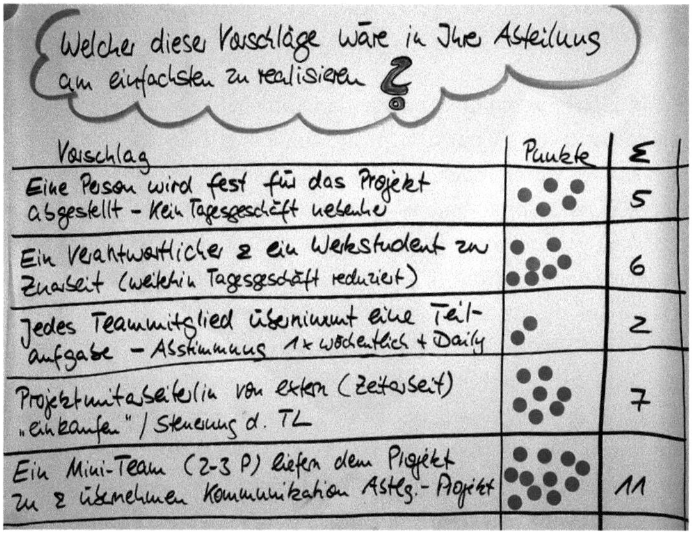

Abb. 35: Auswahl der Mehrpunktabfrage

8.3.13 Mindmap

Kurzprofil der Methode

Unabhängigkeit: mittel, Inspiration durch andere erwünscht

Schutz: mittel, alle Beiträge werden akzeptiert

Zeitaufwand: abhängig von Tiefe der Bearbeitung zwischen 15-45 Minuten

Struktur: mittel – Struktur entwickelt sich durch Beiträge der Teilnehmenden

Konvention: konservative Gruppen reagieren auf solche Methoden eher reserviert bis ablehnend; es braucht gut kommunizierte Gründe

Gruppendynamik: methodisch regulierend, egalisierend

Aktivierung: alle werden aktiv beteiligt

Raum/Material: Pinnwand, Karten, Stifte gleicher Qualität/Farbe, alternativ PC mit Mindmapping-Software

Online: 1:1 übertragbar.

Einsatz: Ideen sammeln, Überblick über ein komplexes Thema bekommen, Neues andenken und planen, Zusammenhänge deutlich machen

Anwendung: Entwerfen Sie eine ansprechende Arbeitsfrage und bereiten Sie eine Pinnwand mit dieser Frage vor.[44]

Verzichten Sie auf eine bürokratische Standardsprache. Ziehen Sie umgangssprachliche Redewendungen vor, die nah dran an Ziel und Zielgruppe sind. Also nicht »*Welche Maßnahmen können wir ergreifen, um unsere Bekanntheit bei jungen Uniabsolventen zu erhöhen?*« Besser: »*Was können wir tun, damit Studierende sagen: »Die Firma/den Laden guck ich mir mal an!*« oder »*Spannende, anspruchsvolle Themen, gute Arbeitsbedingungen, internationales Flair – wie ziehen wir junge Leute, die das attraktiv finden?*« Moderieren Sie das Thema an und geben Sie danach den Blick auf die Fragestellung frei: »*Rufen Sie mir alles zu, was Ihnen einfällt, was wir tun können, um die für uns attraktiven Leute zu uns zu locken? Wir haben hier im Mindmap keine festen Kategorien, sondern schauen bei jedem Punkt, wo wir den hin sortieren können. Wir sammeln erst einmal alles, was uns einfällt und werten erst einmal nicht. Okay? Also los, wie kriegen wir Studierende dazu, dass sie sagen, »Die Firma guck ich mir mal an?*« Besprechen Sie mit der Gruppe gemeinsam, wie sie die Beiträge notieren und zu welcher übergeordneten Kategorie der Beitrag ggf. gehören könnte, um entsprechende Äste am Mindmap eröffnen zu können.

Für einen Beitrag wie »Buch- und Material-Stipendien« könnte man beispielsweise den Ast »(Bildungs-)Sponsoring« eröffnen. Steht dieser Ast da erst einmal, wird er im Laufe der Arbeit ganz von alleine um weitere Ideen in diese Richtung ergänzt, z. B. »Fortbildungsangebote für Studierende«, »Laborpraktika«, »Teilnahme am Programm Deutschlandstipendium des Bundes«. Für ganz andere Beiträge werden entsprechend andere Äste eingezeichnet und mit einer Oberbezeichnung versehen, z. B. der Beitrag »Eigener Website-Bereich für Studierende und Berufseinsteiger« könnte zu »Online-Aktivitäten«, »Prämien für Mitarbeiter:innen, die geeignete junge Leute vermitteln« zur Oberkategorie »Mitarbeiter:innen«, »auffällige Anzeigen mit krassem Foto oder Tierbaby« zu »Marketing-Materialien« zugeordnet werden. Bei dem Tierbabyvorschlag wird es vermutlich sofort Diskussionen geben, »Was soll denn das, wir machen doch nix mit Tieren …« Unterbinden Sie das, z. B. auf diese Weise: »*Ich habe gesagt, dass ich erst mal alle Ideen sammeln möchte, was wir dann später wie realisieren, das entscheiden wir gemeinsam an späterer Stelle. Also Sarah, Du, meinst Material mit einem krassen Foto oder so einem Blickfänger wie Tierbabys könnte man geeignete Studierende anlocken. (Paraphrase) Wie könnte man die Oberkategorie nennen? Oder passt es zu etwas, das wir schon haben?*«

44 Es gibt auch PC-Software zur Erstellung von Mindmaps. Damit kann man auch in einer Gruppe arbeiten, wenn man einen Beamer an den Rechner anschließt, sodass die Visualisierung für alle sichtbar ist. Software zur Erstellung von Mindmaps finden Sie z. B. unter https://www.mindjet.com/de, https://www.xmind.net, https://www.mindmap.ch, https://www.mister-wong.de.

Haben Sie genug gesammelt, wählen Sie mit der Gruppe gemeinsam aus, welche Vorschläge Sie besonders interessant oder vielversprechend finden oder welche sich schnell und unkompliziert realisieren lassen (siehe Kriterien zur Auswahl, Kapitel 4.2.4). Arbeiten Sie die Favoriten genauer aus und legen Sie dann mit dem in Ihrer Organisation üblichen Verfahren fest, welche Maßnahmen wann und durch wen realisiert werden.

Beachten Sie: Auch bei diesem Verfahren ist eine lockere, angstfreie Atmosphäre, in der auch gescherzt und geflachst werden kann, hilfreich für die Ideenfindung. Phasen der Stille lassen Sie zu und fragen weiter: »*Was fällt Ihnen noch ein, was könnten wir noch tun, damit junge, gut ausgebildete Leute auf uns aufmerksam werden und zu uns stoßen?*« Haben Sie ggf. Beiträge »falsch« eingeordnet, ist das nicht weiter schlimm. Mit der Softwarevariante können Sie ohnehin beliebig hin und herschieben. Bei der Papierversion können Sie mit Pfeilen oder Farben Korrekturen vornehmen. Auch ein eventuell am Ende chaotisch anmutendes Mindmap hat immer noch mehr Struktur, gibt mehr Orientierung und lädt zu Assoziationen und neuen Ideen ein, als eine konträr geführte Diskussion ohne visuelle Unterstützung.

Nutzen

- Außer der Arbeitsfrage und Anmoderation ist kein Rahmen gesetzt. Die Gruppe kann also ihre Gedanken und Ideen völlig frei schweifen lassen. So können auch unorthodoxe Gedanken Raum finden.
- Das Modell ist flexibel und trotzdem strukturiert und damit Übersicht gebend.
- Das Mindmap kann beliebig erweitert werden, indem man neue Äste anbaut und bestehende weiter untergliedert. Auf Papier kann man einfach eine weitere Pinnwand dazu nehmen. Die Software hat keine räumliche Begrenzung.
- Alle Beiträge werden notiert. Der Blick auf das, was schon da steht, lädt zu Assoziationen ein. So lassen sich Ideen anderer weiterspinnen, ausschmücken oder als Sprungbrett für eigene Ideen nutzen.
- Auch scheinbar blöde Beiträge können Inspiration für weiterführende Ideen sein, die später als gut befunden werden.
- Es wird viel Stoff generiert. Aus dem Vielen lassen sich nachher leichter gute Ideen auswählen, als wenn man von vorn herein wenig Stoff hat.
- Ist der Anfang erst einmal gemacht, ist es meist ein Selbstläufer.
- Vorschläge können thematisch beliebig springen, ohne dass dadurch Konfusion entsteht. Die Visualisierung gibt Orientierung.
- Weniger Streit in der Gruppe, weil sich das Geschehen auf die Visualisierung konzentriert und weil Sammeln und Bewerten getrennt werden.

Variante: Manche geben schon Äste mit Überkategorien vor. Die Softwareprogramme haben auch entsprechende Strukturvorschläge in ihren Vorlagen. Die Arbeit mit vorstrukturierten Mindmaps führt jedoch dazu, dass das Denken schon sehr in die vorgegebene Richtung gelenkt wird und ggf. weniger originelle und ganz anders geartete Vorschläge kommen.

Online: Einige Boards, z. B. die von Zoom, Mural oder Miro, bieten ein Mindmap-Template an. Alternativ gibt es für Anwendungen im Bildungssektor das Tool TeamMapper kostenfrei und datenschutzkonform, mit dem sich gut kollaborativ mit Mindmaps arbeiten lässt.

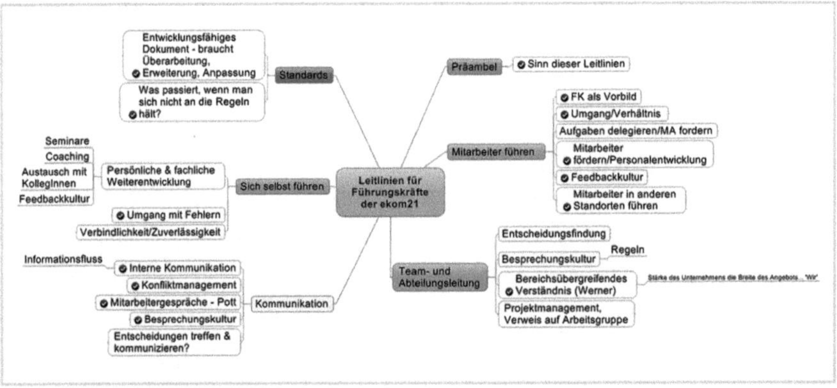

Abb. 36: Mindmap mit Software erstellt

8.3.14 Morphologischer Kasten

Kurzprofil der Methode
Unabhängigkeit: hoch
Schutz: hoch
Zeitaufwand: Erste Ideensammlung 30-45 Minuten – weitere Ausarbeitung im Innovationsworkshop mehrere Stunden
Struktur: hoch
Konvention: bei guter Anmoderation hohe Akzeptanz
Gruppendynamik: methodisch regulierend, egalisierend
Aktivierung: alle werden aktiv beteiligt
Raum/Material: Pinnwand oder Flipchart, Klebepunkte

Einsatz: Entwicklung von neuen Produkten, neue Ideen für Kombinationsmöglichkeiten, Überarbeitung von bereits bestehenden Produkten

Anwendung: Tragen Sie in die senkrechte Spalte der Tabelle charakteristische Komponenten eines Produkts ein und in die waagerechten Zeilen mögliche Varianten dieser Komponente, z. B. in Bezug auf Material, Form oder Farbe. Sie können diesen Teil des morphologischen Kastens schon vorbereiten, wenn Sie über genügend Produktkenntnis verfügen. Trotzdem sollten Sie vor dem Start fragen, ob es noch weitere Varianten für die waagrechten Zeilen gibt und das Modell ggf. um weitere Vorschläge ergänzen. Nun bitten Sie die Gruppe Vorschläge zu machen, welche Kombinationen interessant sein könnten. An dieser Stelle können Sie auch eine Einzelarbeit bzw. Stille-Phase vorschalten (siehe Kapitel 8.3.5), sodass jeder Teilnehmender erst einmal für sich allein mit dem Modell spielen und experimentieren kann. In dem Fall wäre es hilfreich, die Teilnehmenden zeichnen sich den Morphologischen Kasten ab oder Sie geben ihn als Kopie aus. Lassen Sie sich im Anschluss an die stille Arbeitsphase Vorschläge zurufen und verbinden Sie die Kästen entsprechend den Anweisungen der Ideengeber mit Linien. Nehmen Sie unterschiedliche Farben, wenn Sie die Linien entsprechend der Vorschläge ziehen. Das ist übersichtlicher. Haben Sie verschiedene Varianten identifiziert, wählen Sie zusammen mit der Gruppe diejenigen aus, die sie besonders interessant finden und einer weiteren Ausarbeitung und Prüfung unterziehen möchten.

Beachten Sie: Verhindern Sie, dass Ideen und Vorschläge zu einem frühen Zeitpunkt zerredet und schlechtgemacht werden: »*Geht eh nicht, ist viel zu teuer.*«, »*Das kannst Du nicht machen, das bricht, wenn …*« Wenn eine Idee wirklich interessant ist, lassen sich solche Probleme oft lösen. Wenn sie aber zu einem frühen Zeitpunkt als K.o.-Kriterium ins Spiel kommen, wird Innovation schwierig bis unmöglich. Das Motto der Arbeit lautet wie immer bei kreativen Prozessen: »*Jeder Idee eine Chance geben.*« Inspirierend kann auch wirken, wenn Sie solche Innovationsworkshops in ein anderes Ambiente verlegen, also nicht in den normalen Besprechungsräumen, sondern ein zum Wohlfühlen einladendes Umfeld.

Nutzen

- Die ist eine sehr mechanische Form der Ideenfindung. Aber gerade, wenn man sich mit einem Produkt sehr gut auskennt, ist man oft eingefahren und etwas betriebsblind. Man kommt gar nicht auf die Idee, Bekanntes neu zu arrangieren und ganz neu zu denken. Diese Blockade kann mithilfe des morphologischen Kastens überwunden werden.
- Es kann zu originellen und ungewöhnlichen Verbindungen kommen.
- Man kann konzentrierte Einzelarbeit im ersten Schritt und gemeinsames Miteinander-Denken und Entwickeln im zweiten Schritt kombinieren.
- Das »Mechanische« des Kastens lädt ein, Erweiterungen vorzunehmen und so Neuland zu betreten.

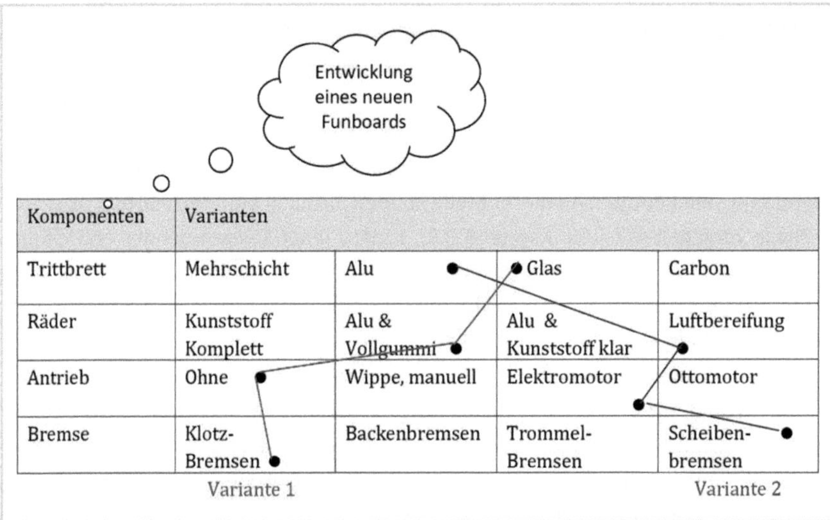

Abb. 37: Morphologischer Kasten

8.3.15 Paar-Interview

Kurzprofil der Methode

Unabhängigkeit: hoch

Schutz: hoch

Zeitaufwand: als Vorstellungsverfahren mit Präsentation hoch, 30-60 Minuten je nach Gruppengröße

Struktur: steuerbar zwischen sehr frei und durch vorgefertigte Fragen stärker strukturiert

Konvention: für konservative Gruppen ungewöhnliches Vorstellungsformat, wird aber meist positiv angenommen

Gruppendynamik: reguliert, egalisierend

Aktivierung: alle werden aktiv beteiligt

Raum/Material: ggf. Flipchart mit Aufgabenstellung

Online: übertragbar.

Einsatz: Kennenlernen von untereinander nicht/kaum bekannten Personen, Neustart einer Gruppe

Anwendung: Bitten Sie die Teilnehmenden, sich eine Person zu suchen, die sie nicht kennen. Aufgabe ist, miteinander ins Gespräch zu kommen und sich über sie interessierende Dinge auszutauschen. Themen werden frei gewählt. Auf einem Flipchart können Sie ergänzend eine Frage bzw. ein Thema festhalten, über die bzw. das sie sich auf jeden Fall auch austauschen sollen (Verbindung zum Thema der Veranstaltung o. ä.). Die Paare sollen sich eine ruhige Ecke suchen, um ungestört reden zu können. Nachher stellen sich die Partner:innen gegenseitig im Plenum kurz vor.

Nutzen

- Teilnehmende müssen nicht direkt in der großen Gruppe sprechen – Erleichterung für introvertierte und schüchterne Personen.
- Jeder wird zu einem frühen Zeitpunkt aktiviert und beteiligt.
- In der fremden Gruppe hat man nachher schon eine vertraute Person.
- Themen kann man variieren und an Veranstaltung und Gruppe anpassen.

Zeitaufwand: Erläuterung, Paarefinden ca. 5 Minuten, Gespräch 10 bis 15 Minuten, Vorstellung in der Runde variiert je nach Gruppengröße 10 bis 20 Minuten. Sagen Sie, dass sie nicht alles erzählen sollen, was sie vom anderen wissen, sondern nur das, was sie meinen, was die Gruppe wissen sollte.

Material: Flipchart mit Fragen, Blöcke und Stifte für die Teilnehmenden

Beachten Sie: Empfehlung: Schreiben Sie den Ablauf der Übung auf ein Flipchart, um Nachfragen zu verhindern. Das Vorstellen erleben manche als Stress. Moderieren Sie es locker an und ermuntern Sie die Beteiligten, einfach informell zu erzählen. Halten Sie gut Blickkontakt zu den Vortragenden, um ihnen Sicherheit zu geben.

Varianten: 1. Sie können die Gruppe vorher auf DIN A4-Zettel Fragen schreiben lassen, die sie von den anderen interessieren würden. Später können sich die Paare in den Interviews dann von den an der Wand hängenden Fragen inspirieren lassen. **2.** Sie können feste Fragen vorgeben, ohne die Teilnehmenden auch über andere Dinge, die sich zufällig ergeben, reden zu lassen. Dadurch lenken Sie stärker thematisch.

Online: Jedes Videokonferenzsystem, in dem man Gruppenräume einrichten kann, ist dafür geeignet, z. B. Zoom oder Teams. Alternativ kann man die Paare aber auch telefonieren lassen. Das würde ihnen ermöglichen, den Raum zu wechseln, rauszugehen und sich zu bewegen.

8.3.16 Paradoxe Abfrage

Kurzprofil der Methode
Unabhängigkeit: mittel, Inspiration durch andere ist Teil der Methode
Schutz: mittel, alle Beiträge werden akzeptiert

Zeitaufwand: Schritt 1 schnell (10-15 Minuten), weiterer Bearbeitung variierend nach Thema und Tiefe, mindestens 30 Minuten.

Struktur: mittel – klare Regeln, klares Vorgehen

Konvention: nicht geeignet für unerfahrene Moderatoren und Moderatorinnen und/oder sehr konservative oder schwierige Gruppen in frühem Stadium der Zusammenarbeit

Gruppendynamik: nur durch Visualisierung und Methodik regulierend

Aktivierung: Beteiligung freiwillig

Raum/Material: Flipchart, Pinnwand, Marker, Alternativ Rechner/Beamer oder Smartboard

Online: 1:1 übertragbar.

Einsatz: Freisetzung von Kreativität, neuen Ideen und Ansatzpunkten

Anwendung: Das Verfahren wird auch Kopfstandtechnik genannt, weil man erst einmal in eine völlig andere Richtung denkt, bzw. einen Sachverhalt aus einer anderen Perspektive betrachtet. Eine Vertriebsleiterin plante mit ihrem Team die jährliche Kundenveranstaltung und wollte Ideen für ein interessantes Abendprogramm. Statt zu fragen »*Wie können wir den Abend für unsere Kunden möglichst anregend zu gestalten?*« fragte sie nach einer kleinen Anmoderation paradox: »*Was können wir tun, damit der Abend möglichst ätzend und langweilig wird? Rufen Sie mir alles zu, was Ihnen einfällt, ich schreibe.*« Nach dem ersten Zuruf kamen zahlreiche Zurufe in hohem Tempo. Negative Dinge fallen den meisten Gruppen viel einfacher ein als konstruktive. Die starken Emotionen bei negativen Erfahrungen sorgen dafür, dass sie besser im Gedächtnis bleiben und leichter abrufbar sind. Es kommen immer auch total übertriebene Beiträge, teilweise absurde Vorschläge, es wird viel gelacht – das sind alles erwünschte Effekte, die Raum für Kreativität lassen. In diesem Fall kamen Zurufe wie endloses, langweiliges, mehrgängiges Essen, kein Alkohol, viel Alkohol, ins Theater gehen, Striptease, 50 Reden und Grußworte, Polonaise tanzen, etc. Nach Beendigung der Sammlung können Sie im zweiten Schritt eine paradoxe Sammlung nutzen, um zu schauen, welcher der notierten Punkte vielleicht Sprungbrett für eine neue Idee sein könnte. Auf diese Weise kommen Sie auf völlig neue Vorschläge, die auf dem direkten Weg sehr wahrscheinlich nicht hätten kommen können. In dem Beispiel kam z. B. die Idee ein Krimi-Dinner zu veranstalten (Krimi = Gegenteil von langweiliges Essen), »kein Alkohol/viel Alkohol« wurde zu Cocktailbar mit exotischen Zutaten/Früchten. Aus Theaterbesuch wurde der Vorschlag, ein Improvisations-Theater zu engagieren, das sich unters Publikum mischt, zunächst gar nicht als Theater erkennbar ist und auf witzige Art und Weise die Gäste aufmischt etc.

Gruppe 1

Was können wir tun, um die Distanz zu den anderen MA (andere Direktorien) zu erhöhen & unser Image noch zu verschlechtern?

Schritt 1 Ideensammlung
Schritt 2 Best of (max 5)
Schritt 3 Wie stellen wir das dar?
Format?
(Einspieler im TV,
Werbeplakat & Marketings-Offensive, Talkshow,
Expertenanhörung ...)

1 Desinteresse, Einsilbigkeit

2 Tür ist geschlossen

3 Prozesse »aufblähen«
(Sprechstunde, Sammelpostfach, Anträge

4 Abstand durch siezen

Abb. 38: Beispiele für eine paradoxe Abfrage

Beachten Sie: Erklären Sie nicht zu viel im Vorfeld. Moderieren Sie an wie immer, also kurze Einführung ins Thema und die heutige Aufgabe, moderieren Sie die paradoxe Frage an und starten Sie schnell. Wenn vorher über Sinn und Unsinn dieses Wegs geredet wird, verpufft die Wirkung. Bleiben Sie ebenfalls locker und spielerisch bei der Entwicklung von neuen Vorschlägen auf Basis der paradoxen Sammlung. Arbeiten Sie nicht ernst und bürokratisch alle Vorschläge von 1 bis 15 systematisch ab, sondern lassen Sie der Gruppe freien Lauf. Sagen Sie »*Okay, Sie haben ja klare Vorstellungen davon, was Sie nicht wollen und wirklich ätzend und langweilig finden. Wenn Sie sich unsere Sammlung jetzt mal anschauen? Was fällt Ihnen ein? Kann man aus dem ein oder anderen Hassvorschlag vielleicht auch etwas Neues, Interessantes, Spannendes machen?*« Notieren Sie auch hier zunächst alle Ideen und treffen Sie erst im Nachhinein eine Auswahl mit Favoriten.

Nicht oder nur nach reiflicher Überlegung anwenden sollten Sie diese Methode in Gruppen, die Ihnen gegenüber kritisch sind oder die sonst in irgendeiner Weise belastet und problematisch sind. Ihre Autorität als Moderator:in sollte akzeptiert sein, das Vertrauen in der Gruppe und zu Ihnen zumindest einigermaßen in Ordnung.

Nutzen

- Das Kreativitätspotenzial von negativen Erinnerungen und Gefühlen nutzen.
- Die Freiheit, nicht vernünftig, konstruktiv und rational sein zu müssen, setzt kreatives Potenzial frei und beflügelt.
- Die krassen Vorschläge sind häufig auch witzig und sorgen für eine gelöste Stimmung in der Gruppe.
- Die Dynamik der Sammlung setzt sonst vorhandene Selektionsfilter außer Kraft und hilft, auch Ungewöhnliches zu Tage zu fördern.
- Die Kopfstandperspektive macht Dinge sichtbar, die sonst verdeckt sind.

Online: Es funktioniert wie eine Zurufabfrage. Das heißt, Sie teilen ein Dokument oder ein Board mit der Fragestellung, moderieren sie an und lassen sich die Vorschläge zurufen oder verschicken und Sie lassen die TN ihre Ideen aufschreiben. Miro bietet für diese Form der Arbeit ein Templet namens Reverse Brainstorm an.

8.3.17 Problem-Analyse-Matrix

Kurzprofil der Methode

Unabhängigkeit: mit Karten hoch, auf Zuruf Beeinflussung durch andere möglich

Schutz: mittel, alle Beiträge werden aufgenommen

Zeitaufwand: mittel bis hoch, je nach Komplexität und Tiefe, für ein Thema ca. 20 (+ X) Minuten

Struktur: hoch

Konvention: logisch-analytische Struktur findet gut Akzeptanz

Gruppendynamik: durch Visualisierung und Struktur regulierend

Aktivierung: Grad der Beteiligung ist freiwillig

Raum/Material: Pinnwand, Marker, ggf. Karten, kombiniert mit Vernissage Kommentarzettel

Online: gut online anwendbar.

Einsatz: Bearbeitung von Problemen, Herausfinden von möglichen Ursachen, Erarbeiten von möglichen Maßnahmen

Anwendung: Sie haben in einem vorigen Schritt mit der Gruppe bereits nicht optimale Punkte oder Probleme z. B. durch eine Karten-Abfrage identifiziert und diejenigen ausgewählt, die bearbeitet werden sollen (siehe Kapitel 8.3.9 und 8.3.10). Alternativ können auch Sie mit einer Problemstellung in die Gruppe kommen und sie bitten, diese z. B. im Auftrag der Geschäftsführung mit der Problem-Analyse-Matrix zu bearbeiten. Das Modell ist simpel und für viele unmittelbar einleuchtend. Es besteht aus einer dreispaltigen Tabelle. Die Spalte 1 benennt die zu bearbeitende Problematik. In Spalte 2 wird gesammelt, was eine mögliche Ursache für das Phänomen in Spalte 1 sein könnte. In Spalte 3 werden Vorschläge zur Beseitigung dieser Ursache gesammelt. Moderieren Sie dies im Konjunktiv an: »*Angenommen X wäre die Ursache für Y, was könnten wir tun, damit Y nicht mehr auftritt?*« Meistens gibt es mehrere mögliche Ursachen und mehrere mögliche Maßnahmen. Geben Sie sich also nie mit einer einzelnen Antwort in der Spalte zufrieden, sondern fragen Sie stets: »*Was könnte man noch tun, damit Y ist nicht wieder auftritt oder die Wirkung von Y eingeschränkt wird?*« (Frage nach weiteren Maßnahmen). Oder fragen Sie: »*Was könnte noch die Ursache für X sein? Was könnte noch passieren, dass X auftritt?*« (Frage nach weiteren möglichen Ursachen). Das Modell eignet sich auch für die Arbeit in Kleingruppen. So kann eine Gruppe das Problem

X, eine andere die Problematik W bearbeiten. Denkbar ist auch, dass Sie verschiedene Gruppen unabhängig voneinander an der gleichen Problematik arbeiten lassen. Am Ende der Bearbeitung überlegen Sie gemeinsam mit der Gruppe, welche Maßnahmen Sie realisieren wollen. Denn Sie werden nicht alle in Spalte 3 vorgeschlagene Maßnahmen realisieren können oder wollen, sondern müssen eine Auswahl treffen.

Beachten Sie: Wenn Sie in Teilgruppen arbeiten möchten, sorgen Sie für passende Räumlichkeiten oder Arbeitsnischen in einem großen Raum und dafür, dass Sie das nötige Material mit vorbereiteter Fragestellung und Aufgabe greifbar haben, um keine Zeit zu verlieren. Arbeiten Sie mit Rechnern, sollte auf jedem Laptop die Problem-Analyse-Matrix (z. B. Tabelle in Word oder Excel) startklar sein. In der Kleingruppenarbeit muss die Gruppe keinen Konsens erzielen, sondern alles hinschreiben und ggf. Strittiges mit einem Blitz-Symbol markieren.

Nutzen

- Die klare und einfache Struktur hilft bei der systematischen und lösungsorientierten Bearbeitung von Problemen.
- Die Struktur zwingt dazu, sich nicht mit einer schnellen Lösung zufriedenzugeben, sondern weiterzudenken und verschiedene Möglichkeiten in Betracht zu ziehen.
- Probleme werden nicht als drückend und schicksalhaft erlebt, sondern als etwas, was verändert werden oder auch gelöst werden kann. Das wirkt aktivierend.
- Die Einfachheit der Struktur gibt Kleingruppen ein gutes Gerüst für eine konstruktive Arbeit. Die Ergebnisse in dieser Struktur lassen sich durch die Visualisierung gut präsentieren und/oder auch in einer Vernissage (siehe Kapitel 8.3.19) besprechen und kommentieren.

Varianten: 1. Das Modell eignet sich auch für die Arbeit in Kleingruppen. So kann eine Gruppe das Problem X, eine andere das Problem W bearbeiten. Denkbar ist auch, dass Sie verschiedene Gruppen unabhängig voneinander an der gleichen Problematik arbeiten lassen, also zwei oder drei Gruppen analysieren separat das Problem X. **2.** Wenn Sie Gruppen parallel verschiedene Probleme in Teilgruppen bearbeiten lassen, können Sie auch nach einer bestimmten Zeit wechseln. Angenommen drei Teilgruppen arbeiten mit der Problem-Analyse-Matrix an drei verschiedenen Problemen X, W und B. Geben Sie den drei Gruppen jeweils einen Stift in einer anderen Farbe, um ihre Analyseergebnisse in die Tabelle einzutragen (wenn Sie mit Software arbeiten entsprechend). Lassen Sie das Thema in ausreichender Zeit bearbeiten (z. B. 20 Minuten) und lassen Sie sie dann weiterziehen zur nächsten Wand mit dem nächsten Problem. Dort treffen sie auf die Bearbeitung der Vorgruppe, die sie prüfen und mit ihrem andersfarbigen Stift kommentieren und ergänzen können. So hat am Ende jede Gruppe zu jedem Problem gearbeitet, bevor Sie im Plenum gemeinsam festlegen, wie sie weiter verfahren wollen.

Die Spaltenüberschriften können dem Problem angepasst werden.

Probleme mit dem Fuhrpark		
Wie äußert sich das Problem?	**Was könnten die Ursachen sein?**	**Was könnten wir dagegen tun?**
Bei Fahrtantritt Tank leer	• Vornutzer achtet nicht drauf	• Vor Rückgabe immer tanken
	• Unwissenheit, Regeln nicht bekannt	• Kontrolle durch Mitarbeiter des Fuhrparks
	•	• Sanktionen im Wiederholungsfall
	•	• Übergabe mit Checkliste oder App zum Checken
	•	• Mit Schlüsselübergabe Unterschrift zur Bestätigung, dass man sich an die vereinbarten Regeln hält.
Fahrzeuge im Hof nicht zu finden	• Kein Hinweis, wo das Auto abgestellt wurde	• Standortkärtchen an die Schlüssel hängen
	•	• Geländeplan aufhängen und Fahrzeuge eintragen
	•	• Feste Stellplätze für jedes Kennzeichen
	•	•

Online: Sie können die Problem-Analyse sehr gut online durchführen. Entweder auf Zuruf, dass Sie die Hinweise und Ideen der TN in einem geteilten Dokument direkt für alle sichtbar aufnehmen oder, indem Sie das Dokument für Kommentare der Teilnehmenden freigeben und die selbst ihre Ideen dort notieren können. Das Instrument eignet sich wegen der klaren und einfachen Struktur auch gut für die Bearbeitung in Kleingruppen. Sie könnten eine entsprechende Tabelle vorbereiten und diese den TN als Werkzeug in den Gruppenräumen zur Verfügung stellen. Die Gruppe kann dann eine Person auswählen, die die Ideen in dem Dokument festhält. Mit dem Instrument können Sie die thematische Arbeit auch auf verschiedene Gruppen verteilen. Gruppe 1 bearbeitet mit dem Tool Problem X, Gruppe 2 Problem Y. Im Plenum können Sie dann das Dokument diskutieren, ergänzen und daraus Entscheidungen generieren. Zoom bietet ein passendes Template dazu an (problem – cause – solution).

8.3.18 Strukturierte Eingangsrunde

Kurzprofil der Methode

Unabhängigkeit: mittel. Höher, wenn man vorher Zeit zum Nachdenken für sich allein hatte. Inspiration durch andere aber durchaus auch erwünscht.

Schutz: mittel, alle Beiträge bleiben unkommentiert stehen.

Zeitaufwand: gering bis hoch je nach Gruppengröße; steuerbar über Zahl und Art der Fragen

Struktur: hoch

Konvention: Grad der Originalität und Konventionalität durch Art der Fragen steuerbar

Gruppendynamik: durch Fragen und Struktur reguliert und egalisierend

Aktivierung: hoch, alle leisten einen Beitrag

Raum/Material: Flipchart, Marker

Online: 1:1 übertragbar.

Einsatz: Flexibles, kreatives Instrument, um Vorstellungsrunden passgenau und abwechslungsreich zu gestalten

Ablauf: Formulieren Sie 2 bis 5 Satzanfänge oder Fragen auf einem Flipchart. Beim Vorstellen beantworten die Teilnehmenden die Fragen bzw. vollenden die Sätze für sie stimmig. Wenn Sie einen Joker-Satz einfügen, z. B. »Was ich der Moderatorin (oder: der Gruppe) noch sagen möchte …«, können auch überraschende, versteckte Themen und Störungen durch die Teilnehmenden angesprochen werden (z. B. dass sie nicht verstehen, warum ausgerechnet sie eingeladen wurden, dass sie heute früher gehen müssen, oder dass sie sich freuen, dass das Thema endlich angegangen wird, weil …)

Nutzen

- Die Teilnehmenden lernen verschiedene Facetten der anderen kennen und können je nach Fragestellung auch bereichs- oder fachübergreifend Gemeinsamkeiten entdecken.
- Jeder Teilnehmender bringt sich zu einem frühen Zeitpunkt persönlich in die Gruppe ein.
- Sie können gezielt die Themen abfragen, die Sie als hilfreich für die gemeinsame Arbeit und den Gruppenfindungsprozess halten.
- Alle erhalten, unabhängig von Status und persönlichem Temperament, die gleiche Redezeit und Aufmerksamkeit.
- Auch möglich: Erfahrungen, Wünsche/Erwartungen, Privates abfragen.
- Mit Joker-Frage auch als Mittel der Störungsprophylaxe nutzbar.

Beachten Sie: Über die Formulierung der Sätze haben Sie Einfluss auf die Atmosphäre. Fragen Sie abstrakt und formell, antworten die Leute abstrakt und formell. Nehmen

Sie umgangssprachliche Wendungen und »normale« Sätze, antworten die Personen lockerer und persönlicher. Wenn Sie fragen »*Funktion?*« bekommen Sie andere Antworten als wenn Sie fragen »*Wofür ich im Unternehmen verantwortlich bin …*« oder »*Womit ich meine Brötchen verdiene …*« »*Was ich mache, wenn ich nicht auf Tagungen bin …*«

Die Fragen müssen zur Gruppe und zum Thema passen. Wenn sich die Teilnehmenden (teilweise) gut kennen, sollten die Fragen so sein, dass auch für sie etwas Überraschendes dabei ist. Mischen Sie neben Fachlichem etwas Persönliches hinein, das erleichtert es den Beteiligten in Pausen und Gruppenarbeit persönlich in Kontakt zu kommen und Vertrautheit zu entwickeln. Mögliche Fragen oder Satzanfänge siehe Kapitel 4.1.5.

Varianten: 1. Sie können wie beim Blitzlicht auf einer Seite beginnen und die Runde dann durchlaufen lassen. Interessanter ist es, wenn Sie sagen »*Wer anfangen möchte, fängt an, wer weitermachen möchte, macht weiter.*« Dann kann jeder nach seinem Temperament sich früher oder später einbringen. Oft passiert es, dass eine Person sich einklinkt, wenn sie mit der Vorrednerin Gemeinsamkeiten hat (die gleiche Sportart, auch seit 1999 im Unternehmen …). Die Gruppe muss sich mit den Augen abstimmen und wacher sein, als eine ritualisierte Runde, die der Reihe nach läuft. **2.** Sie können die Runde mit Material kombinieren, z. B. dass sich die Teilnehmenden eines der ausgelegten Bilder oder einen der Gegenstände greifen sollen und erläutern, was sie damit verbinden.[45]

Online: Auch hier ist die Visualisierung der Fragen wesentlich. Teilen Sie das Dokument mit Ihren Fragen oder Satzanfängen. Bei einer größeren Gruppe ist es sinnvoll, die Reihenfolge der Sprechenden festzulegen (s. Kap. ■■■), z. B. indem man den eigenen Bildschirm teilt und die Reihenfolge der angezeigten Kacheln übernimmt. Bei Zoom kann man die Kacheln auch für alle TN gleich fixieren. Sie können online auch ein Element show&tell (s. Kapitel 7.3.1) integrieren, dass jede:r etwas aus dem eigenen Umfeld zeigt und als Redeanlass nimmt. Somit entsteht eine Verbindung zwischen dem virtuellen gemeinsamen Raum und dem individuellen Raum im Homeoffice oder im Büro der Einzelnen.

45 Vielseitig einsetzbares Bildmaterial findet man in der Bildkartensammlung des Ehepaars Weidenmann, siehe Weidenmann & Weidenmann, 2013. Aber auch Alltagsgegenstände aus Haushalt, Büro, Natur sind geeignet, Symbole, die die Teilnehmenden selbst zeichnen oder eine Postkartensammlung sind geeignet.

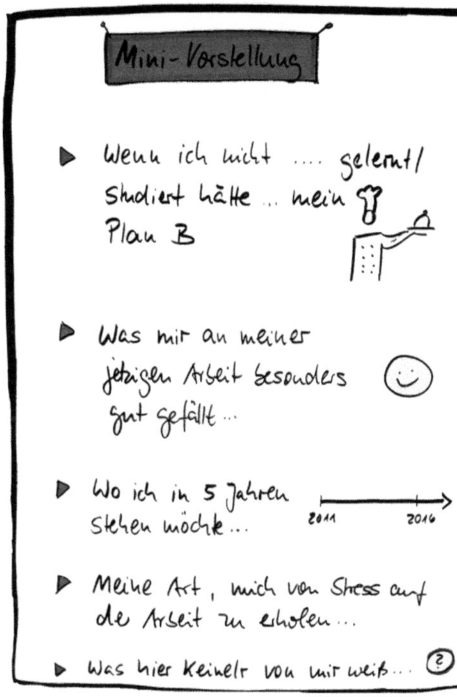

Abb. 39: Die Mini-Vorstellung dient als strukturierte Eingangsrunde für eine Teamentwicklung mit einer Gruppe, in der sich manche gut kennen, andere neu sind.

Eingangsrunde

- In unserem HDM-Netzwerk
  bin ich .....
  verortet & seit .....
  am »Spinnen«

- Jenseits von Netzwerk
  & Hochschule – was
  mich fasziniert | begeistert |
  beglückt .....

Abb. 40: Eingangsrunde mit zwei Fragen

8.3.19 Vernissage

Kurzprofil der Methode

Unabhängigkeit: hoch, selbstbestimmtes Vorgehen

Schutz: hoch, anonyme Kommentare möglich

Zeitaufwand: steuerbar, abhängig von Zahl der Exponate; zwischen 10 und 30 Minuten

Struktur: mittel

Konvention: ungewohnt für konservative Gruppen, aber bei größeren Veranstaltungen sehr sinnvoll

Gruppendynamik: weitgehend ungesteuert

Aktivierung: alle sind auf ihre Weise aktiv

Raum/Material: zu zeigende Informationen oder Arbeitsergebnisse, ggf. Klebezettel, Stifte, Klebepunkte zu Kommentierung

Online: Mit Zoom gut möglich.

Einsatz: Präsentation von Ergebnissen von Teilgruppen, lockerer, ungezwungener, informeller Austausch zu auf der Wand behandelten Themen/Fragen/Vorstellungen, Stumme Diskussion durch schriftliche Kommentare und Markierungen auf Pinnwänden anderer Gruppen, in großen Gruppen auch Kennenlernen von anderen Teilnehmenden.

Anwendung: Für eine Vernissage braucht man Ergebnisse, d. h. es wurde von verschiedenen Gruppen bereits etwas erarbeitet, das nun ausgestellt wird. Die Vernissage ist eine Alternative zur Präsentation im Plenum. Es kann sehr ermüdend sein, wenn mehrere Gruppen nach einer längeren Arbeitsphase im Plenum nacheinander ihre Ergebnisse vorstellen. Bei der Vernissage verteilen Sie die auf Pinnwänden dokumentierten Ergebnisse der Gruppen im Raum. An jeder Pinnwand steht eine Person, die in dieser Gruppe gearbeitet hat und Fragen beantworten kann. Die anderen Teilnehmenden schlendern im Raum herum und schauen sich die Ergebnisse der anderen an. Sie können sich mit anderen, die zur gleichen Zeit dort vor der Wand stehen, über die Inhalte austauschen, können der »Wandbetreuerin« Fragen stellen und Kommentare in Form von Klebezetteln oder Symbolpunkten hinterlassen. Damit alle die Ergebnisse der anderen Gruppe sehen können, sollten die »Wandbetreuer« nach einer Zeit wechseln.

Beachten Sie: Sie müssen die Gruppen bei der Bearbeitung ihrer Themen so anleiten, dass sie nachher auch Ergebnisse in verständlicher Form vorliegen haben. Seien Sie also sorgfältig bei der Entwicklung des Arbeitsauftrags der Teilgruppen (siehe Kapitel 8.3.6) und geben Sie Hinweise, wie sie ihre Ergebnisse festhalten sollen, damit sie nachher präsentierbar sind. Dass die Gruppen das dafür nötige Material zur Verfügung haben, ist selbstverständlich.

Nutzen

- Nach einer intensiven Gruppenarbeit freuen sich die Teilnehmenden über ein lockeres Format, das Freiräume lässt.
- Diese Form der Darstellung weckt Neugierde. Man interessiert sich für das, was die anderen produziert haben.
- Die Möglichkeit, Kommentare zu hinterlassen, erhöht die Spannung und Neugierde der anderen.
- Die sich anschließende Diskussion im Plenum wird straffer und gezielter, da der Präsentationsteil wegfällt. Nur die unklaren, strittigen Dinge werden diskutiert.
- Das Verfahren ist sehr gut auch für große Gruppen geeignet.
- Man kommt auf ungezwungene Art mit Personen in Kontakt, die man ggf. bis dahin nicht so gut kannte.

Online: Bei Zoom kann man Gruppenräume so einstellen, dass die Teilnehmenden sich selbst aufsuchen können. Sie können es also einrichten, dass die Einzelnen z. B. nach einer Gruppenarbeit die anderen Gruppen besuchen und sich ihre Arbeit anschauen oder erklären lassen. Es wäre gut, wenn jeweils eine Person als Gastgeber:in in der Gruppe bleibt, Rede und Antwort stehen kann oder ggf. auch Kommentare, Fragen und Kritik notiert. Gerade wenn Gruppen sehr groß sind, sodass es zu anstrengend wäre, mehreren Präsentationen im Plenum zu lauschen, ist dies eine gute Form sich über die Arbeit der anderen zu informieren und ins Gespräch zu kommen.

8.3.20 Vier-Felder-Tafel

Kurzprofil der Methode
Unabhängigkeit: Bei Einsatz von Karten hoch, auf Zuruf mittel
Schutz: mittel, alle Beiträge werden aufgenommen
Zeitaufwand: mittel bis hoch, je nach Komplexität und Tiefe, pro Vorschlag mindestens 15 Minuten
Struktur: hoch
Konvention: bei guter Anmoderation findet der systematische Ansatz gute Akzeptanz
Gruppendynamik: durch Visualisierung und Struktur regulierend
Aktivierung: Grad der Beteiligung ist freiwillig, ggf. durch gezielte Ansprache Einzelner zu erhöhen
Raum/Material: Pinnwand (ggf. Karten, Stifte), alternativ Rechner/Smartboard
Online: gut übertragbar.

Einsatz: Abwägen von Lösungsmöglichkeiten, Vorbereitung von Entscheidungen, Prüfung von Favoriten, Vergleich von jetziger Praxis mit alternativem Vorgehen

Anwendung: Die Methode heißt Vier-Felder-Tafel, weil mögliche Vorschläge und favorisierte Lösungen in vier Feldern nach vier Kriterien analysiert werden (Anwendungsbeispiel siehe auch Kapitel 4.3.4).

Schritt 1: Prüfen auf Vor- und Nachteile. Der erste Teil der Arbeit läuft genauso wie bei einer Zwei-Felder-Tafel (siehe Kapitel 8.3.23). Sie prüfen eine Lösungsmöglichkeit systematisch und neutral auf die Vorteile hin, die man sich von der Umsetzung dieser Lösung erhofft und hinsichtlich der Nachteile und Risiken, die möglicherweise mit dieser Lösung verbunden sind. Fragen Sie dabei Plus und Minus parallel ab. Dem einen fällt mehr hierzu ein, der anderen mehr dazu. Sorgen Sie dafür, dass beide Felder sich füllen. Wenn viele Vorteile, aber wenig Nachteile genannt werden, fragen Sie gezielt nach: »*Was könnte ggf. problematisch werden, wenn wir die Lösung X bei uns im Unternehmen in die Praxis umsetzen?*« Nennt die Gruppe vorwiegend Nachteile, verfahren Sie entsprechend umgekehrt: »*Was für Vorteile könnten wir davon haben, wenn wir X einführen?*« Notieren Sie auch strittige Antworten. Es geht nicht um Konsens in der Einschätzung, sondern um die Sammlung der möglichen Für und Wider.

Schritt 2: Ideensammlung zum Ausgleich von Nachteilen und Problemlösung. Im zweiten Schritt überprüfen Sie die mögliche Lösung daraufhin, ob und wie man mögliche Nachteile ausgleichen, bzw. mit dem Vorschlag verbundene Probleme lösen könnte (3. Feld im Uhrzeigersinn).

Schritt 3: Prüfung der Umsetzung. Im letzten Schritt, also dem vierten Feld der Vier-Felder-Tafel, notieren Sie, was die nächsten Schritte sein müssen, wenn man sich für diese Lösung entscheidet. Manchmal stellt man bei diesem Analyseschritt fest, dass es bei der Umsetzung noch weitere Schwierigkeiten gibt, die es zu bedenken gilt. In dem Fall müssen Feld 2 (Mögliche Nachteile/Probleme) und 3 (Nachteile ausgleichen) ggf. ergänzt werden.

Schritt 4: Analyse von Alternativlösung nach dem gleichen Verfahren (siehe Schritt 1 bis 3). Die Analyse mit der Vier-Felder-Tafel wenden Sie auf die anderen zur Debatte stehenden Lösungsvorschläge bzw. im Vorfeld ausgewählte Favoriten an. Das heißt, wenn Sie zwei alternative Lösungsmöglichkeiten mit einer Gruppe diskutieren wollen, bereiten Sie zwei Vier-Felder-Tafeln auf einer Pinnwand oder im PC vor.

Schritt 5: Optimierung einer Variante. Die Analyse ist die Basis für die Entscheidungsvorbereitung. Häufig ergibt sich, dass man weder die eine noch die andere Variante eins zu eins umsetzt, sondern dass man einen Favoriten mit Vorteilen des anderen anreichert, also eine Hybridlösung, bzw. eine Lösung, die genauer an die Situation und die Gruppe angepasst ist. Beispiel: Bei der Frage, ob man eine bestehende Software mit der Manpower der eigenen IT-Abteilung erweitert, oder ob man den Entwicklungsauftrag an eine externe Firma vergeben soll, könnte die Analyse der beiden Lösungen zu einem dritten Weg führen, nämlich dass man die Projektleitung übernimmt und einen eigenen sachkundigen Entwickler für dieses Projekt abstellt, aber das Team mit externen Entwicklern bestückt.

+	–
• .... • .... •	• .... • .... • ....
Nächste Schritte • .... • .... •	Nachteile ausgleichen • .... • .... • ....

Abb. 41: Vier-Felder-Tafel (vgl. auch Abb. 25)

Beachten Sie: Moderieren Sie die zur Diskussion stehenden Alternativen neutral an. Man darf Ihrer Moderation nicht anhören, welchen Vorschlag Sie favorisieren. Nehmen Sie aussagekräftige, neutrale Bezeichnungen für die Alternativen, also nicht A und B bzw. 1. und 2. Vorschlag, da diese Bezeichnung schon eine Wertung beinhaltet. Verzichten Sie auch auf die Benennung der Urheber der Lösungen, also nicht Vorschlag »HR-Abteilung«, Vorschlag »Team Management«. Personalisierung von Diskussionen führt zu verstärkten Konflikten. Man kämpft dann nicht mehr nur um die Sache, sondern um die eigene Ehre. Wir versuchen konsequent die Sache im Fokus zu haben und die Ehre aller gleichermaßen zu wahren.

Nutzen

- Jede:r Vorschlag wird der gleichen sorgfältigen Analyse unterworfen. Es wird deutlich, dass jeder Vorschlag Vor- und Nachteile hat. Es wird deutlich, dass es die optimale Lösung nicht gibt, sondern jede Lösung defizitär ist. Entscheidend ist am Ende die Umsetzbarkeit. Mit welchen Nachteilen/Risiken können wir in unserer jetzigen Situation und Besetzung am besten umgehen? Welche Vorteile sind unter den jetzigen Bedingungen die für uns wichtigsten? Wie müssen wir die Lösung anpassen, dass wir sie verantworten und umsetzen können?
- Diese sachliche, ernsthafte Prüfung aller zur Diskussion stehenden Lösungen wird allgemein als fair angesehen und akzeptiert.
- Keine Lösung wird als solche abqualifiziert. Die Vorschläge werden unabhängig von der Person diskutiert, die diese gemacht hat. Wenn man sich nachher für eine der Favoriten entscheidet oder einen 3. Weg bzw. eine Hybrid-Lösung entwickelt, gibt es keine Gewinner oder Verlierer. Das Gesicht aller kann gewahrt werden.

- Wenn man sich entscheidet, kennt man die Risiken der Entscheidung genauer, weil man sie geprüft hat. Durch die sorgfältige Analyse und den Fakt, dass alle Vorteile und Bedenken berücksichtigt werden, sinkt die Fehlerquote von Entscheidungen.
- Entscheidet nicht die Gruppe, sondern ein anderes Gremium, kann man die Analyse der Vier-Felder-Tafel sehr gut zu einer Entscheidungsvorlage nutzen.

Variante: Die SWOT-Analyse ist ein bekanntes und viel genutztes Modell einer Vier-Felder-Tafel. Sie dient weniger dem Vergleich von alternativen Lösungsvorschlägen, sondern wird als Analyseinstrument für das strategische Management genutzt. Grundgedanke und Arbeitsweise mit der Gruppe sind identisch: Es geht um die systematische, offene Analyse einer Situation unter vier verschiedenen Aspekten. Die vier Felder der SWOT-Analyse lauten: Stärken (S=Strenghts), Schwächen (W=Weaknesses), Chancen (O=Opportunities), Gefahren (T=Threats).[46]

Online: Die meisten Boards haben eine Vier-Felder-Struktur im Angebot. Bei Microsoft heißt die Vorlage Kosten-Nutzen-Analyse, bei Zoom Swot oder 2x2-Raster, bei Miro eignet sich das Template Quick Retrospective und bei Mural Stärken-Schwächen-Chancen-Risiken für eine Vier-Felder-Abfrage. Die Überschrift der Felder lässt sich an die individuellen Fragestellungen anpassen. Also auch wenn das Template mit Chancen – Risiken beschriftet ist, können Sie die Überschrift austauschen und spezifischer auf Ihr Thema zuschneiden. Die Felder können von Ihnen auf Zuruf gefüllt werden oder über einen Link für das Board von den TN selbst ausgefüllt werden. Das Ausfüllen ersetzt allerdings nicht die Diskussion. Sie können die TN erst die Felder füllen lassen und dann mit ihnen in die Diskussion einsteigen.

8.3.21 World-Café

Kurzprofil der Methode
Unabhängigkeit: mittel bis hoch
Schutz: mittel bis hoch, je nach Zusammensetzung der Kleingruppe
Zeitaufwand: hoch; je nach Gruppengröße und Zahl der Café-Tische sollten Sie mindestens 2 Stunden einplanen.
Struktur: mittel
Konvention: kommunikativer Ansatz der Selbststeuerung der Gruppen ist für konservative Organisationen ungewöhnlich
Gruppendynamik: in der Kleingruppe frei, durch Aufgabenstruktur etwas regulierend
Aktivierung: Grad der Beteiligung ist freiwillig, ist jedoch meist hoch

46 Wie eine SWOT-Analyse für Existenzgründer aussehen kann bzw. wie Sie sie selbst durchführen können, wird auf folgender Website verständlich dargestellt:

Raum/Material: diverse Vorbereitungen, s. unten im Text

Online: möglich, erfordert aber souveränen Umgang mit z. B. Zoom/Teams und Miro/Mural o. ä.

Einsatz: Thematischer Austausch in großen Gruppen – verschiedene Perspektiven zusammenbringen, parallele Bearbeitung unterschiedlicher Themen oder unterschiedlicher Aspektes eines Themas, Feedback zu bereits erarbeiteten Vorschlägen und/oder Verbesserungsvorschläge geben, Möglichkeit, auch kritische Meinungen in einem geschützten Rahmen zu platzieren, Inspiration durch Beiträge anderer, freier, ungezwungener Austausch

Anwendung: Die Idee hinter dem World-Café ist die Beobachtung, dass Menschen in einem ungezwungen, freundlichen Umfeld, wie z. B. in einem Café besser und müheloser miteinander in Austausch kommen als in einem klassischen Sitzungs-Setting. Die Methode World-Café versucht, das Caféhaus-Feeling in die Arbeit mit Gruppen zu übertragen. Die Gruppe sollte eine gewisse Mindestgröße haben (mindestens 20).

Schritt 1: Bereiten Sie mehrere im Raum platzierte Tischgruppen mit 4 bis 6 Plätzen (je nach Gruppengröße) vor. Jede Tischgruppe wird mit Papier bespannt. Verschieden farbige Stifte werden ausgelegt. Für jeden Tisch sollte eine Person als Gastgeber:in fungieren. Sie begrüßt die neu Ankommenden, verabschiedet die Gruppe, informiert kurz, was bisher an diesem Tisch gelaufen ist. Der/die Gastgeber:in kann auch als Dokumentar:in mit Rechner am Tisch platziert sein, wenn man statt der Dokumentation auf Tischdecken die Meinungen der Gruppen am PC dokumentiert.

Schritt 2: Bereiten Sie Fragestellungen für jeden Tisch vor. Sie können an den Tischen auch inhaltliche Inputs platzieren, die zunächst gelesen werden müssen, bevor die Gruppe miteinander in Austausch geht, Notizen auf dem Packpapier hinterlässt oder der Dokumentarin Inhalte zur Dokumentation im Rechner zuruft.

Schritt 3: Planen Sie die Gruppen. Wie sollen sie zusammengesetzt sein? Geben Sie das vor? Sollen die Teilnehmenden sich selbst zu Gruppen zusammenfinden? Gruppenbildung nach Zufallsprinzip (z. B. Nummern ziehen)? Nach einem anderen Prinzip (siehe Kapitel 8.3.6)? Was wäre für die inhaltliche Arbeit und die Gruppendynamik sinnvoll? Bereiten Sie das für die Gruppenbildung nötige Material vor.

Schritt 4: Moderieren Sie das Verfahren an. Sagen Sie etwas zum Thema der Veranstaltung, zum Ziel und erläutern Sie den Ablauf des Verfahrens und die Regeln. »*Sie sehen hier vier (fünf? sechs?) verschiedene Tischgruppen. Jeder Tisch hat einen eigenen Themenschwerpunkt. Sie werden mit Ihrer Gruppe in den nächsten 2 Stunden jeden Tisch besuchen und sich ca. 15 bis 20 Minuten zu dem dortigen Thema austauschen und Ihre Meinungen, Vorschläge und Kommentare dort hinterlassen. Wenn Sie feststellen, dass*

Sie bei bestimmten Fragen unterschiedlicher Meinung sind, schreiben Sie das ruhig hin (bzw. diktieren Sie das unserem Dokumentar). Uns ist wichtig, alle Aspekte, Gedanken, Fragen und Argumente zu den jeweiligen Themen kennenzulernen. Ich werde nach 15 Minuten mit dieser Glocke läuten, dann wissen Sie, Sie haben noch 5 Minuten Zeit, bevor Sie zum nächsten Tisch wechseln. Wenn ich zweimal hintereinander läute, ist Wechselzeit. Wandern Sie dann mit Ihrer Gruppe zum nächsten Tisch (im Uhrzeigersinn). Alles klar? Jetzt geht jede Gruppe an einen Tisch und von dort aus starten wir.«

Die auf den Tischdecken dokumentierten Ergebnisse können Sie in Form einer Vernissage (siehe Kapitel 8.3.19) ausstellen und besprechen lassen. Wenn Sie sich für die Dokumentation per Laptop entschieden haben, können im Anschluss die Dokumentator:innen die Ergebnisse im Plenum vorstellen. Da in der Regel sehr viel Stoff zusammenkommt, erfolgt die weitere Bearbeitung in der üblichen Struktur der Organisation. Am Ende der Veranstaltung sollte transparent gemacht werden, wie im Weiteren mit den Anregungen, Vorschlägen und Empfehlungen umgegangen wird.

Beachten Sie: Wenn Sie mit einer großen Gruppe im World-Café-Stil arbeiten, muss die Logistik sehr gut organisiert sein, damit kein Chaos entsteht. Materialien an den Tischen, ausformulierte Themen, Fragestellungen ggf. mit Zusatzmaterial und Infos, Gastgeber:innen ggf. mit der zusätzlichen Funktion als Dokumentatoren an den Tischen incl. Rechner (wenn Sie sich für diese Variante der Dokumentation entscheiden), ein intelligentes Gruppenbildungsverfahren – das alles muss im Vorfeld gut vorbereitet sein.

Nutzen

- Die Geräuschkulisse der an den Tischen diskutierenden Gruppen (tatsächlich Caféhaus-Atmosphäre) und die hinterlassenen Kommentare, die für die Folgegruppen auch sichtbar sind (bei der Papiervariante auf den Tischen) wirken anregend.
- Da es keine Aufpasser gibt, trauen sich die Teilnehmenden auch, ungezwungener zu reden und zu schreiben.
- Da man die Themen der einzelnen Tische im Vorfeld nicht kennt, bleibt die Neugierde erhalten.
- In der kleinen Gruppe sind die Einzelnen aktiver, lebendiger und bringen sich mehr ein.
- Man kann in der Form keine endgültigen Lösungen erarbeiten und verabschieden, bekommt aber sehr viel Material und Hinweise, die in der Organisation für die weitere Arbeit genutzt werden können.
- Wenn sonst nicht eng miteinander arbeitende Personen miteinander in Austausch kommen, entstehen neue Perspektiven.
- Die Arbeit mit sonst weniger bekannten Kolleg:innen erweitert das Verständnis für deren Arbeitsfelder und fördert Verständnis und Vernetzung.

Material: Bestuhlung des Raums in Tischgruppen, Tische mit Papier fest bespannen (Papiertischdecken oder mehrere Schichten Packpapier), verschieden farbige Marker, ausformulierte Frage- und Aufgabenstellung pro Tisch, ggf. thematischer Input am Tisch. Alternativ zum Festhalten der Inhalte auf Papier pro Tisch eine Person, die sich nicht in die Diskussion einmischt, sondern Inhalte auf Zuruf der Gruppe im Rechner notiert. Material zur Gruppenbildung. Kennen die Teilnehmenden sich nicht, sollten alle Namensschilder ggf. mit zusätzlichen Informationen (Firma, Standort, Abteilung) tragen.

Online: Sie brauchen ein Videokonferenzsystem, in dem sich Gruppen bilden lassen und ein Tool für kollaboratives Arbeiten wie Miro oder Mural. Alles andere beruht vor allem auf guter Vorbereitung und gekonnter Moderation von prozessorientiertem Arbeiten. Für größere Gruppen braucht es mehrere Moderatoren und Moderatorinnen und auch eine Ansprechperson für technische Fragen. Wenn Sie schon öfters online kreativ und prozessorientiert mit Gruppen gearbeitet haben und dabei mehrere Räume parallel genutzt haben, können Sie auf eigene Erfahrungen bauen. Die brauchen Sie auch, um ein Open Space online zu planen und zu moderieren. Das ist definitiv nichts für Anfänger.

8.3.22 Zurufabfrage

Kurzprofil der Methode
Unabhängigkeit: Ablenkung und Beeinflussung durch andere möglich
Schutz: mittel, in der Regel werden alle Beiträge werden aufgenommen
Zeitaufwand: gering, je nach Thema, Tiefe und Gruppengröße 5-20 Minuten
Struktur: mittel, Strukturierung durch Fragestellung und Visualisierung
Konvention: unmittelbar einleuchtend und dadurch hohe Akzeptanz
Gruppendynamik: durch Visualisierung und Struktur regulierend
Aktivierung: Grad der Beteiligung ist freiwillig
Raum/Material: Flipchart, Marker oder PC/Smartboard, ggf. Karten
Online: 1:1 übertragbar.

Einsatz: Sammlung von Ideen, Vorschlägen, Problemen, Themen

Anwendung: Notieren Sie eine Arbeitsfrage auf dem Flipchart oder einer PC-Anwendung, moderieren Sie die Frage an und fordern Sie die Gruppe auf, Ihnen Antworten zuzurufen. »*Okay, ich bin bereit. Was fällt Ihnen ein zu … Rufen Sie mir Ihre Vorschläge zu, ich schreibe.*« Wenn ein Teilnehmender redet, hören Sie gut zu und fragen Sie nach, wie Sie diesen Vorschlag notieren sollen oder machen selbst einen Vorschlag, wie man den Gedanken zur Visualisierung festhalten könnte. Formulieren Sie möglichst anschaulich, konkret und nah am Wortlaut der Person. Wenn Sie die Beiträge zu abstrakt, formell oder kurz aufzeichnen, weiß nachher keine:r mehr, was eigentlich damit gemeint war. Ihre Aufzeichnung sollte das ausdrücken, was die Person wirklich gemeint hat. In der Sammlungsphase werden nur Verständnisfragen geklärt, nicht diskutiert. Nehmen Sie alle Vorschläge auf, auch solche, von denen Sie selbst oder Teilnehmende denken, dass sie nicht infrage kommen (siehe Kapitel 4.2). Schauen Sie die Teilnehmenden an und hören Sie gut zu, wenn sie sprechen. Wenden Sie sich nur zum Schreiben kurz ab.

Beachten Sie: Manchmal dauert es, bis der erste Beitrag kommt. Warten Sie so lange und blicken Sie mit dem Stift in der Hand oder der Tastatur im Anschlag erwartungsvoll und optimistisch in die Runde. Bei einer gut anmoderierten Frage kommen immer Antworten, allerdings haben viele Menschen eine Scheu, anzufangen. Haben Sie ein oder zwei Beiträge gesammelt, läuft der Prozess zumeist von alleine. Nachdem eine Zahl von Beiträgen gesammelt wurde, gibt es oft eine Art Flaute. Die Gruppe ist still. Hören Sie jetzt nicht auf, sondern ermuntern Sie sie und wiederholen Sie die Leitfrage: »*Was fällt Ihnen noch ein, was könnte noch ...*«. Lassen Sie die Stille zum Denken zu. Oft kommen nach einer solchen Flaute noch sehr interessante Beiträge. Gerade introvertierte und selbstkritische Menschen trauen sich oft erst in einer solchen Ruhephase etwas beizutragen. Das Nachdenken führt dazu, dass auch neuartige Aspekte oder Themen kommen, die die Sammlung qualitativ bereichern.

Nutzen

- Die Gruppe bleibt durch den Verzicht auf die inhaltliche Diskussion im Sammelmodus, das hilft beim Nachdenken.
- Die Visualisierung der bereits vorhandenen Vorschläge wirkt inspirierend. Die Ideen von anderen dienen als Sprungbrett für eigene Ideen.
- Durch die Visualisierung geht keine Idee geht verloren.
- Da die Vorschläge nicht gewertet werden, trauen sich die Teilnehmenden auch Dinge zu sagen, bei denen sie nicht ganz sicher sind. Die Hemmschwelle, sich zu beteiligen, sinkt dadurch.
- Ideen stehen für sich und sind nicht an Personen gebunden. Das hilft auf dem Weg zu einem besseren Mit- statt Gegeneinander.
- Die Frage, welche Ideen oder Themen weiterverfolgt werden sollen, kann in der Folge systematisch nach klaren Kriterien erfolgen und ergibt sich nicht durch eine zufällige Diskussion.

Variante: Ergänzend zur Frage können Sie auch eine Zeichnung nehmen, die als Ausgang für die Zurufabfrage genutzt wird. Beispiel: Eine Fertighausbaufirma will eine »Billiglinie« entwerfen. Zeichnen Sie auf das Chart grob die Skizze eines Hauses und fragen Sie dann »*Wo könnten wir Einsparungen vornehmen?*« Notieren Sie die Antworten dann direkt in Verbindung zur Zeichnung, z. B. bei einem Vorschlag zum Dachbelag ziehen Sie eine Linie vom Dach und notieren Sie den Vorschlag in Dachnähe. Bei einem Vorschlag zu Fenstern, Isolierung, Innenausbau entsprechend. Die bildhafte Darstellung wirkt oft inspirierend und erleichternd.

Online: Eine Zurufabfrage lebt davon, dass die TN sich mit ihren Beiträgen gegenseitig inspirieren. Da darf es ruhig auch mal durcheinander gehen. Sie können ja nachfragen, wenn Sie etwas nicht verstanden haben. Bitten Sie die TN, ihre Mikros eingeschaltet zu lassen, damit sie schneller zurufen können, was ihnen in den Kopf kommt. Online haben sich schriftliche Formate mehr verbreitet. Im Microsoft-Whiteboard, bei Zoom, Miro und Mural finden sich unterschiedlichste Struktur- und Dokumentationsformen unter dem Stichwort »Brainstorming«. Gerade Mural bietet sehr viele unterschiedliche Formate für die Ideenfindung an.

Verbesserungsvorschläge für unsere Vorgesetzte: (unabhängig vom Team)

- Sie sollten sich täglich (möglichst) im Labor zeigen & mehrmals aktiv Kontakt | Kommunikation zu ihren MA suchen (möglichst vormittags wg. Halbtagskräften)
- es wird große Distanz zw. Vorgesetzten & Team erlebt – Chefs kriegen oft nicht mit, was | wie läuft & welche Konsequenzen kurzfristige Änderungen bewirken (gerade in großen Teams)
- Sollten mehr Interesse an den Abläufen | Orga zeigen, sich mehr um die Leute kümmern
- sollten erreichbar sein bzw. informieren, wann | wie lange sie nicht erreichbar sind

Abb. 42: Beispiel für Zurufabfragen

8.3.23 Zwei-Felder-Tafel

Kurzprofil der Methode
Unabhängigkeit: mit Karten hoch, auf Zuruf höhere Beeinflussung durch andere
Schutz: bei Karten hoch; auf Zuruf mittel – alle Beiträge werden aufgenommen
Zeitaufwand: gering bis mittel (10-30 Minuten)
Struktur: hoch
Konvention: systematische Analyse findet leicht Akzeptanz
Gruppendynamik: durch Visualisierung und Struktur regulierend

Aktivierung: Grad der Beteiligung ist freiwillig

Raum/Material: Mit Papier bespannte Pinnwand oder 2 Flipcharts, ggf. Karten zweier verschiedener Farben, alternativ PC/Smartboard

Online: 1:1 übertragbar.

Einsatz: Systematische und unvoreingenommene Analyse einer Situation oder eines Lösungsvorschlags nach zwei vorgegebenen Fragestellungen.

Anwendung: Die Zwei-Felder-Tafel kann in Situationen eingesetzt werden, in denen es darum geht, die positiven und negativen Aspekte einer Situation oder einer Lösung herauszuarbeiten oder einen Sachverhalt von verschiedenen Aspekten her zu analysieren. Sie entwerfen auf einer Pinnwand oder am PC eine Tabelle mit zwei Spalten, formulieren eine Themen- oder Fragestellung und zwei Überschriften für die jeweiligen Spalten. Oft werden die Spalten sprachlich oder mit Symbolen konträr besetzt, wie z. B. Plus – Minus; lachender Smiley – ablehnender Smiley; volles Glas – leeres (oder fast leeres) Glas; Daumen hoch – Daumen runter; Was spricht dafür? –Was spricht dagegen? Welche Vorteile hätte das für uns? – Welche Probleme könnten dabei auftauchen? Was hat sich bewährt/wollen Sie beibehalten? – Was hat Sie gestört/würden Sie gerne ändern? Interessen der Kunden – Interessen der Mitarbeiter:innen; Wo sind wir stark? – Wo sind wir schwach? Was ist Fakt? – Was sind Vermutungen?

Lassen Sie sich die Antworten zurufen und tragen Sie sie in die Tabelle ein. Lassen Sie sich beim Sammeln die Argumente nur erklären und notieren Sie alles, auch wenn die Gruppe darüber keinen Konsens hat. Manchmal sieht einer etwas als Vorteil, was die andere als Nachteil betrachtet. In solchen Fällen stimmen Sie nicht in der Gruppe ab, sondern notieren Sie den Sachverhalt zweimal, jeweils in einer Spalte. Bei der Zwei-Felder-Tafel geht es nicht darum, letzte Wahrheiten oder Mehrheitsmeinungen zu bekommen, sondern die unterschiedlichen Perspektiven, Aspekte, und Argumente in einem Medium zu sammeln. Einzelmeinungen können dabei durchaus relevant sein, helfen bei der Prüfung von Sachverhalten und mindern die Fehlerquote von Entscheidungen.

Nutzen

- Die Visualisierung verschiedener konträrer Aspekte versachlicht die Diskussion und mindert das Konfliktpotenzial zwischen Personen.
- Die Methode zwingt die Gruppe, sich für das Denken in Ambivalenzen zu öffnen. Keine Lösung und keine Situation ist nur gut oder nur schlecht.
- In freien Diskussionen, betonen die Befürworter einer Lösung grundsätzlich nur die Vorteile und versuchen eine Diskussion über Nachteile zu unterbinden. Kritiker einer Situation betonen nur das Negative, ohne dem Funktionierenden Aufmerksamkeit zu schenken. Die Zwei-Felder-Methode hilft, die Diskussion zu versachlichen und ein realistisches Bild zu bekommen.

- Die Visualisierung nimmt Tempo aus der Diskussion und zwingt zu einer gründlichen Prüfung.
- Viel-Redner:innen werden ausgebremst. Sie könne nur beitragen, wenn sie einen neuen Punkt einbringen, da jeder Aspekt nur einmal aufgenommen wird.
- Es wird deutlich, dass nicht einer Recht und eine Unrecht hat, dass nicht das Eine gut, das Andere schlecht ist, sondern dass jede Lösung, jede Änderung einer bestehenden Situation neben Vorteilen wieder neue Nachteile und Probleme generiert, die es zu bearbeiten gilt.

Varianten: 1. Bei tabuisierten Themen und verstrittenen Gruppen können Sie die Inhalte der Zwei-Felder-Tafel auch mit Karten abfragen. Arbeiten Sie in dem Fall mit zweifarbigen Karten, z.B. Antworten für die linke Spalte gelb, für die rechte Spalte grün. Sollten Aspekte fehlen, können Sie die im Anschluss per Zuruf ergänzen lassen. **2.** Man kann konkurrierende Lösungsvorschläge oder Szenarien parallel in Klein- oder Halbgruppen bearbeiten lassen. Ist die Fragestellung klar, wird die Gruppe durch die einfache Struktur geleitet. Beispiel: »*Einführung von Homeoffice-Tagen in unserem Team. Was hätte das für Vorteile (für Einzelne, das Team, das Unternehmen)? Was könnte schwierig oder problematisch werden?*« Der Auftrag an die Kleingruppe wäre, alle genannten Aspekte für beide Spalten zu notieren, auch wenn sie nicht einer Meinung sind. Die Parallelgruppe könnte sich mit der Frage befassen: »*Homeoffice-Tage nur in begründeten Ausnahmen (Kleinkinder zu Hause, Krankheit, weit entfernter Wohnort). Was spricht dafür? Was könnte schwierig oder problematisch werden?*« Eine dritte Gruppe befasst sich mit dieser Frage: »*Alles bleibt wie es ist – kein Homeoffice. Was spricht dafür? Was spricht dagegen?*« Die Ergebnisse der Kleingruppen können auf Pinnwänden oder einer Tabelle im PC festgehalten und im Anschluss präsentiert werden. Egal für welche Variante sich die Gruppe entscheiden würde, müsste sie in jedem Fall Lösungen für die bei der favorisierten Variante auftauchenden Probleme entwickeln (siehe hierzu Vier-Felder-Tafel, Kapitel 8.3.20).

Online: Entweder arbeiten Sie mit einer vorbereiteten Tabelle, die Sie teilen und auf Zuruf füllen oder Sie nutzen ein passendes Template wie Vor- und Nachteile beim Microsoft-Board, bei Zoom Pro-Contra, bei Miro Pros and Cons List und bei Mural könnte man mit der Vorlage Problem causes and effects arbeiten. Die Überschriften lassen sich an Ihre Fragestellungen anpassen. Die Frage nach Ursachen und Effekten eines Problems ist jedenfalls auch eine Zweifelder-Bearbeitung.

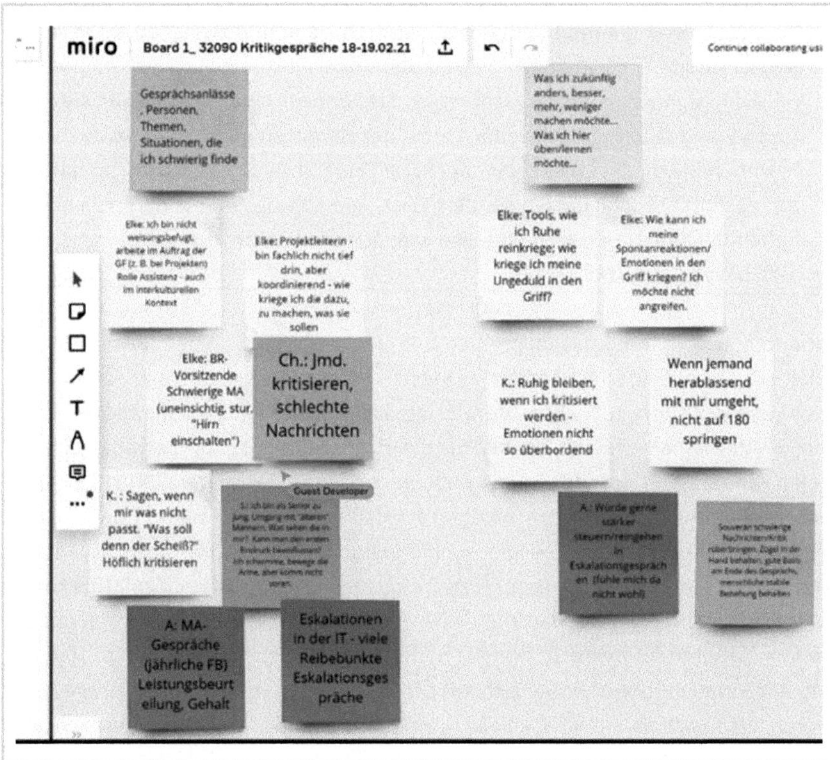

Abb. 43: Zwei-Felder-Abfrage online mit Miro

Literaturverzeichnis

Ariely, Dan (2008). Denken hilft zwar, nützt aber nichts. Warum wir immer wieder unvernünftige Entscheidungen treffen. München: Knaur.

Beermann-Hagel, Susanne; Schubach, Monika. (2010, 3. Auflage). Spiele für Workshops und Seminare. Freiburg: Haufe.

Berndt, Christian; Bingel, Claudia (2009). Tools im Problemlösungsprozess. Leitfaden und Toolbox für Moderatoren. Bonn: ManagerSeminare.

Bertz, Ariane (2022). Online-Meetings souverän moderieren. Weinheim: Beltz.

Bonsen, Matthias zur; Zubizarreta, Rosa (Hrsg.) (2014). Dynamic Facilitation. Weinheim: Beltz.

DGSS. (ohne Datum). Abgerufen am 1.10.2015 von Deutsche Gesellschaft für Sprechwissenschaft und Sprecherziehung e. V.: https://www.dgss.de/

Dobelli, Rolf (2014). Die Kunst des klaren Denkens – 52 Denkfehler, die Sie besser anderen überlassen. München: Deutscher Taschenbuchverlag.

Drucker, Peter F. (2002). Was ist Management? Das Beste aus 50 Jahren. Düsseldorf: Econ.

Eberhart, Sieglinde; Hinderer, Marcel (2014). Stimm- und Sprechtraining für den Unterricht. Ein Übungsbuch. Paderborn: Schöningh, UTB.

Ekman, Paul (1975). Universals and Cultural Differences in Facial Expressions of Emotion. In: J. Cole (Hrsg.). Nebraska Symposium on Motivation (1971). Lincoln: University of Nebraska Press.

Fisher, Roger; Ury, William; Patton, Bruce (1995, 13. Auflage). Das Harvard-Konzept. Sachgerecht verhandeln – erfolgreich verhandeln. Frankfurt New York: Campus.

Gilsdorf, Rüdiger; Kistner, Günther (2000, 7. Auflage). Kooperative Abenteuerspiele. Praxishilfe für Schule, Jugendarbeit und Erwachsenenbildung. Seelze: Kallmeyer.

Glasl, Friedrich (2009, 9. Auflage). Konfliktmanagement. Ein Handbuch für Führungskräfte, Beraterinnen und Berater. Bern.

Grün, Anselm (2006). Menschen führen – Leben wecken. Reinbek: dtv.

Haussmann, Martin (2007, 2. Auflage). Bikablo. Das Trainerwörterbuch der Bildsprache. Fulda: Neuland.

Heilmann, Christa M. (2011). Körpersprache richtig verstehen und einsetzen. München: Reinhardt Verlag.

Howanietz, Anne; Kubik, Jan-Carl (2021). Gelungene Online Meetings. Printed in Poland by Amazon Fulfillment.

Jiranek, H. & Edmüller, A. (2015, 4. Auflage). Konfliktmanagement – Konflikten vorbeugen, sie erkennen, lösen. Freiburg: Haufe-Lexware.

Kahneman, D. (2012). Schnelles Denken, langsames Denken. München: Siedler.

Kernbach, Sebastian; Eppler, Martin J.; Bresciani, Sabrina (2015). The Use of Visualization in the Communication of Business Strategies. In: International Journal of Business Communication. Bd. 52, S. 164-187.

Klein, Zamyat M. (2008). Das tanzende Kamel. Kreative und bewegte Spiele für Trainings und Seminare. Bonn: ManagerSeminare.

Krogerus, Mikael; Tschäppeler, Roman (2008, 3. Auflage). 50 Erfolgsmodelle. Kleines Handbuch für strategische Entscheidungen. Zürich: Kein und Aber Verlag.

Kroeger, Matthias. (2015). Das sogenannte Störungspostulat. »Disturbances and passionate involvements take precedence«, in: von Kanitz, Anja, Lotz, Walter; Menzel, Birgit; Stollberg, Elfi, Zitterbarth, Walter (2015). Elemente der Themenzentrierten Interaktion. Texte zur Aus- und Weiterbildung. Göttingen: Vandenhoeck&Ruprecht. S. 132-144.

Langer, Inghard; Schulz von Thun, Friedemann; Tausch, Reinhard (2015, 10. Auflage). Sich verständlich ausdrücken. München/Basel: Ernst-Reinhard Verlag.

Langmaack, Barbara; Braune-Krickau, Michael (1995, 5. Auflage). Wie die Gruppe laufen lernt. Anregungen zum Planen und Leiten von Gruppen. Weinheim: Beltz.

Nöllke, Matthias. (2011, 5. Auflage). Entscheidungen treffen. Schnell, sicher, richtig. Freiburg: Haufe.

Nöllke, Matthias. (2015, 7. Auflage). Kreativitätstechniken. Freiburg: Haufe.

Pörksen, Bernhard; Schulz von Thun, Friedemann (2014). Kommunikation als Lebenskunst. Philosophie und Praxis des Miteinander-Redens. Heidelberg: Carl-Auer-Verlag.

Prior, Manfred (2009, 8. Auflage). MiniMax-Interventionen. 15 minimale Interventionen mit maximaler Wirkung. Heidelberg: Carl Auer.

Puffer, Heidi (2010). ABC des Sprechens: Grundlagen, Methoden, Übungen. Henschel.

Röhrig, Peter (Hrsg.) (2014, 5. Auflage). Solution Tools. Die 60 besten sofort einsetzbaren Workshop-Interventionen mit dem Solution-Focus. Bonn: ManagerSeminare.

Rubner, Angelika (2014). Zur Position und (Dys-)Funktion der Omega-Rolle in der Dynamik einer Gruppe, in: Themenzentrierte Interaktion, 28. Jg. 2014/1, S. 53–64.

Scherer, Jiri (2009, 2. Auflage). Kreativitätstechniken. In 10 Schritten Ideen finden, bewerten, umsetzen. Offenbach: GABAL.

Schneider-Landolf, Mina; Spielmann, Jochen; Zitterbarth, Walter (2009). Handbuch Themenzentrierte Interaktion (TZI). Göttingen: Vandenhoeck&Ruprecht.

Schulz von Thun, Friedemann (2014). Miteinander Reden. Bd. 1–4. Hamburg: Reinbek.

Schulz von Thun, Friedemann; Stegemann, Wiebke (2004). Das innere Team in Aktion. Berlin: Rowohlt.

Seifert, Josef W. (2011). Visualisieren – Moderieren – Präsentieren. 30. Aufl. Offenbach: Gabal.

Stahl, Eberhard (2001). Dynamik in Gruppen. Handbuch der Gruppenleitung. Basel, Berlin: Beltz.

von Kanitz, Anja (2010). Emotionale Intelligenz – Best of. Freiburg: Haufe.

von Kanitz, Anja (2014). Feedbackgespräche. Freiburg: Haufe.

von Kanitz, Anja (2015). Mitarbeitertypen. Freiburg: Haufe.

von Kanitz, Anja (2008, 3. Auflage). Gesprächstechniken. Freiburg: Haufe.

von Kanitz, Anja, Walter Lotz, Birgit Menzel, Elfi Stollberg, Walter Zitterbarth (Hrsg.) (2015). Elemente der themenzentrierten Interaktion (TZI) – Texte zur Aus- und Weiterbildung, Göttingen: Vandenhoeck & Ruprecht.

von Kanitz, Anja (2017). Kommunikationsfallen erkennen und vermeiden, Freiburg: Haufe.

Vopel, Klaus W. (7. Auflage 1992). Interaktionsspiele (Bd. 1–6). Salzhausen: Iskopress.

Weidenmann, Sonia; Weidenmann, Bernd (2013). 75 Bildkarten für Trainings, Workshops und Teams. Weinheim: Beltz.

Stichwortverzeichnis

Die Autorin

Anja von Kanitz ist selbstständige Beraterin in der Organisations- und Personalentwicklung. Ihr Schwerpunkt liegt in der Optimierung von Kommunikationsprozessen. Sie begleitet Veränderungs- und Lösungsfindungsprozesse, vermittelt im Konfliktfall, moderiert Team-Offsites, Klausurtagungen, öffentlichkeitswirksame Veranstaltungen und Podiumsdiskussionen. In Seminaren und Einzelarbeit coacht sie Menschen, die in ihrem Beruf hohen Anforderungen an ihre Gesprächs- und Redefähigkeit gerecht werden müssen.

Anja von Kanitz befasst sich seit vielen Jahren mit Sprache, Sprechen und Verständigung – insbesondere in schwierigen Kontexten. Sie studierte Germanistik, Afrikanistik und Sprechwissenschaft, arbeitete mehrere Jahre im universitären und interkulturellen Umfeld und spezialisierte sich dann auf die Arbeit in Organisationen und Unternehmen.

Ihre langjährige Praxis in der Arbeit mit Führungskräften und Leitungsgremien mit jeweils unterschiedlichsten Problemstellungen in fast allen Branchen ist der Erfahrungsschatz, der ihr ermöglicht, Zusammenhänge schnell zu begreifen und als Beraterin, Moderatorin und Coach erfolgreich zu arbeiten.

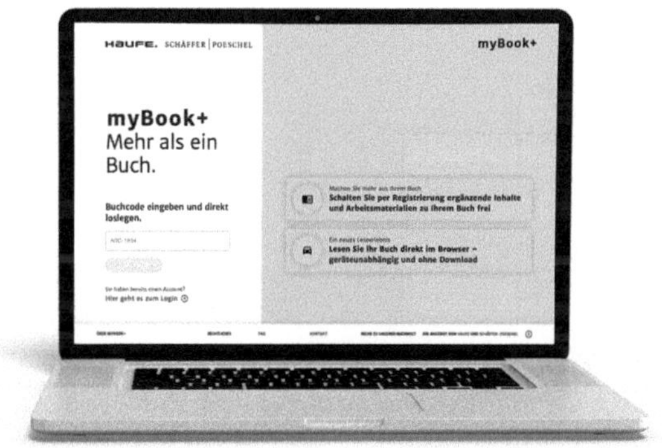

Ihre Online-Inhalte zum Buch: Exklusiv für Buchkäuferinnen und Buchkäufer!

- https://mybookplus.de
- Buchcode: **BTB-33375**